学』の構成

マクロな現象

内部エネルギー

熱と仕事　$q+w=\Delta U$

第4章

状態方程式
理想気体
$pV=nRT$

エンタルピー
$\Delta H=\Delta U-p\Delta V$

エントロピー
$\Delta S=\frac{q}{T}$　$S=k_B \ln W$

実在気体
$\left\{p+a\left(\frac{n}{V}\right)^2\right\}(V-nb)=nRT$

Gibbs エネルギー
$\Delta G=\Delta H-T\Delta S$

第5章

相平衡　第6章

化学平衡　第7章

z 因子
分子間相互作用

状態変化
物質の三態

- 純物質
  モル Gibbs
  エネルギー
  化学ポテンシャル
  $\mu=\mu^\circ+RT\ln p$
- 混合物
  理想溶液・活量
  $\mu_A=\mu_A{}^\circ+RT\ln \chi_A$
  束一的性質
- 相図

- 化学反応
  $\Delta_r G=-RT\ln K$
  濃度平衡定数
  熱力学的平衡定数
  圧平衡定数
- 電気化学　第8章
  $\Delta G=-nFE$
  Nernst の式

反応速度論　第9章

新版 基礎物理化学

—能動的学修へのアプローチ—

勝木 明夫
伊藤 冬樹
手老 省三
共著

三共出版

新版にあたって

本書は初版が2017年に発行され，物理化学の基本的な力を磨くという役割を，ある程度果たすことができていると考えている．最先端科学の進歩は速いが，物理化学を勉強していく上での基礎的内容にはほとんど変化はない．多くの方々に利用いただいた反響や，実際の授業の中で出された質問などを通して，限られた誌面での分かり易い表現の改良をいつも考えていた．

主に，第1章，2章，4章，5章，8章，およびAppendixについて追加あるいは内容の充実をはかり，物理化学の抽象的概念を理解し，イメージを持つための表現の工夫を行った．またWEBホームページの充実を行った．

対話型AI（人工知能）の登場・普及に伴い，AIに惑わされずに活用するためにも，基本的な知識や論理的な力の必要性がますます高まっている．本書により，読者が物理化学の基礎を確実に自分のものとして，科学技術社会で主体的に応用できるようになることが，著者一同の願いである．

2023年7月

手老　省三

初版まえがき

物理化学は，大学に入学してまず学ぶ化学の専門分野の１つである．その理由として，物理化学は，自然現象や物質の性質の理解に欠かせない内容を含んでいるとともに，さらに，社会に出てからの普遍的な基礎力に役立つからである．

大学で学び，身につけるべき重要な点は次の３点に要約できる．

1. 論理的思考力
2. 物事の本質を見抜く力
3. コミュニケーション力

自然や科学的現象を理解するためには，その現象にとって重要な要素を考え，論理的に判断することが必要となる．また，物質面から物事を理解する際には，物理化学的思考が基本となる．演習問題を解く過程では，一人でわからなければ，友人との議論や教師への相談，あるいはインターネットを利用した解決など，様々なコミュニケーション法を駆使することになるであろう．本教科書により物理化学を学ぶ過程で，これらの基本的な力を磨くことができる．

大学の化学において，高校での化学から際立って飛躍する点に，ミクロの世界における量子論的考え，およびエントロピーや自由エネルギーの導入がある．本書は，ミクロな現象である原子・分子の構造と分子運動論から，マクロな現象である熱力学・反応速度論・電池について記述している．新しい専門用語が加わり，図や計算問題からイメージを具体化する課題もあり，内容が多岐に渡ることから，学ぶ者が学問体系の中で迷う心配があるので，各章ごとに学ぶ内容が一目で理解できるようにチャートを示した．

本書は，これから様々な専門分野に進む学生諸君が，専門書をひもとく前に基本的なことがらを自分で考えられるようになることを目標としており，「何を学ぶか」よりも主体的に「どのように学ぶか」を重要視している．このために，能動的学修（アクティブ・ラーニング）を物理化学の学習に取り入れることとして，次のことを用意した．

1. 全体の内容，および各章の内容を一目でわかるようにチャートで示す．
2. 各節ごとに，学習目標を明示する．
3. 理解を深めるために，学習目標に沿った演習問題を解くことを重視する．
4. 巻末に，ルーブリック（Rubric）表により評価基準を示す．
5. 学習目標と評価の対照を表示する．
6. WEB ホームページを活用して，発展的な課題や演習問題の詳しい解説を行う．

ルーブリックは学習の到達度を表すもので，自己評価の基準として使うと，さらに高い学習目標を設定するためにどうすればよいかを考える上で役に立つ．

近い将来，どの分野でも，人工知能を上手に使いこなすことが要求される．そのときに大事なことは論理的思考と本質を見抜く力であり，さらに人とだけでなく，人工知能とのコミュニケーション力が求められることは確かであり，本書が，そのような社会状況で活躍するための基礎力に貢献できれば幸いである．

最後に，出版については，三共出版株式会社秀島 功氏，飯野久子氏のご支援を戴いたことに感謝する．

2017 年 2 月

手老 省三

目　　次

第 1 章　原子の電子構造

第2章 化学結合

第3章 物質の状態

第 4 章　熱力学第一法則

第 5 章　変化の方向と Gibbs エネルギー

第6章　物質の相平衡（ΔG の応用 1）

第7章　化学平衡（ΔG の応用 2）

第8章　化学エネルギーと電気エネルギー

第9章　反応速度

第 1 章　原子の電子構造

物質を構成する原子の構造は，20 世紀初頭に登場した量子論によって記述できるようになった．量子論によるミクロの世界の描像は，古典的なものとはまったく異なり，エネルギーはとびとびの値をとり，物質は粒子と波の両方の性質を持つことが明らかとなった．そこから原子の中の電子の状態を，波の振幅のような概念で表現する波動関数が導入された．

波動関数，波動方程式，量子数などの意味を知り，導かれた原子の電子配置から周期表を理解し，また分子の極性などとも関連する電気陰性度について学ぶ．

・量子論の誕生
　エネルギーの量子仮説　Planck
　光電効果，光量子　Einstein
　粒子と波動の二重性　de Broglie
　不確定性原理　Heisenberg

・原子の構造 ――→ ・Schrödinger 方程式
　Rutherford の実験
　原子の構造
　　原子核（陽子・中性子）と電子
　同位体

　元素の輝線スペクトル
　Rydberg 定数

　Bohr モデル

・水素型原子の電子構造
　量子数
　波動関数
　エネルギー準位の量子化
　電子スピン　Pauli の原理

→ s 軌道，p 軌道，d 軌道，f 軌道

・多電子原子の電子配置
　多電子原子の軌道エネルギー準位 ― 量子数
　電子間の斥力，核電荷の遮蔽
　基底状態の電子配置
　　Hund の規則
　周期表と電子配置

・イオン化エネルギー

・電子親和力

・電気陰性度

1・1 量子論は20世紀に誕生した新しい学問である

原子のような微視的な世界では，Newton（ニュートン）の運動方程式に基づく古典力学ではどうしても理解できない実験事実が出て，20世紀初頭に，量子論（quantum theory），あるいは量子力学（quantum mechanics）とよばれる新しい学問領域が体系化された．古典力学にはない際立った点は，次の点である．

(1) エネルギーの量子化（quantization of energy）

(2) 粒子と波動の二重性（wave-particle duality）

(3) 不確定性原理（uncertainty principle）

量子論による原子の電子構造の理解が，周期表（periodic table）や物質を構成する原子・分子の性質と直接関連するために，化学にとっても量子論の理解が重要である．

① 古典力学の限界について具体例をあげて説明できる．
② Planck の発想の大胆さについて説明できる．

1・1・1 Planck はエネルギーがとびとびの値をもつと考えた

加熱された物体は，図1・1に示すような波長分布をもつ光を放射する．物体の温度が高くなるにつれ，放射されるエネルギー量が増大し，その極大の位置が短波長に移動する．W. Wien（ウイーン）は観測データの解析から，物体の温度（T）と放射光の極大値（λ_{max}）との間に，次の経験則を得た（Wien の変位法則）．

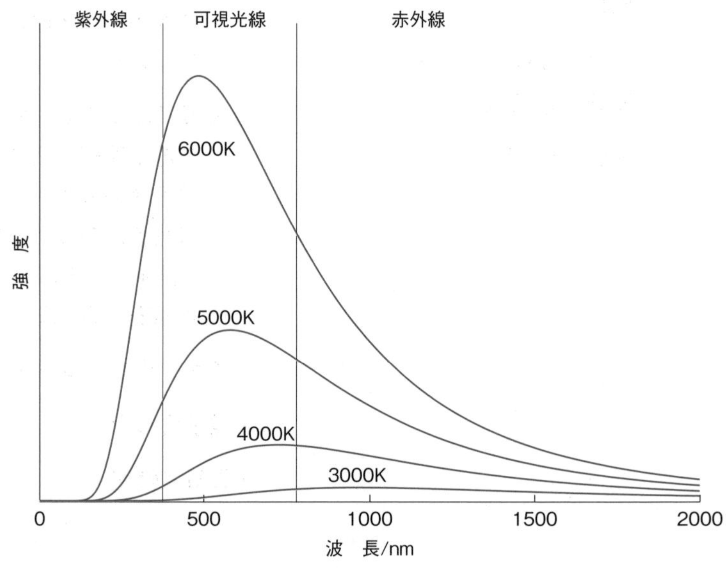

図1・1 加熱された物体から放射される光の波長分布とその温度依存性

$$T\lambda_{max} = 2.90 \times 10^6 \text{ nm K} \tag{1-1}$$

上式は，物体の温度を離れたところから観測できる便利な経験則である．例えば，太陽から放射される光の分布の極大（λ_{max}）が 480 nm と観測されたことから太陽の表面温度が次のように求められる．

式（1-1）に，$\lambda_{max} = 480$ nm を代入すると，

$$T = (2.90 \times 10^6 \text{ nm K})/480(\text{nm}) = 6040(\text{K})$$

よって，太陽の表面温度は，約 6000 K であると求められる．

このような光の波長分布は，古典力学では説明できない課題であった．M. Planck（プランク）は，加熱物体の内部の電磁振動子*1 が離散的エネルギーもつと考え，振動数 ν の振動子は $h\nu$ の整数倍のエネルギー（E）を持つとした大胆な仮説を提唱し，実験で示されていた加熱物体からの電磁放射の波長分布の説明に成功した．

$$E = nh\nu \qquad (n \text{ は整数}) \tag{1-2}$$

ここで，$h = 6.626 \times 10^{-34}$ J s は Planck 定数とよばれる．この仮説はエネルギーの量子化を意味するが，しばらくはその重大性が理解されなかった．

コラム　物質の温度が変わると，放射される電磁波は強度だけでなく波長分布も変化する

物質を加熱すると，温度が高くなるにつれて表面の色が変わる．すなわち，物質から放射される光（電磁波，輻射線）の波長が温度によって変わる．ヨーロッパでは，19 世紀後半に製鉄産業が盛んになるにつれて，加熱された物質の温度と，それから放射される輻射線の波長分布との関連が研究された*2．G. Kirchhoff（キルヒホッフ）は，「ある温度で熱平衡状態にある物体について，同一波長での輻射線の発散率と吸収率の比は，物体によらず一定であること（Kirchhoff の放射法則，1860）」*3 を発表し，その論文で，外部からの輻射線を完全に吸収する理想的物体を「黒体」と名付けた．これらの条件を考慮すると，物質から放射される輻射線測定から，温度決定ができる可能性が示された．さまざまな試みがなされ，W. Wien（ウイーン）は，空洞に開けた小さな穴から放射される輻射線の測定が，Kirchhoff の黒体モデル*4 を満たすことを示し，実証した（1895）．図 1・1 は，現在知られている黒体からの電磁波強度の波長分布の温度依存性である．温度が高くなるにつれて，放射される電磁波の強度が増大するとともに，そのピーク位置が短波長にシフトしている．図 1・1 においてもっとも高温である 6,000 K は，太陽の表面温度に相当する．

Planck が量子仮説を発表した当初は，単に加熱物体から放出される光の波長分布を説明するための便宜的なものと考えたが，Einstein（アインシュタイン）の光量子説が発表され，エネルギーの不連続性は本質

*1　電磁振動子　加熱された物体の内部では原子や電子が加速され振動しており，これを電磁振動子とよぶ．電磁振動子では，電荷の加速運動を伴うために電磁波が放射される．

*2　温度 T の物体からの放射光の放射強度 $\rho(\lambda, T)$ について，Planck によるエネルギー量子仮説以前に，Wien は実験データに合うような式を提出したが，これには科学的根拠が全くない．このことから，Rayleigh 卿（Load Rayleigh，レイリー）と J. Jeans（ジーンズ）は古典力学の基本をもとに放射強度の理論式を導いたが，図に示すように観測データを再現できなかった．

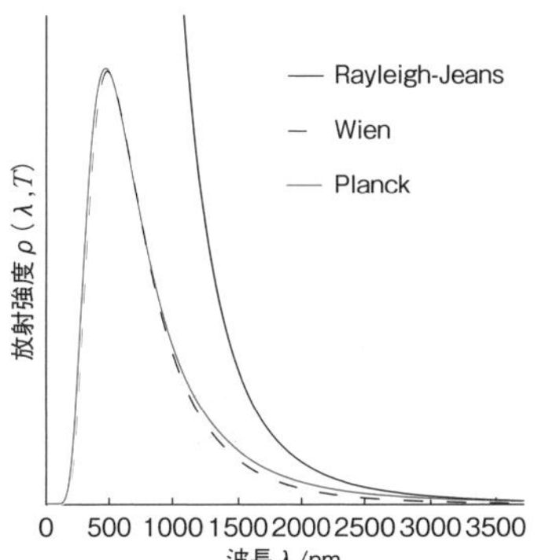

Wien, Rayleigh-Jeans, Planck の放射強度 $\rho(\lambda, T)$

*3　熱平衡状態にある物体からの輻射線の発散と吸収のそれぞれは，物体の種類や形状に依存するが，その比は温度にのみ依存し一定である．この比が一定でないと，放射強度の上昇，あるいは低下を引き起こし，熱平衡条件が満たされていないことになる．

*4　黒体の空洞モデル：電磁波を通さない断熱壁で囲まれた空洞に針穴をあけたもので，穴から入った電磁波は内部で反射を繰り返し，完全に吸収される．針穴からのエネルギー放射とのバランスから熱平衡状態となり，電磁波が黒体放射として観測される．

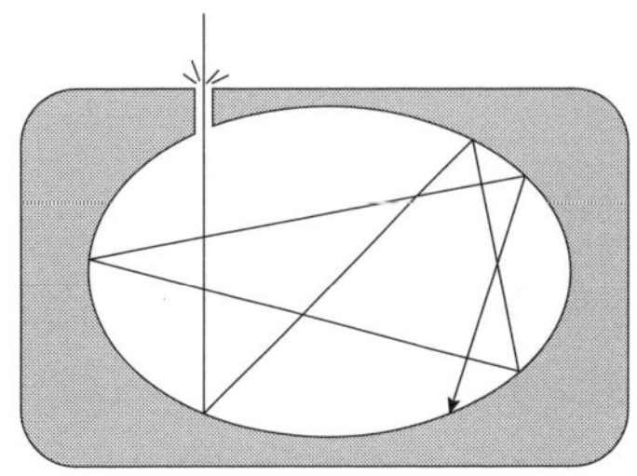

的なものとする考えが主流となっていった．ヨーロッパを中心とした物理学者の努力により古典力学の限界が明らかにされ，新たに量子力学とよばれる体系が形づくられていった（表1・1）．その過程では，次々と古典力学の常識を破る大胆な仮説が提唱され，実験との対応の検証を繰り返しながら体系化が行われた．

表1・1　量子力学の体系化までの主な事象

年	人名	事項
1900	M. Planck	量子仮説
1905	A. Einstein	光量子説
1911	E. Rutherford	原子核の発見
1913	N. Bohr	水素原子モデル
1924	L. V. de Broglie	物質波，粒子—波の二重性
1925	G. Uhlenbeck, S. Goudsmit	電子スピン仮説
1925	W. Heisenberg	行列形式による量子力学理論
1926	E. Schrödinger	波動方程式
1927	W. Heisenberg	不確定性原理
1928	A. M. Dirac	相対論的量子力学

③ 光電効果から，なぜ光量子説が導かれたか説明できる．
④ 光の強度と光子のエネルギーの違いを説明できる．
⑤ 光子エネルギーの計算ができる．

1・1・2　Einsteinは光量子説により光電効果を説明した

光の波動説では説明できない現象に，光電効果（photoelectric effect）があった（コラム参照）．光電効果とは，金属に光を照射すると，電子が飛び出してくる現象である．この電子を光電子（photoelectron）とよぶ．A. Einsteinは光が粒子（光子，photon）であるとして，光電効果[*5]をみごとに説明した．

金属に振動数νの光を照射したとき，その光子のエネルギー（E）を金属内の電子（electron）が吸収すると，ある条件を満たす場合に電子が金属から飛び出す．金属表面から電子が飛び出す際に費やされるエネルギーを（W）とすると，光電子の運動エネルギー（1/2)mv^2は，次式で表される．

$$\frac{1}{2}mv^2 = E - W \qquad (1\text{–}3)$$

$$E = h\nu \qquad (1\text{–}4)$$

ここで，m，vはそれぞれ光電子の質量，速度であり，Wは金属の仕事関数とよばれる．

光が波であることは，古くから回折現象から指摘されていた事実であるが，Einsteinはそのことを否定していない．すなわち，光が波と粒子の二重性を持つことを提案したことになる．光は静止質量がゼロであるが，エネルギーと運動量を持つ物質の一形態であるとの新しい考えが生

*5　光電効果：1個の光子（$E=h\nu$）が1個の電子を励起し，運動エネルギー（Ek）を持つ光電子を発生する．
W：電子の仕事関数（束縛エネルギー），
Ek：光電子の運動エネルギー

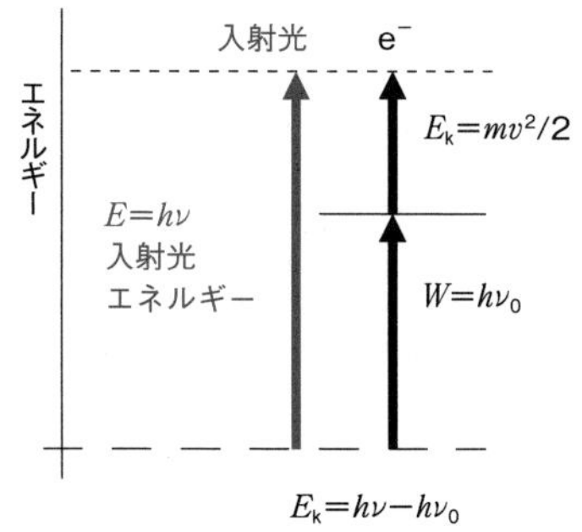

れた.

コラム　光電効果とは

光電効果とは，金属に光を照射すると，電子が飛び出してくる現象である．光電管，光電素子など，光エネルギーの電気的エネルギーへの変換素子に重要な原理である．図に示すように，光電子が飛び出す照射光の振動数νには，金属に固有の閾値（ν_0）がある．ある振動数より小さな振動数領域では，照射光をいくら強くしても光電子は観測されない．また，光電子が観測されるのは，照射光がν_0より大きい振動数を持つ場合である．その際，放出される電子のエネルギーは，照射光強度とは無関係で，振動数に比例して増加する．その条件で照射光強度を増やすと，放出される電子の強度（個数）が比例して増大する．このような実験事実は，光が波であるとした古典力学では説明不可能であり，光が粒子であるとして説明できることを Einstein は初めて示した．

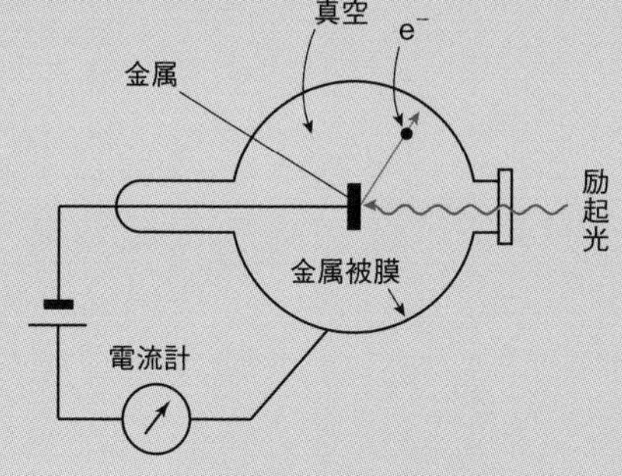

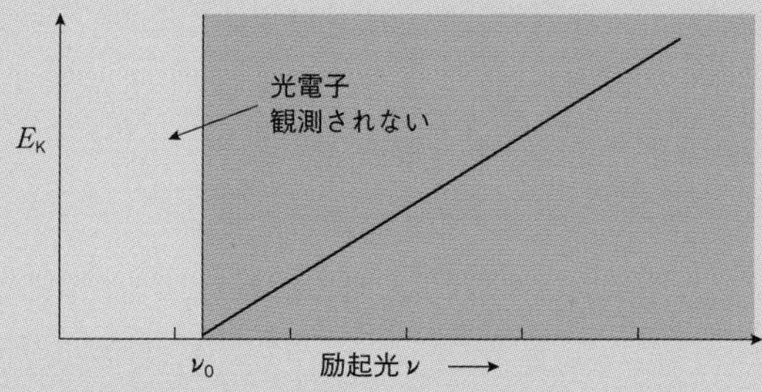

$\nu>\nu_0$：弱い光でも光電効果が起き，光電子の運動エネルギー E_k は振動数 ν に比例する.
$\nu<\nu_0$：どんなに強い光でも光電効果が起きない.
仕事関数：$W=h\nu_0$.

（コラム）光電効果 E_K：光電子の運動エネルギー

1・1・3　de Broglie は電子にも粒子と波の二重性があることを提唱した

⑥ 粒子と波の二重性について説明できる.
⑦ de Broglie 式（1-6）について説明できる.

光と同様に電子にも二重性があることを，de Broglie（ド・ブロイ）は提唱した．粒子性を表す典型的な物理量は運動量である．質量m，速度vの粒子の運動量pは

$$p = mv \tag{1-5}$$

である．一方，波を表す典型的な物理量は波長λである．粒子性を表

す運動量と波を表す波長が Planck 定数により結び付けられることが示された.

$$\lambda = h/p \qquad (1\text{–}6)$$

電子の波動性は，電子線回折によってすぐに確かめられ，さらに波と粒子の二重性は，すべての物質に一般的なものであることが認められた.

⑧ 不確定性原理について説明できる.
⑨ 量子論の発展の歴史的流れの概要を説明できる.
⑩ 量子論の代表的な特徴を 3 つ上げられる.

1・1・4 Heisenberg は不確定性原理を提唱した

ミクロの世界における不思議な性質に，不確定性原理（uncertainty principle）がある．古典力学では，物体がどこにいて，どの程度の速度で運動しているかは，同時に定義できる．ところが，de Broglie が指摘するように，粒子が波動の性質をもつことは，古典力学のこの常識を変えてしまった．静止した粒子の位置はその重心の 1 点で決められるが，波は全空間に広がっているので，波の位置は 1 点で指定することはできない．また，運動している粒子，すなわちある運動量をもつ粒子の位置（x）とその運動量（p_x）を同時に決めようとしても限界が生ずることになる.

粒子の観測から，このことを考えると次のように説明される．電子の位置を精密に測定しようとすると，波長の短い光を必要とする．しかし，波長の短い光は，光電効果でみたように大きなエネルギーをもつので，電子と衝突したときにその位置を変えてしまう．したがって，厳密に測定できる位置の不確定さ（Δx）と運動量の不確定さ（Δp_x）は Planck の定数以下にはならないことを，W. Heisenberg は思考実験から提唱した.

その後，量子力学の体系化が進み，不確定性原理は単に観測の問題ではなく本質的なものであって，物質波の性質によって現れるものであることが明らかになった．運動量の不確定性（Δp_x）と位置の不確定性（Δx）との間の不確定性原理は次式のように表される.

$$\Delta x \cdot \Delta p_x \geqq \hbar/2 \qquad (1\text{–}7)$$

ここで，$\hbar = h/2\pi$ である.

不確定性の関係は時間とエネルギーとの間にもある.

$$\Delta E \cdot \Delta t \geqq \hbar/2 \qquad (1\text{–}8)$$

上式は，エネルギーを精密に決める（ΔE を小さくする）ためには，観測時間を長く（$(\hbar/2)/\Delta E$ 以上に）する必要があることを示している．実際の原子・分子の分光実験で直面する現象である.

位置と運動量，およびエネルギーと時間のように，同時に正確に求めることのできないものを，互いに相補的（complementary）であるという．

1・2　原子は中心にある重い正電荷の原子核を軽い電子が取り囲んでいる

20世紀になって原子の存在は次第に明白になり，その構造についての提案が出されてきた．J. J. Thomson（トムソン）は，図1・2に示すような「プディングモデル」を提唱した．正に荷電した連続的な組織体の中に多数の負電荷の電子が埋め込まれていて，電子は回転運動していると考え，正電荷物質については不明であった．一方，長岡半太郎は，同じころに，正電荷をもつ粒子が中心に存在し，その周りを多数の電子が回転している「土星モデル」を提唱した．両者ともに，1つの原子の中に数百から数万の電子が含まれると考えていた．

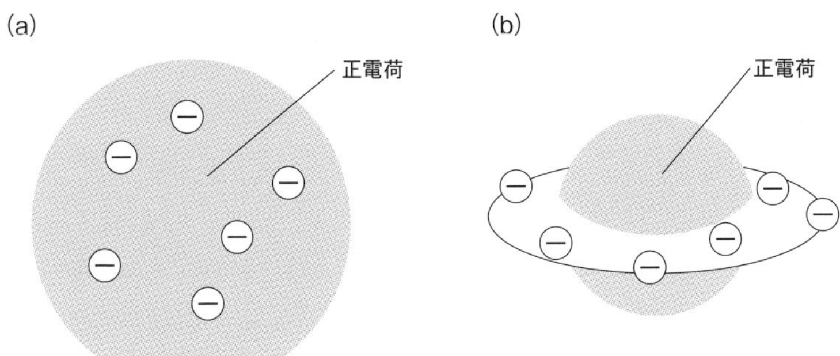

図1・2　原子構造についてのThomsonモデル（a）と長岡モデル（b）

1・2・1　原子の構造が実験によって明らかにされた

次のことがらについて説明できる．
① 原子の基本的構造．
② 原子量の定義．
③ 質量数．
④ 同位体．
⑤ 原子量の計算ができる．

原子の構造は，E. Rutherford（ラザフォード）の実験によって明らかにされた．彼は，放射性元素からの放射線の1つであるα粒子（ヘリウム2価イオン：He原子核）を利用し，これを金箔に照射して，散乱されてくる分布の観測を行った．ほとんどのα粒子は金箔を通り抜けたが，少ない割合で弾かれるものが観測された．これから，図1・3に示すような，プラス電荷をもつ小さく重い核が原子の中心にあるモデルを提唱した．原子の質量は核によってほぼ決まるが，その大きさを決めているのは電子の広がりであることを示している．

原子核は陽子（p: proton）と中性子（n: neutron）で構成されていて，原子番号（Z: atomic number）は陽子の数に等しい．また，電子の数は陽子の数に等しく，原子全体では中性である．元素の中には，原子番号

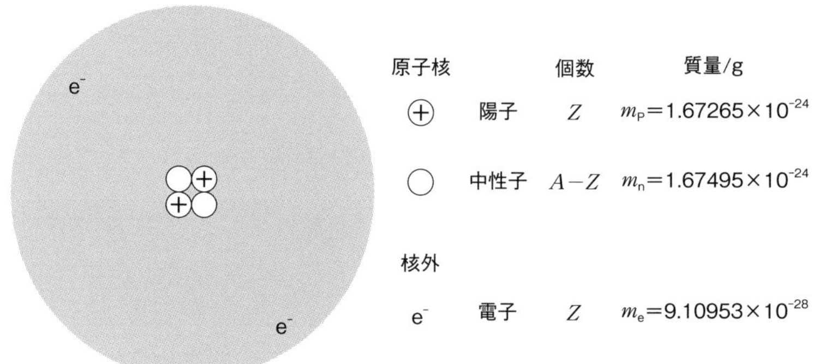

図 1・3　原子の構造（Z: 原子番号，A: 質量数）

が等しいが，中性子の数が異なるものが存在する．これを同位体（isotope），または同位元素という．例えば，水素には，中性子が 0 個の水素（^{1}H，H），1 個の重水素（^{2}H，D），2 個のトリチウム（^{3}H，T）が存在する*6．ここで，同位体の存在度（比）は，地球上で一定ではなく変動幅をもつので，表にはその幅が示されている．なお，^{3}H は放射性元素（radioactive element）である．その半減期（half-life）は 12.3 年である．電子の質量は陽子や中性子に比べて小さいので（約 1/1840），原子の質量は陽子と中性子の数で決まり，その和を質量数（mass number）とよび，左肩に示す．原子の化学的性質は電子の数で決まり，中性子の数には依存しない．フッ素，ナトリウム，アルミニウム，リンなどのように同位体が存在しない元素もある．

*6　水素の同位体

	陽子	中性子	質量数	天然存在度*（%）
^{1}H	1	0	1	99.972, 99.999
^{2}H	1	1	2	0.001, 0.028
^{3}H	1	2	3	~0

*変動幅を示す．

原子量（atomic weight）とは，質量数 12 の炭素の同位体の原子量を厳密に 12 として，他の原子の質量数を表したものであり，無名数である．自然界における元素の多くは幾種類かの同位体の混合物であるので，原子量は，それぞれの元素を構成する同位体の相対質量にそれぞれの存在比を掛けた和から求められる（加重平均）．ところが，元素の同位体存在度は，地球上で一定ではなく変動幅をもつので，正式の精密な原子量表では，12 の元素について原子量を単一の数値ではなく，変動範囲が示されている（例えば，水素 1.00784〜1.00811）．実用のためには，4 桁表記の周期表が一般に使われている（例えば，水素 1.008）．

“元素（element）” という言葉は同じ原子番号の原子に対する総称とみなすこともでき，また，化合物を構成する要素という意味でも “元素” が用いられる．

⑥ 水素原子の線スペクトルの起源と規則性について，図 1・4 を使って説明できる．
⑦ エネルギーの換算に習熟する．

1・2・2　原子が発する線スペクトルには規則性がある

原子の分光実験は，19 世紀の中ごろから観測が行われ，その線スペクトルは原子に固有であることが明らかになったが，その解釈が 20 世紀に持ち越された課題であった．水素原子からは，可視部における一連

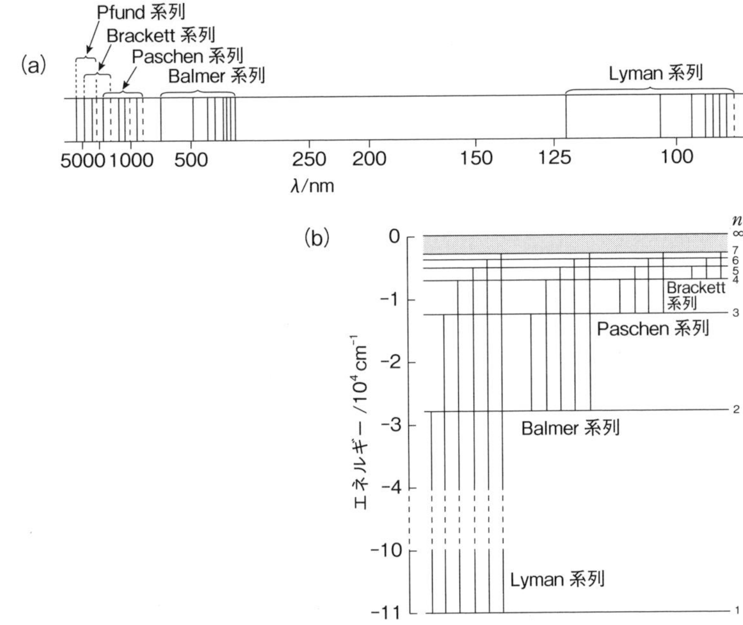

図1・4　水素原子の線スペクトルの系列（a）と軌道エネルギー準位（b）

のスペクトル（図1・4（a））についてJ. Balmer（バルマー）が規則性を見出した．J. Rydberg（リュードベリ）は，これら一連の線スペクトルの波長（λ）の逆数（$\tilde{\nu}$，波数）が，一般的に2つの整数の2乗の逆数の差によって表されることを示した式（1–9）．

$$\tilde{\nu} = \frac{1}{\lambda} = R\left(\frac{1}{n_1^2} - \frac{1}{n_2^2}\right) \qquad (1\text{–}9)$$
$$R = 1.09737 \times 10^7\ \mathrm{m}^{-1}$$

ここで，RはRydberg定数とよばれる．第1項が$n_1=2$の系列はBalmer系列（$n_1=2$）である．さらに，遠紫外部や赤外部にも輝線スペクトルが観測され，発見者の名前をつけてLyman（ライマン）系列（$n_1=1$），Paschen（パッシェン）系列（$n_1=3$）とよばれ，式（1–9）で一般的に表されることが確認された．その後，Brackett（ブラケット）系列（$\mathrm{n}_1=4$），Pfund（プント）系列（$n_1=5$）が発見された．

1・2・3　Bohrは，素朴なモデルから離散的な電子の軌道を導き，スペクトルを説明した

⑧ Bohrモデルにおける相互作用の意味を説明できる．
⑨ Bohrの仮説について，式をもとに説明できる．
⑩ 式（1–13），式（1–14）の誘導ができる

N. Bohr（ボーア）は，水素原子について図1・5に示す素朴なモデルを立てて，これからスペクトルが説明できることを示した．

Bohrの水素原子モデルでは，核（質量M，電荷$Z=+1$）*7の周囲を電子（質量m，電荷-1）が円軌道上を運動している．クーロン力と遠心力のバランスで定常運動が保たれているという古典力学的な考えであ

*7　水素型原子（He^{+}: $Z=+2$, Li^{2+}: $Z=+3$など）の一般的取り扱いに対応できるように，核電荷Zを導入している．

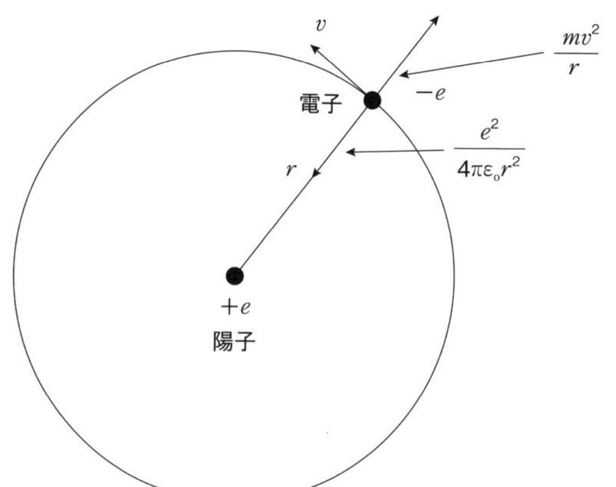

図 1・5　Bohr の水素原子モデル
遠心力：mv^2/r，クーロン力：$e^2/4\pi\varepsilon_0 r^2$

る．

$$\frac{mv^2}{r}=\frac{Ze^2}{4\pi\varepsilon_0 r^2} \tag{1-10}$$

ここで，r は円軌道の半径，ε_0 は真空中の誘電率である．電子の全エネルギー（E）は，運動エネルギー（$mv^2/2$）とポテンシャルエネルギー（ここではクーロンポテンシャル：$-Ze^2/4\pi\varepsilon_0 r$）の和であるから，次式が導かれる*8．

*8　式（1-10）より $mv^2/2=Ze^2/8\pi\varepsilon_0 r$

$$E=\frac{mv^2}{2}-\frac{Ze^2}{4\pi\varepsilon_0 r}=-\frac{Ze^2}{8\pi\varepsilon_0 r} \tag{1-11}$$

上式から得られる電子の全エネルギー値は r に依存し，連続的なものであるが，Bohr はそこに大胆な仮定を導入した．電子の軌道運動における角運動量 mvr が量子化されて，$h/2\pi$ の整数倍のみが許されるとした．

$$mvr_n = nh/2\pi \qquad n = 1, 2, 3, \cdots \tag{1-12}$$

この仮定から，次に示すように，水素原子の軌道半径 r は n^2 に比例し，またそのエネルギー E は n^2 に反比例する結果が得られる．

$$r_n=\frac{n^2\varepsilon_0 h^2}{\pi me^2 Z} \qquad (n=1,\ 2,\ 3,\ \cdots) \tag{1-13}$$

$$E_n=-\left(\frac{me^4}{8\varepsilon_0^2 h^2}\right)\left(\frac{Z^2}{n^2}\right) \qquad (n=1,\ 2,\ 3,\ \cdots) \tag{1-14}$$

ここで，とくに $n=1, Z=1$ の軌道半径を Bohr 半径（$a_0=\varepsilon_0 h^2/\pi me^2$）とよぶ．上記より，原子の中の電子のエネルギーは連続的ではなく，とびとびの離散的な値をとることが導かれた．図 1・4（b）は水素原子（$Z=1$）のエネルギー準位であり，このような非連続的な準位間で電子

例　Bohr 半径を計算する．
$a_0=\varepsilon_0 h^2/\pi me^2=8.854\times10^{-12}(\mathrm{C^2\ N^{-1}\ m^{-2}})\times(6.626\times10^{-34})^2(\mathrm{J^2\ \ s^2})/\pi\times(9.109\times10^{-31})(\mathrm{kg})\times(1.602\times10^{-19})^2(\mathrm{C^2})=5.296\times10^{-11}(\mathrm{m})=52.96(\mathrm{pm})$．
$\therefore$ 53 pm

の遷移（transition）が起こるときに，電磁波の吸収，または放出が起こるとすると，これまでに観測されていたスペクトル系列に一致する結果が得られた．これらのスペクトル系列は，発見した研究者の名前でよばれる．準位間のエネルギー差（ΔE）が吸収，または放出される電磁波のエネルギー（$h\nu$）に等しいとおける．

$$\Delta E = h\nu = hc\left(\frac{1}{\lambda}\right) = hc\bar{\nu} \qquad (1\text{–}15)$$

その振動数は次式で表される．

$$\nu = \left(\frac{1}{h}\right)(E_{n2} - E_{n1}) = c\left(\frac{me^4Z^2}{8\varepsilon_0^2h^3c}\right)\left(\frac{1}{n_1^2} - \frac{1}{n_2^2}\right) \qquad (1\text{–}16)$$

ここで，係数 $R = (me^4/8\varepsilon_0{}^2h^3c)$ は，スペクトルの解析から示されていた Rydberg 定数と一致した．

Bohr の提示したモデルは素朴なものであり，量子論としては正しいものとは言えないが，原子スペクトルの解釈に成功したことから，量子論の発展に大きな刺激を与えた．

コラム　Bohr の量子化条件は de Broglie 式から導かれる

図には，Bohr 軌道（$n=1\sim3$）を点線で示してある．de Broglie（ド・ブロイ）は，電子が波動の性質をもつなら，円周の長さ（$2\pi r$）に波長（λ）の整数倍が等しい波のみが，定常波として存在できると考えた．

$$2\pi r = n\lambda$$

上式を，de Broglie 式 $p = mv = h/\lambda$ に代入すると次式が得られ，Bohr 仮説における量子化条件，電子の角運動量は $h/2\pi$ の整数倍であることが導かれる．

$$mvr = nh/2\pi = n\hbar$$

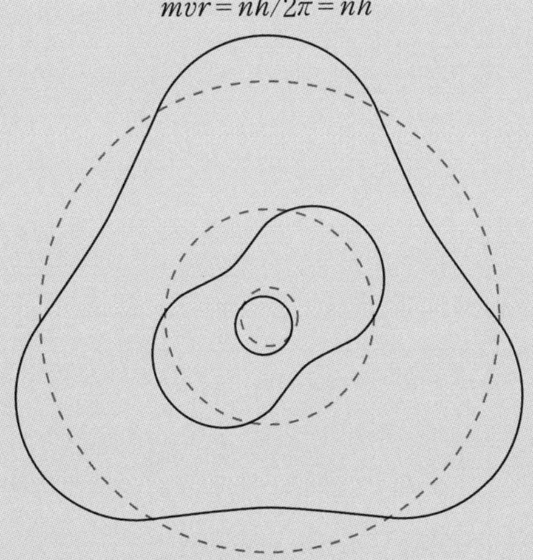

Bohr モデルによる軌道（点線，$n=1-3$）と
de Broglie モデルによる電子の波（実線）
（波長の整数倍の波が定常波として存在できる）

1・3 Schrödinger は電子の運動を波動方程式で表した

E. Schrödinger（シュレディンガー）は，古典力学で使われている波動方程式に de Broglie の関係式を導入することにより，粒子と波の二重性を記述する方程式を提案した．すなわち，粒子の存在を波の振幅のような概念で表した．本節では，Schrödinger 方程式が導かれる過程を追い，そこから得られる波動関数の意味について考察する．さらに原子に応用する前に，モデルとして箱の中の粒子について Schrödinger 方程式を適用してみよう．

次のことがらについて説明できる．
① Schrödinger 方程式の発想．
② ハミルトニアンに含まれる相互作用．

1・3・1 定常波の波動方程式から Schrödinger 方程式が導かれる

簡単のために，まず一次元の定常波について考える．波長が λ，振幅が A である定常波（図 1・6 (a)）は，古典力学では次式で表される．

$$\psi(x) = A \sin\left(\frac{2\pi x}{\lambda}\right) \tag{1-17}$$

この一次微分は

$$\frac{\mathrm{d}\psi(x)}{\mathrm{d}x} = \left(\frac{2\pi}{\lambda}\right) A \cos\left(\frac{2\pi x}{\lambda}\right) \tag{1-18}$$

であり，さらに二次微分により，次の関係式が得られる．

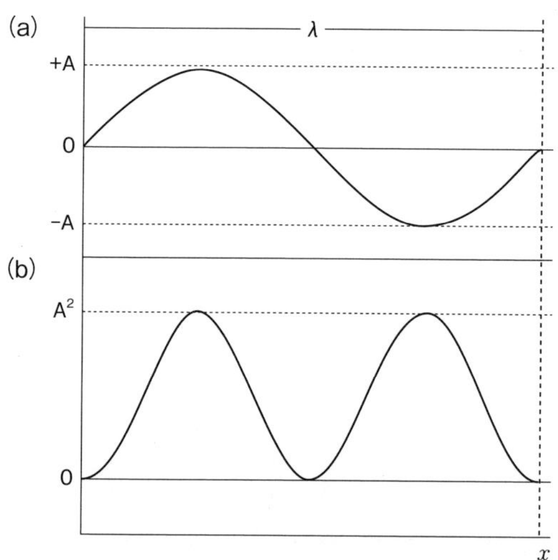

図 1・6 (a) 一次元波動関数 $\psi(x)$ と (b) その 2 乗 $\psi(x)^2$

$$\begin{aligned}\frac{\mathrm{d}^2}{\mathrm{d}x^2}\psi(x) &= -\left(\frac{2\pi}{\lambda}\right)^2 A\sin\left(\frac{2\pi x}{\lambda}\right)\\ &= -\left(\frac{2\pi}{\lambda}\right)^2\psi(x)\end{aligned} \tag{1-19}$$

微分方程式（1-19）が，古典力学における定常波の波動方程式である．

上式に，de Broglie 式（1-6）$\lambda=h/p=h/mv$ を代入すると，次式が得られる．

$$\frac{\mathrm{d}^2}{\mathrm{d}x^2}\psi(x)=-4\pi^2\left(\frac{m^2v^2}{h^2}\right)\psi(x) \tag{1-20}$$

ここで，運動エネルギーを $E_k=(1/2)mv^2$ とおき，また $\hbar=h/2\pi$ とおいて，式を整理する．

$$-\frac{\hbar^2}{2m}\frac{\mathrm{d}^2}{\mathrm{d}x^2}\psi(x)=E_k\psi(x) \tag{1-21}$$

運動エネルギー E_k は全エネルギー（E）からポテンシャルエネルギー（V）を引いたものである．

$$E_k=E-V \tag{1-22}$$

したがって，次式が得られる．

$$-\frac{\hbar^2}{2m}\frac{\mathrm{d}^2}{\mathrm{d}x^2}\psi(x)+V\psi(x)=E\psi(x) \tag{1-23}$$

上式が一次元系の Schrödinger 方程式である．ここで，$\psi(x)$ は波動関数（wavefunction）とよばれ，粒子の運動を記述する関数である．さらに三次元に拡張すると次式が得られる．

$$\left[-\left(\frac{\hbar^2}{2m}\right)\left(\frac{\partial^2}{\partial x^2}+\frac{\partial^2}{\partial y^2}+\frac{\partial^2}{\partial z^2}\right)+\hat{V}\right]\psi(x,y,z)=E\psi(x,y,z) \tag{1-24}$$

上式は，次のように簡略化されて表される．

$$\hat{H}\psi(x,y,z) = E\psi(x,y,z) \tag{1-25}$$

$$\hat{H} =-\frac{\hbar^2}{2m}\left(\frac{\partial^2}{\partial x^2}+\frac{\partial^2}{\partial y^2}+\frac{\partial^2}{\partial z^2}\right)+\hat{V} \tag{1-26}$$

ここで，$\hat{H}$ はハミルトニアン（Hamiltonian），あるいはハミルトン演算子*9 とよばれる．一般に，運動エネルギー演算子 $\hat{T}$，ポテンシャルエ

*9　演算子とは，ある関数に数学的演算を行うための記号である．例えば，微分記号 d/dx や積分記号 ∫ dx も演算子である．量子力学では観測可能な物理量のそれぞれに対応する演算子があり，波動関数に作用させることにより，その波動関数で記述される状態における物理量の値（固有値，eigenvalue）を数学的に求めることができる．

ネルギー演算子 $\hat{V}$ とおけば，ハミルトニアンは次式のように表される．

$$\hat{H} = \hat{T} + \hat{V} \tag{1-27}$$

式（1-24）および（1-25）は，波動関数 $\psi(x, y, z)$ に $\hat{H}$ を作用させると，全エネルギー（E＝運動エネルギー＋ポテンシャルエネルギー）が求められることを意味している．古典力学において運動エネルギーとポテンシャルエネルギーの和は一定で，系の全エネルギーを与えることに対応している．大事なことは，この微分方程式はある特定の条件下で解を与え，ポテンシャルエネルギー V のもとで運動している電子のエネルギーや電子の状態が波動関数として記述されることである．

③ 確率密度の意味について説明できる．

1・3・2　波動関数の 2 乗は確率密度を与える

Schrödinger 方程式は，古典力学での波動方程式に，de Broglie の考えである粒子と波の二重性を加えたものである．この考えは，次節でみるように発光スペクトルなど，実験事実と一致することが明らかとなった．しかし，得られた波動関数 $\psi(x, y, z)$ の意味は，Schrödinger 本人にも理解できないものであった．

M. Born（ボルン）は，ある位置において粒子を見出す確率は，波動関数の 2 乗 $|\psi(x, y, z)|^2$（図 1・6（b））に比例すると解釈した[*10]．波動関数の 2 乗を確率密度（probability density）[*11] とよび，ある体積内に粒子を見出す確率は，（確率密度）×（体積）で与えられる．すなわち，微小領域 $x \sim x + dx, y \sim y + dy, z \sim z + dz$ で粒子を見出す確率は次式で与えられる．

$$|\psi(x, y, z)|^2 dxdydz \tag{1-28}$$

全空間で粒子を見出す確率は 1 である．

$$\iiint |\psi(x, y, z)|^2 dxdydz = 1 \tag{1-29}$$

これを，規格化条件といい，この条件を満たしている波動関数は規格化（normalization）されているという．

*10　量子論では，波動関数は複素関数で記述される場合もある．その際には，波動関数の絶対値の 2 乗が確率密度であり，$\psi(x, y, z)$ の複素共役関数 $\psi^*(x, y, z)$ との積で表される．
$|\psi(x, y, z)|^2 = \psi^*(x, y, z)\psi(x, y, z)$

*11　確率密度とは，ある領域に粒子が見つかる確率を，その領域の体積で割ったものである．確率密度の次元は（体積）$^{-1}$ をもち，確率密度×体積＝確率である．

④ 式（1-31）が波動方程式（1-30）の解であることを示すことができる．
⑤ 量子化条件の式（1-33）の誘導ができる．

1・3・3　粒子は一次元の箱の中でとびとびのエネルギーをもつ

一次元の箱の中を自由に運動する粒子（自由粒子）を考えよう．このとき，ポテンシャルエネルギーは x=0 から L までの範囲では 0 であり，その外では∞であるとする（図 1・7）．したがって，粒子は V= ∞の領域には存在せず，箱の外では $\psi(x)$ =0 である．このようなポテンシャルを井戸型ポテンシャルという．

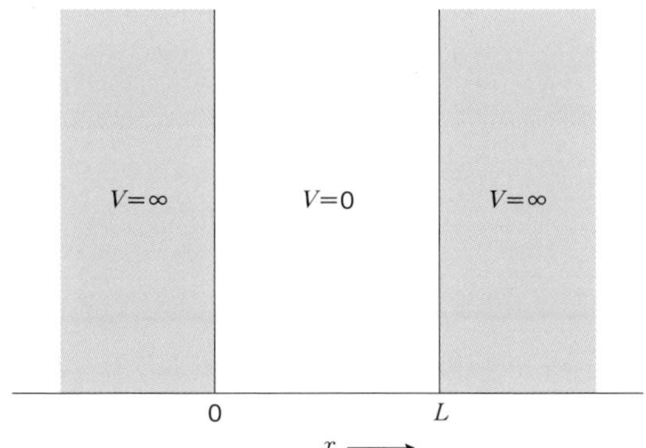

図1・7　井戸型ポテンシャル

箱の中の粒子を記述するSchrödinger方程式は，式（1–23）に $V=0$ を代入し，式（1–30）で表される*12．

$$-\frac{\hbar^2}{2m}\frac{\mathrm{d}^2}{\mathrm{d}x^2}\psi(x)=E\psi(x) \tag{1–30}$$

式（1–30）の一般解は

$$\psi(x) = A\sin kx + B\cos kx \tag{1–31}$$

$$k=\sqrt{2mE}/\hbar \tag{1–32}$$

である*13．ここで，A，B は任意定数である．

境界条件から，波動関数 $\psi(x)$ は $x=0$，および L で 0 でなければならない．したがって，$B=0$ となる．また，$\psi(L)=0$ であるから，$\psi(L)=A\sin kL=0$ となって，$kL=n\pi$（n：正の整数）が得られる．すなわち，一次元井戸型ポテンシャル中の粒子の量子化条件

$$k = n\pi/L \tag{1–33}$$

が得られた．

式（1–32）と（1–33）より，粒子のエネルギー値は整数 n を含み，次式で表される．

$$E_n=\frac{n^2\hbar^2\pi^2}{2mL^2}=\frac{n^2h^2}{8mL^2} \tag{1–34}$$

上式は，L が大きくなるか，粒子の質量 m が大きくなると，エネルギー準位の間隔が小さくなり，連続的なエネルギー準位に近づいてゆくことを示している*14．

*12　Schrödinger方程式（1–30）の解として，数学的に許されるものは無限に存在する．しかし，現実に興味のある物理的状態は，その状態の指定する条件（境界条件）から，存在しうる解が限定される．

エネルギー障壁が無限大である井戸型ポテンシャル（図1・7）における境界条件：

$x=0, x=L$ において，波動関数が有限の値をもつこと，すなわち，$\psi(0)=0, \psi(L)=0$．

これから，エネルギーの量子化が生ずる．

*13　演習問題問15を参照．

*14　1次元井戸型ポテンシャル中の粒子のエネルギー準位：

エネルギー準位間隔は，量子数の2乗に比例し，井戸のサイズの2乗に逆比例する．

井戸のサイズが2倍になった場合（$E=h^2/8mL^2$）．

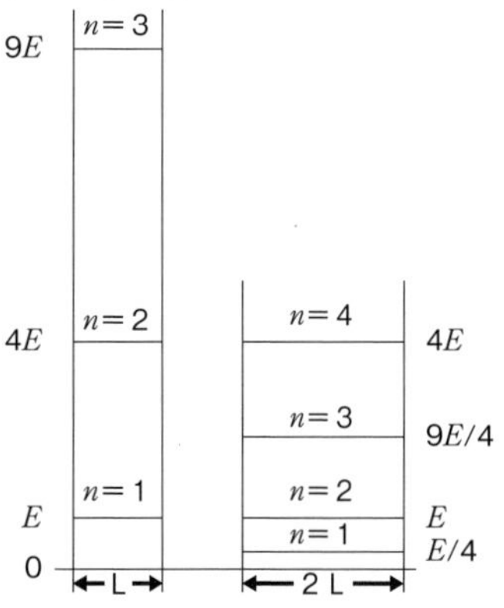

エネルギー準位 E_n に対応する波動関数は

$$\psi_n(x) = A\sin(n\pi/L)x \tag{1-35}$$

となる．ここで，Aの値は，波動関数の規格化条件から求められる[*15]．

*15　規格化条件：$\int_0^L \psi_n(x)^2 dx = 1$
$= A^2\int_0^L \sin^2 kx dx$
$= \dfrac{A^2}{2}\int_0^L (1-\cos 2kx)dx$
$= \dfrac{A^2}{2}\left[x - \dfrac{1}{2k}\sin 2kx\right]_0^L$
$= \dfrac{A^2L}{2}$
$\therefore A = (2/L)^{1/2}$

$$A = \sqrt{2/L} \tag{1-36}$$

井戸型ポテンシャルの境界条件のために，粒子のエネルギーがとびとびの値になることが示された．

以上述べたように，波動関数に対する境界条件から整数 n が導入され，エネルギー値は非連続的な値をとることが導かれた．整数 n は量子数（quantum number）とよばれる．ここで $n=0$ の状態が存在しないことに注意しよう．状態 $n=0$ は，波動関数がすべての位置で0であるので，意味のない状態であるためである．したがって，もっともエネルギーの低い状態は，エネルギー $E_1 = \hbar^2\pi^2/2mL^2$ をもつ．この最低エネルギーを零点エネルギーという．古典力学では，エネルギー0の状態が許されるが，量子論では0にならないことを示している．すなわち，最低のエネルギー状態でも粒子の運動が凍結されないことを意味している．また，一次元の井戸型ポテンシャル中の粒子のエネルギー値 E_n は，n^2 に比例して大きくなる（図1・8）．

波動関数についてみてみよう．図1・8には式（1-35）で表現される波動関数 $\psi_n(x)$ と確率関数 $\psi_n(x)^2$ を示す．もっともエネルギーの低い状態（$n=1$）では，半波長の波に相当し，中央部に最大の分布確率をもつ．興味あることに，$n=2$ 状態では，中央部で粒子の存在確率が0となる点があり，波動関数の符号は，その両側で逆転する．このような点を節（node）とよぶ．節では粒子の存在確率は0であるのに，この両側で1個の粒子が見出される確率は0.5ずつである．古典的には，こ

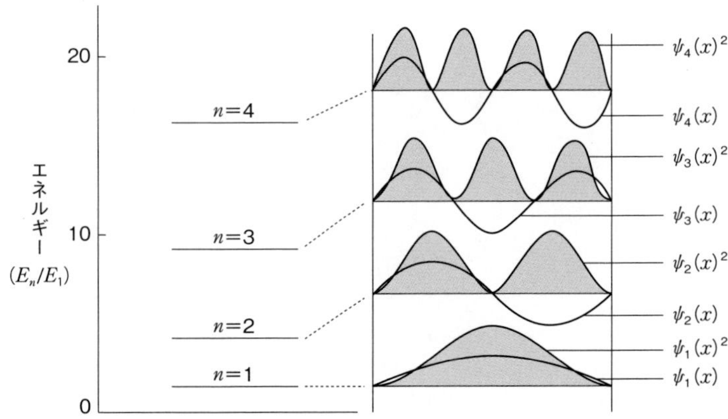

図1・8　箱の中の粒子のエネルギー E_n，波動関数 $\psi_n(x)$，確率密度 $\psi_n(x)^2$

のような現象はあり得ない．量子数が増えてゆくと，エネルギーが高くなり，節の数も増えてゆく．量子数が非常に大きくなると，粒子が一様に分布するような状態に近づいていき，マクロな粒子分布に似てくる．これを対応原理（correspondence principle）とよんでいる．

1・4 水素型原子の Schrödinger 方程式を求める

Schrödinger 方程式を水素原子に応用して，微分方程式の解から得られた結果について考察する．原子の中の電子は核とのクーロン相互作用で束縛されている．導かれた結果は Bohr モデルのような線で表される軌道を運動する電子ではなく，あたかも雲のように広がった原子軌道が波動関数で表される．とびとびのエネルギーや量子数も自然に導かれる．

1・4・1 水素型原子は1個の電子と正電荷 Z の核をもつ

① 水素型原子の特徴を説明できる．
② 波動関数の境界条件について説明できる．
③ 量子数が導入される理由を説明できる．

水素型原子は，1個の電子が正電荷（Z）をもつ核との間でクーロン相互作用に由来するポテンシャルエネルギーのもとで，三次元空間で運動している．クーロンポテンシャルエネルギー演算子 $\hat{V}$ を次式のように表す．

$$\hat{V} = -Ze^2/4\pi\varepsilon_0 r \tag{1-37}$$

上式を，式（1-24）に代入すると，水素型原子の Schrödinger 方程式は，次式で表される．

$$-\frac{\hbar^2}{2m}\left(\frac{\partial^2}{\partial x^2}+\frac{\partial^2}{\partial y^2}+\frac{\partial^2}{\partial z^2}\right)\Psi-\frac{Ze^2}{4\pi\varepsilon_0 r}\Psi=E\Psi \tag{1-38}$$

原子は球対称なので，図1・9に示すような極座標（r, θ, ϕ）に変換すると都合がよく，座標変換により，Schrödinger 方程式は次のように書かれる．

$$-\frac{\hbar^2}{2m}\left\{\frac{1}{r^2}\left(\frac{\partial}{\partial r}r^2\frac{\partial\Psi}{\partial r}\right)+\frac{1}{r^2\sin^2\theta}\frac{\partial^2\Psi}{\partial\phi^2}+\frac{1}{r^2\sin\theta}\frac{\partial}{\partial\theta}\left(\sin\theta\frac{\partial\Psi}{\partial\theta}\right)\right\}$$
$$-\frac{Ze^2}{4\pi\varepsilon_0 r}\Psi=E\Psi \tag{1-39}$$

Schrödinger 方程式を解く上で，原子の中で電子が定常波として存在できる条件，すなわち境界条件を設定する．

（1）波動関数は無限大になってはならない．

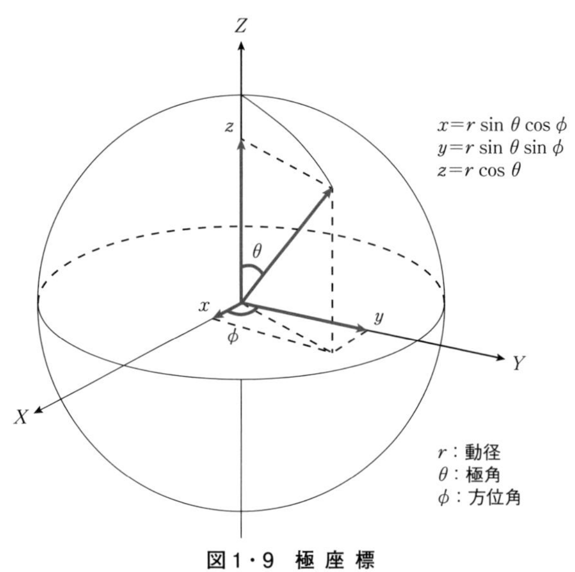

図1・9　極座標

(2) 波動関数は核の周りに一周したらもとの値に一致しなければならない.

微分方程式を解くにはかなり煩雑な計算が必要であるが，上記の境界条件（boundary condition）を満たすために特定の整数が導入される．これを量子数（quantum number）とよぶ．計算の結果，波動関数，および電子の許されるエネルギー状態が得られる．要点を以下の節に示す.

④ 3つの量子数の名称をあげられる.
⑤ 3つの量子数の取り得る数値を上げられる.
⑥ 原子軌道を量子数で分類できる.
⑦ 主量子数について取り得る方位量子数を説明できる.
⑧ s軌道，p軌道，d軌道，f軌道の副準位の数を上げられる.

1・4・2　原子の中の電子の軌道が量子数で分類される

系は3つの座標変数（r, θ, ϕ）で表されるので，3つの量子数（n, l, m）が現れる．ここで，nは主量子数（principal quantum number），lは方位量子数（azimuthal quantum number），m_lは磁気量子数（magnetic quantum number）とよばれる．電子の空間分布を決める波動関数は，これらの量子数により規定され，軌道（orbital）または軌道関数（orbital function）ともよばれる.

量子数の値には，次のような制限がある.

主量子数　$n=1, 2, 3, \cdots$

方位量子数　$l=0, 1, 2, 3, \cdots, n-1$

磁気量子数　$m_l=l, (l-1), (l-2), \cdots, 2, 1, 0, -1, -2, \cdots, -(l-1), -l$

主量子数nによって，原子軌道のエネルギー準位や空間的広がりが分類される．すなわち，nが大きいほど軌道のエネルギー準位は高くなり，電子雲の広がりは大きくなる．また，方位量子数lは軌道の形を決め，磁気量子数m_lは軌道の向きを表している．ここで，lは軌道運動に伴う運動量である“角運動量”（angular momentum）と関係づけられ，m_lは角運動量の成分に相当する.

表1・2　許容される量子数と原子軌道の名称

殻	主量子数 (n)	方位量子数 (l)	磁気量子数 (m)	軌道
N	4	3	+3　+2　+1　0　−1　−2　−3	4f
		2	+2　+1　0　−1　−2	4d
		1	+1　0　−1	4p
		0	0	4s
M	3	2	+2　+1　0　−1　−2	3d
		1	+1　0　−1	3p
		0	0	3s
L	2	1	+1　0　−1	2p
		0	0	2s
K	1	0	0	1s

電子が軌道運動により角運動量をもつことは，その電子は磁気モーメント（magnetic moment）をもつことを意味する．これは，コイルに電流を流したときに，コイルが磁石としての性質をもつことに似ている．角運動量の成分に相当する m_l の値によって磁気モーメントの大きさが異なる．したがって，磁場の中に置かれると，m_l に依存して異なるエネルギー状態をとる．そのことから，m_l は磁気量子数とよばれる．

表1・2に許容される量子数と原子軌道の名称を示す．方位量子数 $l=0, 1, 2, 3$ の軌道を，それぞれ s 軌道，p 軌道，d 軌道，f 軌道とよび，主量子数 n の値をつけて 1s 軌道，2s 軌道，2p 軌道などとよぶ．s 軌道は1種類であるが，p 軌道には p_x，p_y，p_z の3種類の副準位がある．d 軌道には磁気量子数の異なる5種類の軌道があり，f 軌道では7種類の軌道が存在する．

1・4・3　Schrödinger 方程式の解である波動関数が，電子の軌道の形を表す

⑨ 動径波動関数と角度波動関数について説明できる．
⑩ 動径分布関数の意味について説明できる．
⑪ s 軌道，p 軌道，d 軌道の形状の特徴を説明できる．

導かれた波動関数は，r，θ，ϕ の3つの変数を分離した関数の積 $\Psi = R(r)\mathrm{Y}(\theta, \phi)$ で表される．

$R(r)$：動径波動関数（radial wavefunction）

$Y(\theta, \phi) = \Theta(\theta)\Phi(\phi)$：角度波動関数（angular wavefunction）

表1・3に量子数 $n=1, 2$ についての波動関数を，動径波動関数と角度波動関数に分けて示す．ここで，$R(r)$ は主量子数 n と方位量子数 l の関数で，$\Theta(\theta)$ は l と磁気量子数 m_l の関数，$\Phi(\phi)$ は m_l のみの関数となっている．

波動関数の2乗は，電子が存在する確率密度を示す．動径部分と角部分に分けて表すのがわかりやすい．動径波動関数の2乗 $R(r)^2$ は，座標点（r，θ，ϕ）における微小体積 δV 内に電子を見出す確率を与える．また，核からのある距離（r）に電子が存在する確率，すなわち核から

*16　指数関数 e^{-ar} は，$r=0$ で 1，$r=\infty$ で零になる単調な関数である（図 1・10 参照）．

表 1・3　水素型原子の波動関数 $\Psi=R(r)\,\Theta(\theta)\,\Phi(\phi)$

n	l	m_l	記号	動径部分 $R(r)$ *16	角部分 $\Theta(\theta)\ \ \Phi(\phi)$
1	0	0	1s	$2\left(\frac{Z}{a_0}\right)^{3/2} e^{-Zr/a_0}$	$\left(\frac{1}{4\pi}\right)^{1/2}$
2	0	0	2s	$\left(\frac{Z}{2a_0}\right)^{3/2}\left(2-\frac{Zr}{a_0}\right)e^{-Zr/2a_0}$	$\left(\frac{1}{4\pi}\right)^{1/2}$
2	1	0	$2p_z$	$\frac{1}{\sqrt{3}}\left(\frac{Z}{2a_0}\right)^{3/2}\left(\frac{Zr}{a_0}\right)e^{-Zr/2a_0}$	$\left(\frac{3}{4\pi}\right)^{1/2}\cos\theta$
2	1	±1	$2p_x$	$\frac{1}{\sqrt{3}}\left(\frac{Z}{2a_0}\right)^{3/2}\left(\frac{Zr}{a_0}\right)e^{-Zr/2a_0}$	$\left(\frac{3}{4\pi}\right)^{1/2}\sin\theta\cos\phi$
2	1		$2p_y$	$\frac{1}{\sqrt{3}}\left(\frac{Z}{2a_0}\right)^{3/2}\left(\frac{Zr}{a_0}\right)e^{-Zr/2a_0}$	$\left(\frac{3}{4\pi}\right)^{1/2}\sin\theta\sin\phi$

$a_0=\varepsilon_0 h^2/\pi me^2=5.291772\times10^{-11}\,\mathrm{m}$

の距離 r と $r+\mathrm{d}r$ の球殻内に電子が存在する確率を知りたい場合がある．この確率は動径分布関数（radial distribution function）$4\pi r^2R(r)^2$ により求められる（コラム）．図 1・10 に，水素型原子の動径関数 $R(r)$ と動径分布関数 $4\pi r^2R(r)^2$ を示す（コラム参照）．

コラム　動径分布関数とは

動径波動関数は，中心点から r と $r+\mathrm{d}r$ の球殻内に電子が存在する確率を与える．図 a に示すように，球殻の体積は $4\pi r^2\mathrm{d}r$ である．規格化した動径波動関数 $R(r)$ について，この球殻内に電子が存在する確率は，球殻の体積と波動関数の 2 乗の積で表される．

$$4\pi r^2R(r)^2\mathrm{d}r = P(r)\,\mathrm{d}r$$

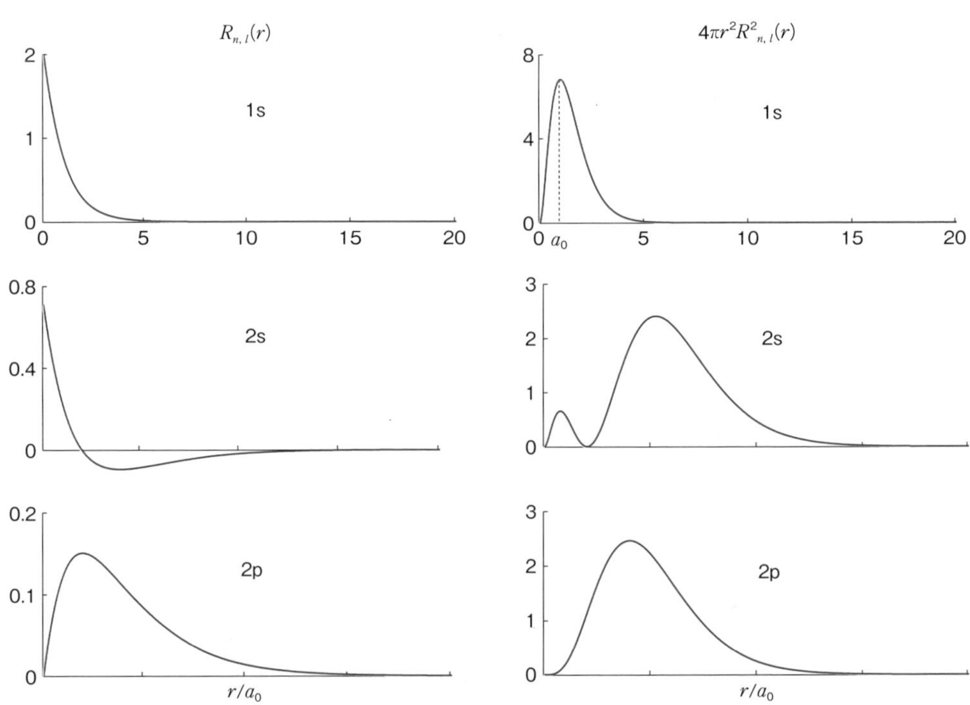

図 1・10　原子軌道の動径関数 $R_{n,l}(r)$ と動径分布関数 $4\pi r^2R_{n,l}(r)$．a_0 は Bohr 半径で，$a_0=\frac{\varepsilon_0 h^2}{\pi me^2}$ である．

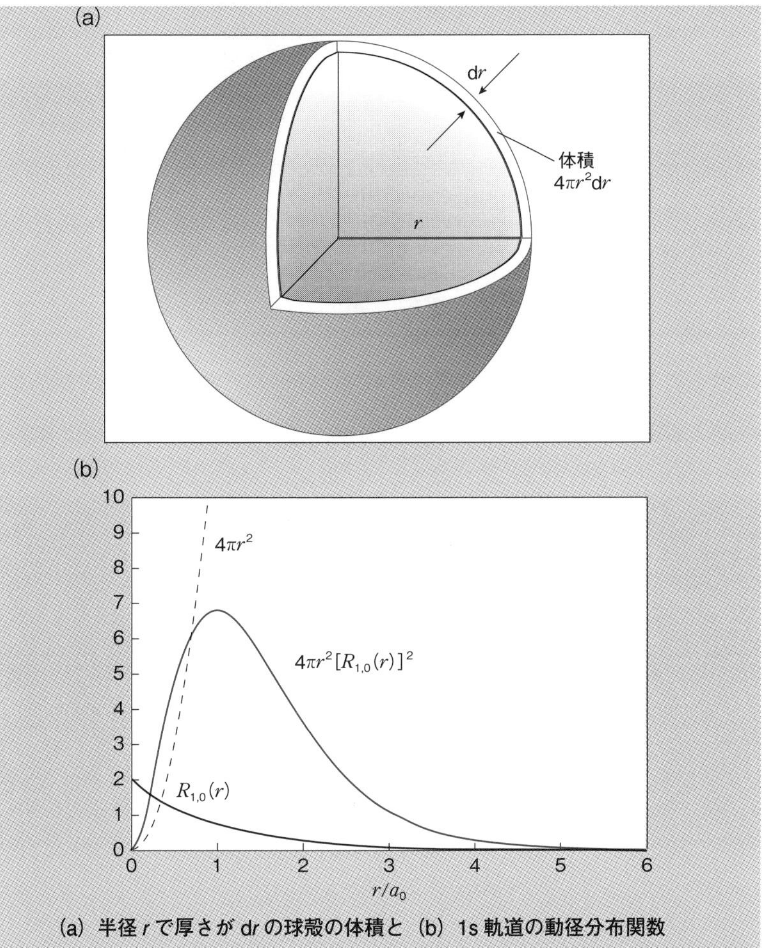

(a) 半径 r で厚さが $\mathrm{d}r$ の球殻の体積と (b) 1s 軌道の動径分布関数

ここで，$P(r)$ を動径分布関数とよぶ．図 b に，1 s 軌道の動径波動関数 $2a_0^{-3/2}\exp(-r/a_0)$ と $4\pi r^2$ との積から得られる動径分布関数 $P(r)$ を示した．これから，1 s 軌道の $P(r)$ は，Bohr 半径の位置で最大値をもつことが示される．

図 1・11 に示すように，波動関数の角部分 $Y(\theta, \phi) = \Theta(\theta)\Phi(\phi)$ は軌道の方向性や形を示す．s 軌道は θ，ϕ に無関係で，球対称である．p 軌道は亜鈴型をしていて，p_x，p_y，p_z はそれぞれ x，y，z 軸方向を向いている．これらの p 軌道には，それぞれ，yz，zx，xy 面に節面があり*17，関数の符号が反転する．d 軌道には 5 種類の d_{z^2}，$\mathrm{d}_{x^2-y^2}$，d_{xy}，d_{yz}，d_{zx} 軌道があり，d_{z^2} 軌道では z 軸方向，$\mathrm{d}_{x^2-y^2}$ では x と y 軸方向に広がりをもち，d_{xy}，d_{yz}，d_{zx}，軌道はそれぞれ，xy，yz，zx 面内に広がりをもっている．

*17　節面の数 $= n-1$．量子数の増大と共に節面は増える．また，球対称である s 軌道においても，量子数 $n \geq 2$ では節面をもつことに注意．

1・4・4　原子軌道のエネルギー準位が Schrödinger 方程式から求められる

⑫ 水素型原子の軌道のエネルギー準位の主量子数依存性について説明できる．

水素型原子の場合，エネルギーの値は n のみに依存し，l，m_l には依

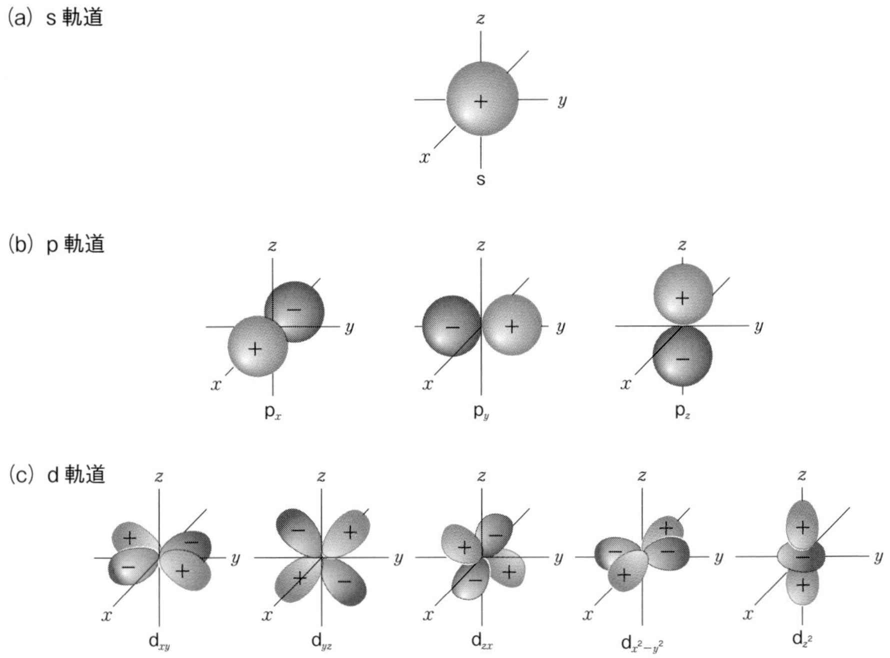

(a) s 軌道

(b) p 軌道

(c) d 軌道

図 1・11　s 軌道，p 軌道，d 軌道の形状

存しない結果が得られる．

$$E_n = -\left(\frac{me^4}{32\pi^2\varepsilon_0^2\hbar^2}\right)\frac{Z^2}{n^2} \tag{1-40}$$

1 つの n に対して異なる l，m_l の組み合わせが n^2 個可能であるので，波動関数は異なるが，等しいエネルギーをもつ状態が n^2 個存在することを意味する．

ここで得られた式が，Bohr モデルで得られた結果と同じであることは興味深い．水素原子のスペクトル系列は，主量子数の異なる状態間の遷移に相当し，そのエネルギー差が放出，または吸収される光子のもつエネルギー（$h\nu$）に等しい．

⑬ 電子スピンについて古典モデルとの対応を説明できる．
⑭ Pauli の排他原理について説明できる．

1・4・5　電子スピンは第 4 の量子数である

水素型原子において三次元空間の電子の運動に関する Schrödinger 方程式から，3 つの量子数が導かれ，原子スペクトルが解釈できることが明らかにされた．しかし，これだけではまだ理解できない現象が残されていた．その 1 つには，ナトリウム原子スペクトルにおける間隔の狭い二重線である．これを説明するために，G. Uhlenbeck（ウーレンベック）と S. Goudsmit（ハウトスミット）は電子の自転運動に相当するスピン（spin）という概念を提唱した．電子のスピン状態には 2 つの状態があり，スピン量子数（spin quantum number）としては半整数をとることで，電子状態を体系的に取り扱うことが示された．

$$s = 1/2,\quad m_s = +1/2, -1/2 \tag{1-41}$$

ここで，$m_s = +1/2$ および $-1/2$ の状態のスピンを，それぞれ α スピン，β スピンとよぶ．図1・12に示すように，電子スピンの古典的モデルは自転運動と考えることができる．

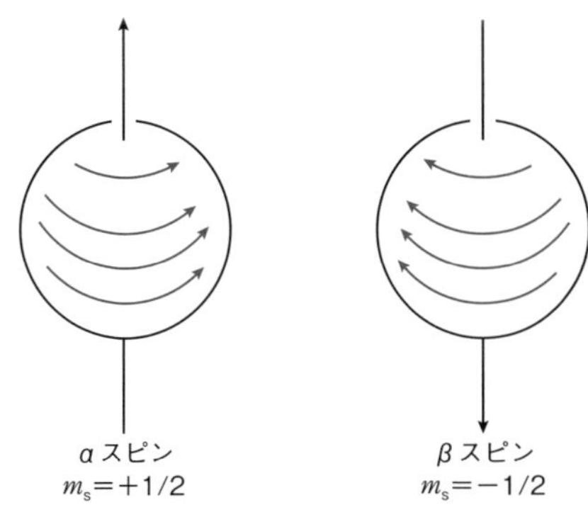

図1・12　電子スピンの古典的モデル

結局，原子中の電子は4つの異なる量子数 n, l, m_l, m_s をもち，1つの軌道には α スピン（$m_s = +1/2$），β スピン（$m_s = -1/2$）の2つの電子が入ることが許される．これがPauli（パウリ）の原理（Pauli principle）であり，Pauliの排他原理（Pauli exclusion principle）ともよばれる*18．電子の本質として，負電荷に加えてスピンを持つことが量子論により明らかになった．負電荷をもつ2つの電子が同一の軌道に入ることができるのは，互いに逆向きのスピンをもつからであるといえる．また，電子スピンに由来する磁気モーメントが存在し，物質の磁性と直接関連している．

*18　Pauliの原理

a)

α spin　β spin

b)

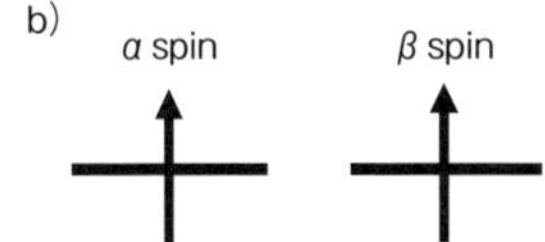

a) 電子スピンが対を形成している状態：

2つの電子は同じ軌道に入ることができる。

b) 電子スピンが対を形成していない状態：

電子は同一の軌道には入れない。

1・5　多電子原子の電子が原子軌道に配置される方法には規則性がある

電子の数が2つ以上の原子になると，Schrödinger方程式には電子と核との間のクーロン相互作用に加えて，電子間の斥力を考慮することが必要になり厳密解は得られない．したがって，近似的な数学的手法により波動方程式を解いて波動関数が求められる．

1・5・1　多電子原子では，原子軌道のエネルギー準位に主量子数と方位量子数依存性がある

① 水素型原子と多電子原子との軌道のエネルギー準位の違いについて説明できる．

多電子原子の原子軌道は，水素型原子と同様に3つの量子数で定義される．しかし，そのエネルギー準位は，主量子数 n が同じでも方位量

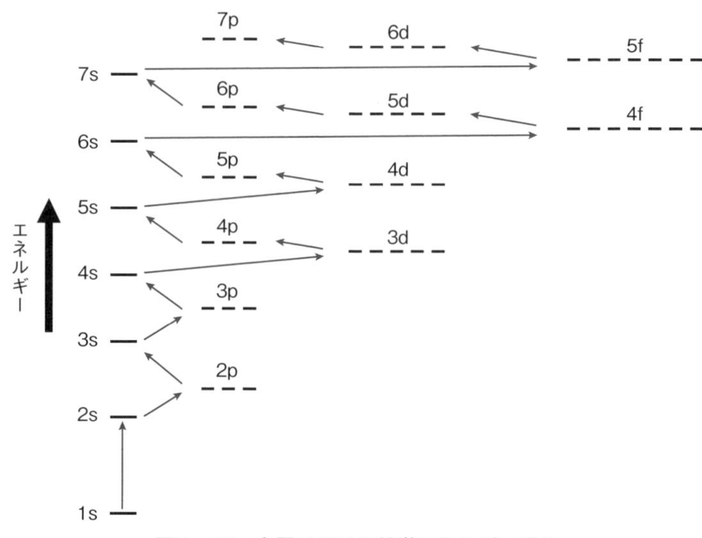

図 1・13　多電子原子の軌道エネルギー準位

子数 l が異なるとエネルギーが違ってくる点で異なる．同じ n の状態の中では，l が大きいほど高いエネルギーをとる．ある電子が核から受けるクーロン引力は，他の電子が存在することで核電荷を部分的に遮蔽する効果を受ける*[19]．核の電荷を Z としたとき，ある電子に有効に作用する核電荷は（$Z-\sigma$）で表され，σ を遮蔽定数とよぶ．したがって，核からの引力の減少を生ずることになる．遮蔽の度合いは電子の入っている軌道の形に依存するので，主量子数が同じでも方位量子数が異なるとエネルギーが違ってくる．

このように，電子間の相互作用は原子軌道のエネルギー準位に影響を及ぼすため，多電子原子の軌道エネルギー準位は図 1・13 のようになる．主量子数が 4 以上の軌道ではそれらのエネルギー値が接近しているために，原子によっては順位が入れ替ることもある．

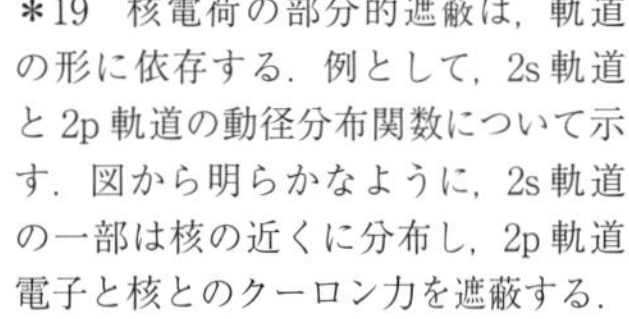
*19　核電荷の部分的遮蔽は，軌道の形に依存する．例として，2s 軌道と 2p 軌道の動径分布関数について示す．図から明らかなように，2s 軌道の一部は核の近くに分布し，2p 軌道電子と核とのクーロン力を遮蔽する．

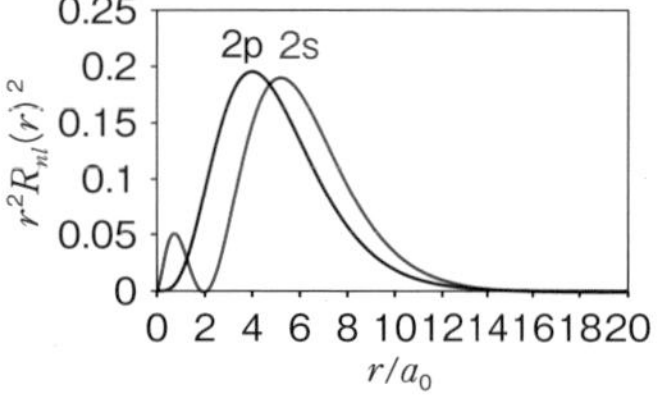

1・5・2　周期表は電子が原子軌道に入る規則性と関連する

次のことがらについて説明できる．
② 電子が軌道に入る規則性の第一の原則．
③ 主量子数 n=1〜5 の殻の名称．
④ 殻のそれぞれに入ることのできる電子の総数
⑤ 周期表と電子配置の関連．
⑥ Hund の規則．
⑦ 原子の基底状態の電子配置を決める原則．

電子は，軌道のエネルギーの低い順に規則的に入る．表 1・4 に原子の基底状態（ground state）における電子配置を示す*[20]．水素原子では 1s 軌道に 1 個の電子が入る．ヘリウムでは 1s 軌道に α スピンと β スピンの 2 つの電子が入る．同じ主量子数 n をもつ軌道を殻（shell）とよび，n=1，2，3，4，5 の殻をそれぞれ K，L，M，N，O 殻という．原子番号 Z=3 のリチウムにおいては 3 番目の電子は 2s 軌道に入り，Z=4 のベリリウムでは 2s 軌道に 2 つの電子が入る．ホウ素は Z=5 で，5 番目の電子は 2p 軌道に入り，Z=10 のネオンまで 2p 軌道に電子が 1 つずつ増えて，L 殻が満杯になる．このように殻に電子が全部詰まった

*20　主量子数 n＝1, 2, 3, 4, 5, 6 の殻の電子配置を，表 1・4 では，それぞれ［He］,［Ne］,［Ar］,［Kr］,［Xe］,［Rn］で表す．

表1・4　元素の電子配置

原子番号 Z	元素	電子配置	原子番号 Z	元素	電子配置
1	H	$1s^1$	54	Xe	[Kr] $4d^{10}5s^25p^6$
2	He	$1s^2$	55	Cs	[Xe] $6s^1$
3	Li	[He] $2s^1$	56	Ba	[Xe] $6s^2$
4	Be	[He] $2s^2$	57	La	[Xe] $5d^16s^2$
5	B	[He] $2s^22p^1$	58	Ce	[Xe] $4f^15d^16s^2$
6	C	[He] $2s^22p^2$	59	Pr	[Xe] $4f^36s^2$
7	N	[He] $2s^22p^3$	60	Nd	[Xe] $4f^46s^2$
8	O	[He] $2s^22p^4$	61	Pm	[Xe] $4f^56s^2$
9	F	[He] $2s^22p^5$	62	Sm	[Xe] $4f^66s^2$
10	Ne	[He] $2s^22p^6$	63	Eu	[Xe] $4f^76s^2$
11	Na	[Ne] $3s^1$	64	Gd	[Xe] $4f^75d^16s^2$
12	Mg	[Ne] $3s^2$	65	Tb	[Xe] $4f^96s^2$
13	Al	[Ne] $3s^23p^1$	66	Dy	[Xe] $4f^{10}6s^2$
14	Si	[Ne] $3s^23p^2$	67	Ho	[Xe] $4f^{11}6s^2$
15	P	[Ne] $3s^23p^3$	68	Er	[Xe] $4f^{12}6s^2$
16	S	[Ne] $3s^23p^4$	69	Tm	[Xe] $4f^{13}6s^2$
17	Cl	[Ne] $3s^23p^5$	70	Yb	[Xe] $4f^{14}6s^2$
18	Ar	[Ne] $3s^23p^6$	71	Lu	[Xe] $4f^{14}5d^16s^2$
19	K	[Ar] $4s^1$	72	Hf	[Xe] $4f^{14}5d^26s^2$
20	Ca	[Ar] $4s^2$	73	Ta	[Xe] $4f^{14}5d^36s^2$
21	Sc	[Ar] $3d^14s^2$	74	W	[Xe] $4f^{14}5d^46s^2$
22	Ti	[Ar] $3d^24s^2$	75	Re	[Xe] $4f^{14}5d^56s^2$
23	V	[Ar] $3d^34s^2$	76	Os	[Xe] $4f^{14}5d^66s^2$
24	Cr	[Ar] $3d^54s^1$	77	Ir	[Xe] $4f^{14}5d^76s^2$
25	Mn	[Ar] $3d^54s^2$	78	Pt	[Xe] $4f^{14}5d^96s^1$
26	Fe	[Ar] $3d^64s^2$	79	Au	[Xe] $4f^{14}5d^{10}6s^1$
27	Co	[Ar] $3d^74s^2$	80	Hg	[Xe] $4f^{14}5d^{10}6s^2$
28	Ni	[Ar] $3d^84s^2$	81	Tl	[Xe] $4f^{14}5d^{10}6s^26p^1$
29	Cu	[Ar] $3d^{10}4s^1$	82	Pb	[Xe] $4f^{14}5d^{10}6s^26p^2$
30	Zn	[Ar] $3d^{10}4s^2$	83	Bi	[Xe] $4f^{14}5d^{10}6s^26p^3$
31	Ga	[Ar] $3d^{10}4s^24p^1$	84	Po	[Xe] $4f^{14}5d^{10}6s^26p^4$
32	Ge	[Ar] $3d^{10}4s^24p^2$	85	At	[Xe] $4f^{14}5d^{10}6s^26p^5$
33	As	[Ar] $3d^{10}4s^24p^3$	86	Rn	[Xe] $4f^{14}5d^{10}6s^26p^6$
34	Se	[Ar] $3d^{10}4s^24p^4$	87	Fr	[Rn] $7s^1$
35	Br	[Ar] $3d^{10}4s^24p^5$	88	Ra	[Rn] $7s^2$
36	Kr	[Ar] $3d^{10}4s^24p^6$	89	Ac	[Rn] $6d^17s^2$
37	Rb	[Kr] $5s^1$	90	Th	[Rn] $6d^27s^2$
38	Sr	[Kr] $5s^2$	91	Pa	[Rn] $5f^26d^17s^2$
39	Y	[Kr] $4d^15s^2$	92	U	[Rn] $5f^36d^17s^2$
40	Zr	[Kr] $4d^25s^2$	93	Np	[Rn] $5f^46d^17s^2$
41	Nb	[Kr] $4d^45s^1$	94	Pu	[Rn] $5f^67s^2$
42	Mo	[Kr] $4d^55s^1$	95	Am	[Rn] $5f^77s^2$
43	Tc	[Kr] $4d^55s^2$	96	Cm	[Rn] $5f^76d^17s^2$
44	Ru	[Kr] $4d^75s^1$	97	Bk	[Rn] $5f^97s^2$
45	Rh	[Kr] $4d^85s^1$	98	Cf	[Rn] $5f^{10}7s^2$
46	Pd	[Kr] $4d^{10}$	99	Es	[Rn] $5f^{11}7s^2$
47	Ag	[Kr] $4d^{10}5s^1$	100	Fm	[Rn] $5f^{12}7s^2$
48	Cd	[Kr] $4d^{10}5s^2$	101	Md	[Rn] $5f^{13}7s^2$
49	In	[Kr] $4d^{10}5s^25p^1$	102	No	[Rn] $5f^{14}7s^2$
50	Sn	[Kr] $4d^{10}5s^25p^2$	103	Lr	[Rn] $5f^{14}6d^17s^1$
51	Sb	[Kr] $4d^{10}5s^25p^3$	104	Rf	[Rn] $5f^{14}6d^27s^1$
52	Te	[Kr] $4d^{10}5s^25p^4$	105	Db	[Rn] $5f^{14}6d^37s^1$
53	I	[Kr] $4d^{10}5s^25p^5$	106	Sg	[Rn] $5f^{14}6d^47s^1$

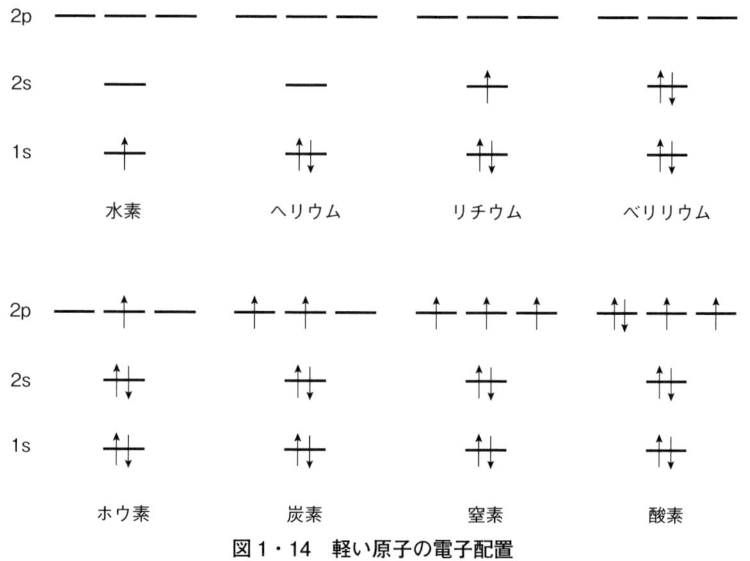

図1・14　軽い原子の電子配置

状態は安定な電子配置で，元素は不活性である．主量子数 n の殻に入ることのできる電子の総数は $2n^2$ 個である．

エネルギーの等しい軌道がある場合の電子の入り方をみてみよう．図1・14に軽い原子の電子配置の例を示した．ここで，矢印の向きは2つのスピン状態を表している．炭素原子では，1s軌道に2つ，2s軌道に2つ電子が入り，さらに2p軌道に電子が2つ入るが，その際に，3つのエネルギーの等しい軌道への電子の入り方にいくつかの方法がある．同じ軌道に対をつくって2つ入ることもできるが，別々の軌道に入ることも可能である．このような場合，空間的に異なる別の軌道に離れて入り，かつスピンが互いに同じ向きをもつような状態をとるのがエネルギー的に安定である．これをHund（フント）の規則（Hund's rule）とよんでいる*21．原子の基底状態の電子配置は，Pauliの原理とHundの規則で決められる．

*21　第4周期元素では，4s軌道が3d軌道より少しエネルギーが低いので，電子はまず，4s軌道に入る．したがって，K（Z=19）では［Ar］$4s^1$, Ca（Z=20）では［Ar］$4s^2$ の電子配置をとり，次のSc（Z=21）から3d軌道に電子が入る．しかし，図に示すように，Cr（Z=24）では4s電子の一つが昇位して，［Ar］$3d^54s^1$ の電子配置をとる．これは，4sから3dへの昇位エネルギーを補う以上に，3d軌道の5つの電子が同じスピンをもって配置される方が安定なためである．同様のことがCu（Z=29）についても起こる．

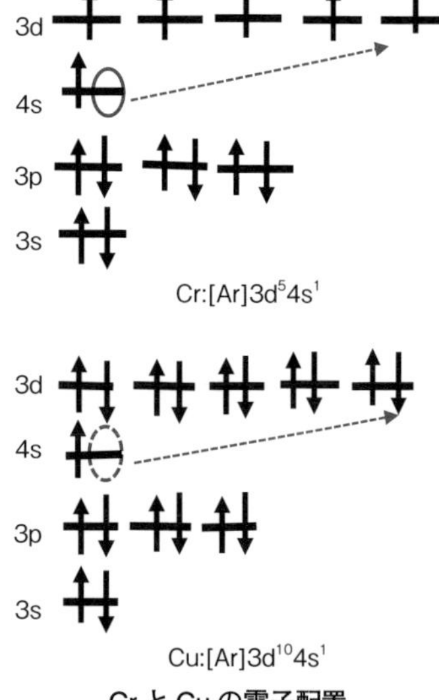

CrとCuの電子配置

⑧ 最外殻電子の電子配置の重要性の意味を説明できる．
⑨ 典型元素と遷移元素の電子配置の特徴を説明できる．
⑩ 代表的な元素の電子配置を書くことができる．
⑪ 元素の一般的性質と電子配置について説明できる．

1・5・3　元素の性質は最外殻の電子の配置を反映している

化学結合に関わる電子は最外殻の電子であるので，元素の性質は最外殻の電子の配置で，ほぼ決まる．最外殻の電子は価電子とよばれる．元素は電子配置から，典型元素と遷移元素に大別される．遷移元素はd軌道，またはf軌道が不完全のものである．なお，Zn，Cd，Hgはd軌道に電子が満杯の状態にあるが，遷移元素に入れられることもある．

周期表の横の列を周期とよび，主量子数に対応している．縦の列は族（family）とよばれ，1から18番までである．縦の元素間に類似性がある

ことは，電子配置から理解できる．炭素族と酸素族を例にとれば，その電子配置は

炭素族　C: [He] $2s^2 2p^2$,　Si: [Ne] $3s^2 3p^2$,　Ge: [Ar] $4s^2 4p^2$

酸素族　O: [He] $2s^2 2p^4$,　S: [Ne] $3s^2 3p^4$,　Se: [Ar] $4s^2 4p^4$

すなわち，炭素族では最外殻の電子配置は $(n\mathrm{s})^2\ (n\mathrm{p})^2$ であり，酸素族では $(n\mathrm{s})^2\ (n\mathrm{p})^4$ である．

1・6　原子の性質は，イオン化エネルギー・電子親和力・電気陰性度から理解できる

1・6・1　イオン化エネルギーは，原子から1個の電子を取り去るために必要なエネルギーである

① イオン化エネルギーについて説明できる．
② イオン化エネルギーの計算ができる．

原子から電子を取り除く過程に必要なエネルギーのことをイオン化エネルギー（ionization energy）とよぶ．

第一イオン化　$\mathrm{M} \longrightarrow \mathrm{M}^+ + \mathrm{e}^-$

第二イオン化　$\mathrm{M}^+ \longrightarrow \mathrm{M}^{2+} + \mathrm{e}^-$

第一イオン化エネルギーは，もっとも束縛の弱い電子を取り除くために必要なエネルギーで，単にイオン化エネルギーともいう．陽イオンになりやすいアルカリ金属は，イオン化エネルギーが小さい．

イオン化エネルギーは原子の電子配置と関係している．図1・15に原子のイオン化エネルギーと，それぞれの原子の最外殻電子の数について原子番号との関連を示す．イオン化エネルギーが，周期的に変化していることがわかる．水素原子からヘリウムになると，イオン化エネルギーは増大する．これは，ヘリウムの核電荷が+2になり，もう1つの電子は同じ1s軌道にあるために核電荷の遮蔽効果が小さいので，電子の束縛が大きくなったためである．リチウム原子はイオン化エネルギーが著しく低下している．リチウム原子では，3個の電子のうち2個が1s軌道を占め，核電荷を有効に遮蔽するので，最外殻のL殻にある電子の束縛が小さくなっていることを示している．第2周期の中で，原子番号が大きくなるほどイオン化エネルギーが増大する傾向があるが，単調ではない変化は電子配置で説明される．ホウ素原子において，5番目の電子は2p軌道に入る．2p軌道は2s軌道より束縛が弱いことを反映して，イオン化エネルギーがベリリウム原子より小さくなる．また，窒素までは異なる3つの2p軌道に1個ずつ電子が入ってきて，酸素原子では同じ2p軌道に電子が2個入る．この電子は電子間の反発のために外に飛び出しやすくなるために，酸素原子のイオン化エネルギーが窒素原子よりわずかながら減少する．第3周期のナトリウム原子では，イオン化エ

例 同族元素で，周期表の上から下へ行くほどイオン化エネルギーが小さくなる理由を考えよう．

・周期が高くなると，最外殻電子が核から遠くなり，原子核による束縛が小さくなるため．

例 同周期元素で，右に行くほどイオン化エネルギーが大きくなる理由を考えよう．

・同じ殻内にある電子は核の正電荷を遮蔽する効果が小さいために，有効核電荷が増えて，原子核による束縛が大きくなる．

ネルギーは著しく小さくなる．これはL殻が閉殻になって，核電荷の遮蔽が効果的になっていることを反映している．

第1イオン化エネルギーに比べて，一般に第2イオン化エネルギーは著しく大きい．これは，中性原子から電子を引き離すより，陽イオンから電子を引き離すのは大きいエネルギーを必要とするからである[*22]．

＊22　ここで，これらのイオン化エネルギーは真空中のものである点に注意してほしい．後の章では，溶液系におけるイオンの状態が出てくるが，その際には周囲との相互作用が加わる．たとえば，遷移元素では，溶液系で条件によって異なる価数のイオンが現実に存在しうる．例えば，Cu（Z＝29）では，第1イオン化，および第2イオン化エネルギーは，真空中でそれぞれ，7.73eV, 20.29eVであるが，溶液中ではCu^+やCu^{2+}が出現する．詳しくは8章で述べる．

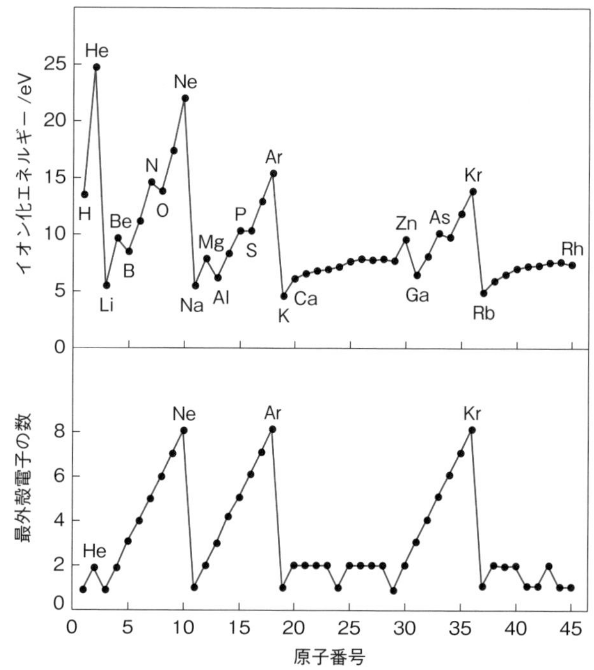

図1・15　原子の第1イオン化エネルギーと最外殻電子の数

③ 電子親和力について説明できる．

1・6・2　電子親和力は，原子が電子を1個受け取って陰イオンになるときに放出されるエネルギーである

もう1つの重要な性質は電子親和力（electron affinity）であり，中性原子に電子が加わり陰イオンとなる際に発生するエネルギーである．

$$M + e^- \longrightarrow M^-$$

ハロゲン元素のように陰イオンになりやすい元素は，電子親和力が大きい．

電子親和力も原子の電子配置と密接な関係がある．表1・5に，代表的な原子の電子親和力を示す[*23]．安定な陰イオンをつくり，電子親和力が正となる原子は，最外殻の軌道に電子が入りうる余地がある場合である．ハロゲンは陰イオンになりやすく，大きな電子親和力をもつのは，1つ電子を受け取って閉殻構造をとるためである．また，貴ガス元素は

＊23　電子親和力（E_{ea}）
$E_{ea} = E_{ea}(M) - E_{ea}(M^-)$
$E_{ea}>0$：電子を受け取って安定化．
$E_{ea}<0$：電子を受け取って不安定化．
電子親和力は，周期表で右にある元素ほど大きい．

閉殻構造であるために，外部からの電子はその外側の殻の軌道に入ることになるので，陰イオンになりにくく，電子親和力は負の値をもつ．

表1・5 典型元素の電子親和力 E_{ea}/eV

H							He
+0.75							<0**
Li	Be	B	C	N	O	F	Ne
+0.62	<0	+0.28	+1.26	−0.07	+1.46	+3.40	−0.30**
Na	Mg	Al	Si	P	S	Cl	Ar
+0.55	<0	+0.44	+1.38	+0.75	+2.08	+3.62	−0.36**
K	Ca	Ga	Ge	As	Se	Br	Kr
+0.50	<0	+0.3	+1.20	+0.81	+2.02	+3.37	−0.40**
Rb	Sr	In	Sn	Sb	Te	I	Xe
+0.49	<0	+0.3	+1.20	+1.07	+1.97	+3.06	−0.42**
Cs	Ba	Tl	Pb	Bi	Po	At	Rn
+0.47	<0	+0.2	+0.36	+0.95	+1.90	+2.80	−0.42**

**計算値

1・6・3 電気陰性度は，原子が結合をつくる際にそれぞれが電子を引き付けようとする傾向を表す

④ 電気陰性度の意味について説明できる．
⑤ 電気陰性度の決定方法について説明できる．

イオン化エネルギーも電子親和力も，ともに原子が「電子を引き付ける力」に関連するといえる．原子が電子を引き付ける相対的なパラメーターとして電気陰性度（electronegativity）がある．電気陰性度は，異なる原子が結合をつくる際に，その結合がイオン結合性か，共有結合性かを判断する便利な基準であり，そのパラメーターとして，R. S. Mulliken（マリケン）による定義と L. Pauling（ポーリング）よるものの2種類がある．両者は比例関係にある．

Mulliken による電気陰性度（χ_M）の定義．

$$\chi_M = (I_P + E_A)/2 \qquad (1\text{–}42)$$

ここで，I_P はイオン化ポテンシャル，E_A は電子親和力である．

Pauling は，異なる原子からできている2原子分子の結合エネルギーが同じ原子同士でつくる2原子分子よりも大きいことに着目して，独自の電気陰性度（χ_P）を提案した*24．表1・6に Pauling の定義による典

表1・6 Pauling の電気陰性度 χ_p

H						
2.1						
Li	Be	B	C	N	O	F
1.0	1.5	2.0	2.6	3.0	3.4	4.0
Na	Mg	Al	Si	P	S	Cl
0.9	1.3	1.6	1.9	2.2	2.6	3.2
K			Ge	As	Se	Br
0.8			2.0	2.2	2.6	3.0
Rb						I
0.8						2.7

*24 原子 A, B 間，および A, A 間，B, B 間の結合エネルギーを，それぞれ D_{AB}, D_{AA}, D_{BB} としたとき，Pauling は，次式で定義される $\varDelta_{AB}$ が，結合 A−B におけるイオン性（A^-B^+ あるいは A^+B^-）の寄与であると考えた．

$\varDelta_{AB} = D_{AB} - (D_{AA}D_{BB})^{1/2}$

そこで，構成原子の電気陰性度の差を次式で定義した．

$\chi_A - \chi_B = (\varDelta_{AB})^{1/2}$

この考えを元にして，さまざまな原子についての組み合わせから，Pauling の電気陰性度が求められた．

Mulliken と Pauling の電気陰性度は，異なる手法から導かれたが，ほぼ次のような関係が成り立つ．

$\chi_M \cong 2.8\chi_P$

型元素の電気陰性度を示す．フッ素はもっとも大きなχ_Pをもち，酸素や窒素も比較的大きなχ_Pをもつ．また，同じ族の中では周期とともに小さくなる．遷移元素のχ_Pは小さく，水素と同程度のものが多い．

演習問題

問 1 古典力学の限界について，典型的な例をあげ，要点を説明せよ．

問 2 光電効果から，なぜ光の粒子性が導かれたかを説明せよ．

問 3 赤色のレーザーポインターの光の波長は 650 nm である．この光子 1 個のエネルギーは何 J か．

問 4 青色発光ダイオードの光の波長は 465 nm である．この光子は，赤色発光ダイオードの光子の何倍のエネルギーをもつか．

問 5 量子論の特徴を 3 つあげて，古典力学と比較して説明せよ．

問 6 次のものについて de Broglie 波長を求めよ．

(1) 電位差 10 kV で加速された電子．

(2) 160 km h^{-1} の速度の野球のボール（145 g）．

問 7 次の運動する物体の運動中における位置の不確定性（ぼやけ）を計算せよ．

(1) 電位差 10 kV で加速された電子に，±0.01 kV の不確定さがあるとき．

(2) 野球のボール（145 g）が 160 km h^{-1} の速度で，±1 km h^{-1} の不確定さがあるとき．

問 8 電子の速度を精度$\Delta v = 0.01\ \mathrm{ms^{-1}}$で測定した．この電子の位置を同時に決定しようとしたとき，その精度の上限を不確定性原理から求めよ．また，陽子についても，同じ精度で速度を決定した時の位置の精度の上限を不確定性原理から計算し，電子と比較せよ．

問 9 次の元素の原子番号と質量数を示し，陽子，中性子，電子の数を求めよ．

$$^{12}_{6}\mathrm{C},\quad ^{13}_{6}\mathrm{C},\quad ^{238}_{92}\mathrm{U},\quad ^{235}_{92}\mathrm{U}$$

問 10 天然には，塩素は $^{35}\mathrm{Cl}$ が 75.8% と $^{37}\mathrm{Cl}$ が 24.2% が存在する．これらの同位体の質量の値が質量数に等しいと仮定して，塩素の原子量を求めよ．

問 11 式（1–10）と式（1–12）から式（1–13）を誘導せよ．また，得られた結果を式（1–11）に代入して，式（1–14）を確認せよ．

問 12 次の問いに答えよ．

(1) Rydberg 定数を振動数（ν）で表せ．

(2) Paschen 系列および Balmer 系列のそれぞれについて，もっとも振動数の小さな輝線の振動数を求め，波長に換算せよ．

問 13 ヘリウムイオン（He^+, $Z=2$）は1電子系であり，水素型原子として扱うことができる．原子軌道のエネルギー準位が水素原子（H, $Z=1$, 中性）と較べてどのようになっているか，図で示せ．

問 14 水素放電管の中で生成した高エネルギー状態の水素原子内の電子が，主量子数 $n=3$，方位量子数 $l=2$ の原子軌道にある．この軌道の名称を示し，基底状態に戻るときに放出する光の波長を求めよ．

問 15 式 $y(x)=A\cos x+B\sin x$ が，次の微分方程式の解であることを示せ．

$$\frac{\mathrm{d}^2y(x)}{\mathrm{d}x^2}+y(x)=0$$

なお，A，B は定数である．

問 16 アルカリ金属，アルカリ土類金属，ハロゲン，および貴ガスの最外殻の電子配置を書け．これらの電子配置から，元素の一般的性質を説明せよ．

問 17 Fe^{2+} および Zn^{2+} の最外殻の電子配置を図で示せ．

問 18 水素型電子と多電子原子の軌道エネルギー準位について，相違点を図を用いて説明せよ．

問 19 周期表について，原子軌道と電子配置から次の問いに答えよ．

(1) 典型元素の特徴について述べよ．

(2) 遷移元素の特徴について述べよ．

問 20 周期表の1つの族のなかで，原子番号が大きくなるほど，原子の第一イオン化エネルギーは小さくなる傾向をもつ．その理由を説明せよ．

問 21 水素原子の一番下の軌道（$n=1$）にある電子を無限の準位（$n=\infty$）に励起するに必要なエネルギーは，水素原子のイオン化エネルギーに相当する．

(1) Rydberg の式（1-9）から，水素原子のイオン化エネルギーに相当する光の振動数 ν を求め，J 単位に換算せよ．

(2) イオン化エネルギーを eV 単位に換算せよ．ただし，$1\,\mathrm{J}=6.242\times10^{18}\,\mathrm{eV}$ とする．

第２章　化学結合

物質の性質は，物質を構成する分子の性質が基本となっている．原子と原子が近づいたときに，どのようにして化学結合が形成され分子となるかは，量子論により初めて明らかとなった．本章は，水素分子（hydrogen molecule）はなぜ２つの水素原子からできているのか，なぜヘリウム（He）は２原子分子をつくらないか，なぜ極性（polarity）のある分子とない分子があるのかなどの問題について量子論を基礎に学ぶ．まず簡単な分子である水素分子イオン（H_2^+）や水素分子（H_2）の共有結合形成について分子軌道法を使って説明する．これらを基礎に，さらに複雑な分子の化学結合について理解を深める．

分子軌道：原子軌道の組み合わせ
- 結合：電子の役割
- 水素分子イオン
- 水素分子
  - 結合性分子軌道　σ 軌道
  - 反結合性分子軌道　σ*軌道
  - 重なり積分

電子スピンを含めた波動関数
- 一重項状態
- 三重項状態

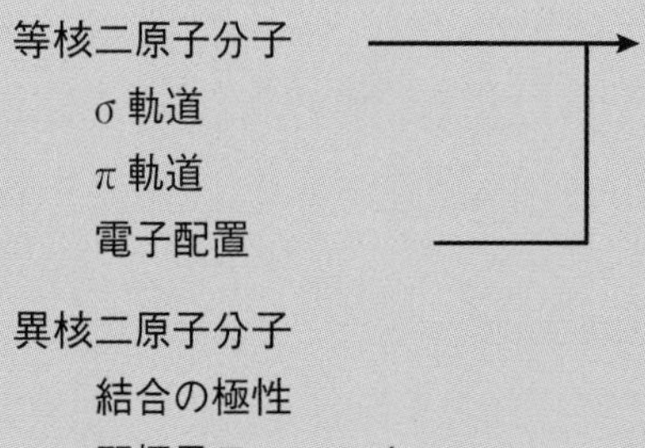

混成軌道－分子構造
結合の方向性
s 軌道と p 軌道の混成

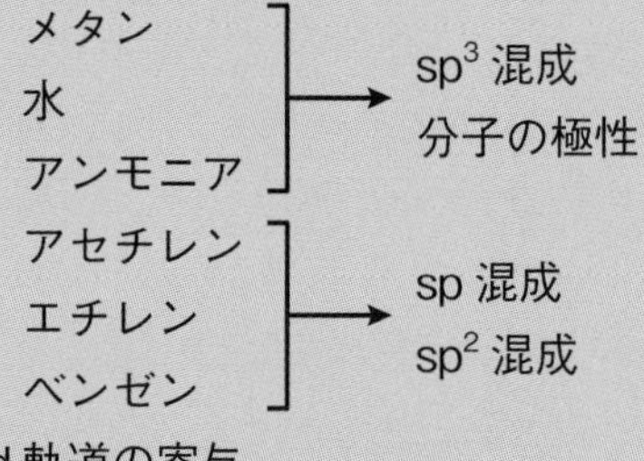

2・1 分子軌道は原子軌道の足し合わせでつくられる

次のことについて説明できる.
① 分子軌道の方法論.
② 結合性分子軌道と反結合性軌道の特徴.
③ 分子軌道のつくり方.
④ 結合性分子軌道と反結合性分子軌道の安定化と不安定化エネルギーについて.
⑤ 規格化条件.

2・1・1 化学結合は核の間に分布する電子のはたらきによる

分子軌道（molecular orbital）法は構成原子の原子軌道（atomic orbital）の線形結合によってつくられ，できた軌道のエネルギーの低い順に電子を配置してゆく．2つの水素原子が接近した場合を考えよう．それぞれのH原子に属する1s軌道は球形の雲のように広がっていて，その波動関数（wavefunction）は波と考えることができる．両者が接近すると2つの1s原子軌道の波が干渉して，図2・1に示すように，安定な分子軌道の波と不安定な波ができる．それぞれ，波の位相が合ったものと，合わなかったものである．これらは，結合性分子軌道（ψ_+：bonding orbital），および反結合性分子軌道（ψ_-：antibonding orbital）とよばれ，関数の形としては，2つの原子の1s軌道であるϕ_{1sA}とϕ_{1sB}の和と差で表される（式2–1）．

$$\text{結合性分子軌道：}\quad \psi_+ = C_+(\phi_{1sA}+\phi_{1sB}) \qquad (2\text{–}1a)$$

$$\text{反結合性分子軌道：}\quad \psi_- = C_-(\phi_{1sA}-\phi_{1sB}) \qquad (2\text{–}1b)$$

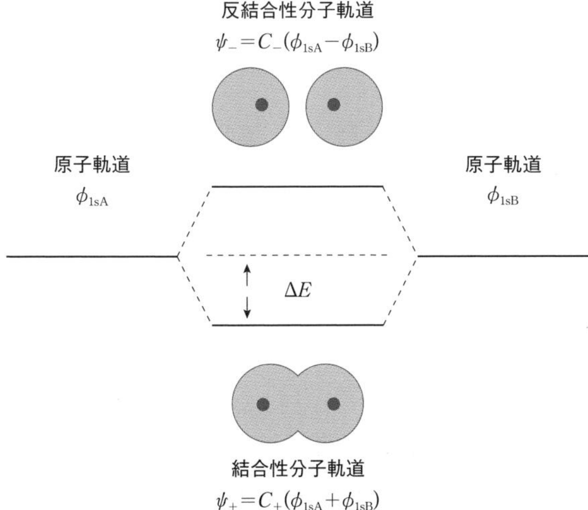

図2・1　結合性分子軌道と反結合性軌道の形成

ここで，C_+とC_-は規格化条件，$\int|\psi|^2 d\tau=1$から導かれる係数である．このような分子軌道は原子軌道の線形結合でできていることから，LCAO（Linear Combination of Atomic Orbital）とよばれる．分子軌道には，原子軌道と同様に，それぞれが2個までの電子を収容できる．正電荷をもつ核の間には反発力が働いているので，離れようとする．しかし，2つの原子核の間に電子が存在すれば，負電荷により核はその方に

引っ張られる．このために，結合性軌道の電子は化学結合をつくる役割を果たすことになる．一方，反結合性軌道には2つの原子間に節が存在するので，この軌道に入った電子は核を引き付ける役割が果たせず，引き離すことになる．

H_2^+について次のことを説明できる．
⑥ Born-Oppenheimer 近似．
⑦ Schrödinger 方程式において考慮すべき相互作用．
⑧ ハミルトニアンの各項の意味．
⑨ 重なり積分．
⑩ σ軌道とσ^*軌道．
⑪ 結合に関与している電子の役割．
⑫ ポテンシャルエネルギー．
⑬ 結合性軌道と反結合性軌道の電子密度の特徴．
⑭ 節面

2・1・2　水素分子イオンは電子1個で結合をつくっている

もっとも簡単な分子であるH_2^+は，2つの陽子と1つの電子からできている．分子結合が形成されると，図2・1に示した結合性軌道に1つの電子が入り，結合エネルギーΔEを獲得する．したがって，H_2^+は安定な分子として存在することになる．

H_2^+はもっとも簡単な分子であるので，Schrödinger 方程式がどのような形になるか見てみよう．図2・2に示す座標変数で，H_2^+は完全に記述できる．核は電子よりはるかに重いので，2つの核は静止して，電子だけが運動しているとして取り扱うことができる．これを Born-Oppenheimer（ボルン–オッペンハイマー）近似とよぶ．この分子のハミルトニアンは次式で表されるように，第一項が電子の運動エネルギーで，第二項が核—電子間のクーロン引力と核間のクーロン反発である．

$$\hat{H} \equiv -\frac{\hbar^2}{2m}\nabla^2 + \frac{1}{4\pi\varepsilon_0}\left(-\frac{e^2}{r_A} - \frac{e^2}{r_B} + \frac{e^2}{R}\right) \qquad (2\text{–}2)$$

ここで，$\nabla^2 = \dfrac{\partial^2}{\partial x^2} + \dfrac{\partial^2}{\partial y^2} + \dfrac{\partial^2}{\partial z^2}$

図2・2　水素分子イオンの座標

楕円座標系（elliptical coordinate）＊に変換することで，H_2^+の Schrödinger 方程式を厳密に解くことができて，H_2^+の分子軌道として次の関数が導かれる．

$$\psi_+ = C_+(\phi_{1sA} + \phi_{1sB}),\quad C_+ = \frac{1}{\sqrt{2(1+S_{AB})}} \qquad (2\text{–}3\,\mathrm{a})$$

$$\psi_- = C_-(\phi_{1sA} - \phi_{1sB}),\quad C_- = \frac{1}{\sqrt{2(1-S_{AB})}} \qquad (2\text{–}3\,\mathrm{b})$$

ここで，S_{AB}は重なり積分（overlap integral）である．

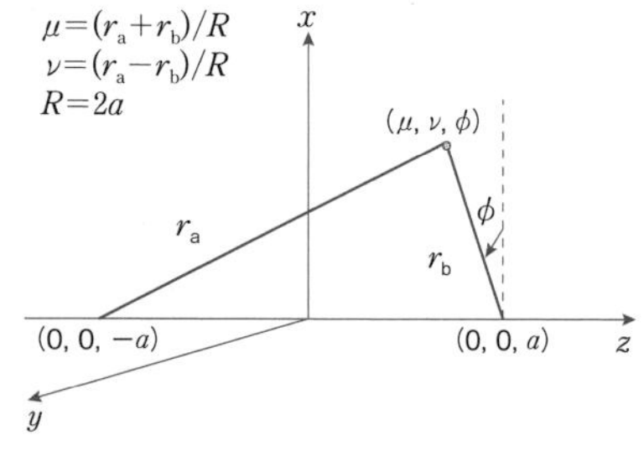

＊　楕円座標系

$$S_{AB} = \int \phi_{1sA} \phi_{1sB} \, d\tau \qquad (2\text{–}4)$$

S_{AB} は核間距離に依存し，核が無限に離れているときは $S_{AB}=0$ であり，核間距離が 0 のとき $S_{AB}=1$ である．

式（2–3 a）で示される分子軌道を結合軸の方向から見ると，その軸に直交方向は等価（軸対称）であるので，シグマ（σ）軌道とよぶ．また，反結合性軌道（式 2–3 b）には*印を付けて σ^* 軌道とよぶ．

結合性分子軌道の状態に対するエネルギーは理論計算により求められる．結果を，核間距離 R の関数としてのエネルギーとして図 2・3 に示す．

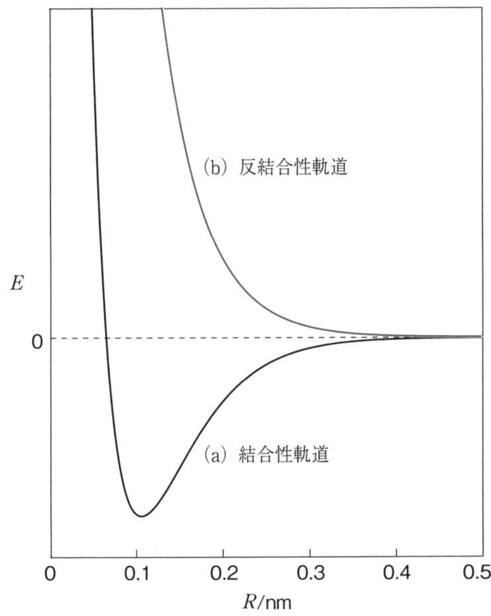

図 2・3　水素分子イオン（H_2^+）のポテンシャルエネルギー曲線 (a) 結合性軌道，(b) 反結合性軌道

図 2・3 から，ψ_+ の状態のポテンシャルエネルギーは極小点をもつことが明らかである．すなわち，エネルギー極小点で，安定な結合が形成される．一方，ψ_- の状態はエネルギーに極小点を示さず，核間距離が小さくなるにつれエネルギーは単調に上昇して不安定化している．

図 2・4 はこのような結合性軌道と反結合性軌道の関数を図に示したものである．結合性軌道における電子密度（electron density）は核の間の結合領域に増大し，この増加は分子軸の外側領域での電子密度の減少を意味する．一方，反結合性軌道は，式（2–3 b）から明らかなように，2 つの核の間で符号が反転する，すなわちこの点では電子密度が 0 となる節面（nodal plane）をもつ．このように，分子軌道の形成を考

えることにより，1つの電子が2つの原子核に共有されるだけで，安定な結合の形成が説明できる．

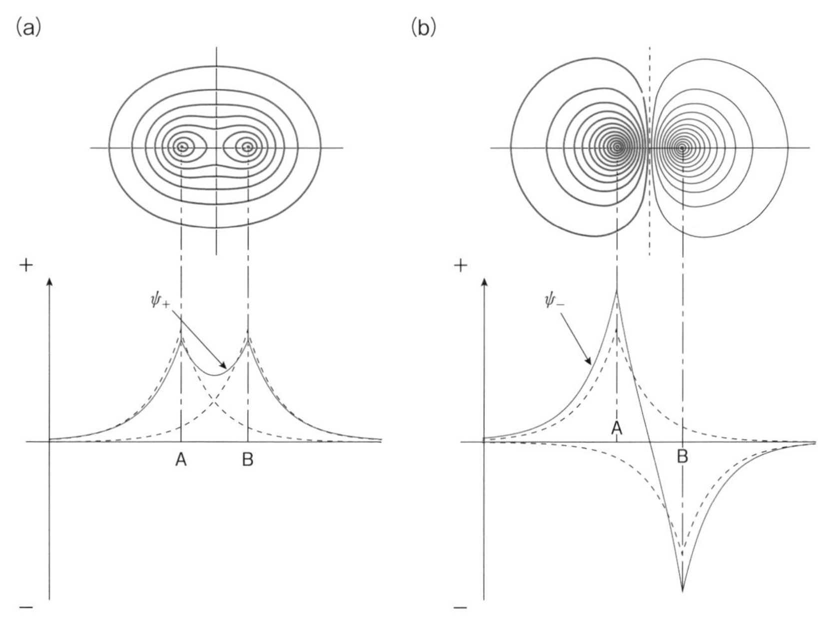

図2・4　水素分子イオンの軌道関数
(a) 結合性分子軌道，(b) 反結合性分子軌道

H_2について次のことを説明できる．
⑮ H_2^+と比べて新たに加わった相互作用．
⑯ H_2^+と比較して結合エネルギーは何倍になったか．
⑰ H_2^+と比較して結合距離はどのように変化したか．
⑱ 結合次数の計算方法

2・1・3　水素分子は2個の電子が結合をつくっている

H_2の電子構造の概略についても，H_2^+を基礎にして考えることができる．1つの分子軌道には2つの電子が入ることができ，原子の電子配置 (electron configuration) を考えたときと同様に，エネルギーの低い軌道から電子を詰めてゆく．H_2では，結合性軌道に，電子スピンが逆向きの2つの電子が入った状態が安定な基底状態である（図2・5）．基底状態ψ_Gは，式2・3aのψ_+に電子1と2が入るとして，次式のように表される．

$$\psi_G = \psi_+(1)\psi_+(2) = C_+\{\phi_{1sA}(1) + \phi_{1sB}(1)\} \times C_+\{\phi_{1sA}(2) + \phi_{1sB}(2)\} \quad (2\text{–}5)$$

結合性分子軌道に2つの電子が入ることにより，核はより強く引きつけられ，結合エネルギーはH_2^+よりも大きくなる．また，核間距離も短くなる．表2・1に，H_2^+およびH_2の結合エネルギーと結合距離の実験値を示す．

分子の結合の強さの目安として便利である結合次数 (bond order) は，結合性軌道と反結合性軌道に入った電子の数から見積もることができる．結合次数pは次式で定義される．

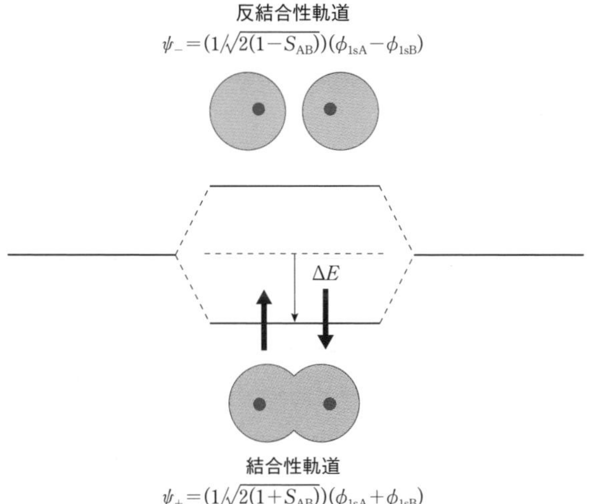

図2・5　水素分子の分子軌道のエネルギー準位と電子配置

$$S_{AB}=\int \phi_{1sA}\phi_{1sB}\,\mathrm{d}\tau$$

表2・1　H_2^+とH_2の結合エネルギーと結合距離

	H_2^+	H_2
結合エネルギー／kJ mol^{-1}	256	432
結合距離／pm	106	74

$$p=\frac{1}{2}(n-n^*) \qquad (2\text{–}6)$$

ここで，nとn^*は，それぞれ結合性軌道と反結合性軌道にある電子の数である．H_2^+とH_2の結合次数は，0.5および1であることがすぐに導かれるであろう．

さらに，図2・5から，2つのHe原子の結合形成の可能性について考えることができる．He_2^+は3電子系で，3番目の電子は反結合性の軌道に入り，結合エネルギーの低下を起こし，結合次数$p=0.5$である．したがって，H_2^+と同程度の結合の強さをもつ．一方，He_2では，反結合性軌道に入った2個の電子が2個の結合性軌道の電子による結合エネルギーを打ち消してしまうために$p=0$となり，安定な2原子分子を形成しない．

2・2　化学結合は電子スピンを含めた波動関数を考える必要がある

① 2つの電子スピンの組み合わせ方法を説明できる．
② 一重項状態と三重項状態の電子スピン波動関数を記述できる．
③ Pauliの原理について説明できる．

化学結合の形成には電子スピンが重要な関わりをもつ．前章で学んだように，電子スピンにはαスピン（量子数+1/2）とβスピン（量子数

−1/2）があるので，結合を形成する2つの電子についてのスピンの状態には4通りの組み合わせができる．

$$\alpha(1)\alpha(2),\quad \alpha(1)\beta(2),\quad \beta(1)\alpha(2),\quad \beta(1)\beta(2) \qquad (2\text{–}7)$$

ここでは，仮に電子に番号をつけて示したが，実際には電子を区別することができない．したがって，2つの電子の組み合わせを考えるとき，2つの電子の交換に対して，数学的に対称（symmetric）か反対称（antisymmetric）かで状態を表すことにする[*1]．

$$\begin{aligned} \text{対称：}\quad & \alpha(1)\alpha(2) \\ & \beta(1)\beta(2) \\ & (1/\sqrt{2})\{\alpha(1)\beta(2)+\beta(1)\alpha(2)\} \\ \text{反対称：}\quad & (1/\sqrt{2})\{\alpha(1)\beta(2)-\beta(1)\alpha(2)\} \end{aligned} \qquad (2\text{–}8)$$

ここで，数学的に対称とは，電子1と2を入れ換えても関数の符号が変わらないことであり，反対称とは関数の符号が変わることを意味する．

全波動関数（Ψ）は，電子軌道波動関数とスピン波動関数の積で表され，電子の交換に対して必ず反対称であるという制約（Pauliの原理）[*2]がある．すなわち，電子軌道関数が対称（ψ_s）の場合は，これと組み合わせ可能なスピン関数は反対称であり，電子軌道関数が反対称（ψ_a）であれば，組み合わせ可能なスピン関数は対称である．

$$\begin{aligned} {}^1\Psi &= \psi_S \frac{1}{\sqrt{2}}\{\alpha(1)\beta(2)-\alpha(2)\beta(1)\} \\ {}^3\Psi &= \psi_a \times \begin{cases} \alpha(1)\alpha(2) \\ \beta(1)\beta(2) \\ \dfrac{1}{\sqrt{2}}\{\alpha(1)\beta(2)+\alpha(2)\beta(1)\} \end{cases} \end{aligned} \qquad (2\text{–}9)$$

上記のように，対称性軌道関数のψ_sには一組のスピン関数が対応していることから，一重項状態（singlet state）とよぶ．一方，ψ_aには三組のスピン関数が対応し，3つの異なる状態が可能であるので，三重項状態（triplet state）とよぶ．

H_2の基底状態についてみると，2つの電子が入っている結合性軌道（ψ_s）は対称性であるので，反対称性スピン関数との積で表される一重項状態$^1\Psi$である．

＊1　量子力学における古典力学との相違の1つに，ミクロの世界では，同種の粒子が区別（識別）できない点がある．電子のような粒子に番号をつけて，それぞれを区別することが不可能なのである．したがって，2つ以上の電子が存在する系で波動関数を用いて状態を記述するためには，数学的工夫が必要となる．電子を交換した際に，波動関数の符号が同じ（対称）か，変わる（反対称）かを明確にすることで，数学的表現が可能であることが示された．

＊2　電子のように半整数のスピンをもつ粒子はFermi（フェルミ）粒子とよばれ，互いの交換により波動関数の符号が反転する性質をもつ．また，整数のスピンをもつ粒子はBose（ボーズ）粒子とよばれ，光子はBose粒子である．自然界のミクロな粒子は，Fermi粒子とBose粒子の2種類に大別される．

2・3 分子軌道は多電子原子の結合をつくるときにも適用できる

2・3・1 同じ原子どうしからの 2 原子分子の分子軌道の電子配置を考える

次のことについて説明できる.
① 原子価電子.
② σ 軌道と π 軌道の特徴.
③ 原子軌道間の重なりが 0 になる例
④ 窒素分子と酸素分子の反応性の違いを電子配置で図示して説明できる.
⑤ 代表的 2 原子分子の電子配置を Pauli 則と Hund 則を使って示すことができる.
⑥ 結合次数の計算ができる.

前節では，結合が 1s 軌道からつくられる H_2^+ と H_2 分子について，分子軌道法による結合形成をみた．この考え方を，さらに多電子原子からなる 2 原子分子の結合形成に拡張する．

第 2 周期元素では L 殻の電子が結合に関与するので，2s および 2p 軌道を考える必要がある．このとき，内殻にある 1s 軌道は，結合性軌道と反結合性軌道を対で形成するために結合エネルギーが打ち消され，結合への寄与は無視することができる．化学結合や化学的性質にかかわる最外殻電子は，原子価電子または価電子（valence electron）とよぶ．

2s 軌道は球対称であるので，結合形成は 1s 軌道と同様に扱うことができる．しかし，2p 軌道は核を結ぶ軸に関して軸対称であり，図 2・6 に示すように軌道の方向と位相とを考える必要がある．まず，2 つの核を結ぶ軸を z 軸として，p_z 軸の結合を考えよう．軌道の同位相部分が接近したときに，重なりが生じ結合が形成される．このようにしてできる結合を 2pσ とよぶ（図 2・6 a）．軌道の位相が逆であると，図 2・6 b に示すように，結合は形成されず反結合性軌道（$2p\sigma^*$）となる．

2 つの核を結ぶ z 軸（結合軸）と直交する方向に向く $2p_x$ 軌道どうしの結合性および反結合性軌道の形成を，図 2・6 c および図 2・6 d に示す．このような結合を π（パイ）結合とよび，結合性軌道を 2pπ および反結合性軌道を $2p\pi^*$ 軌道とよぶ．$2p_x$ 軌道の結合軸方向の膨らみは，

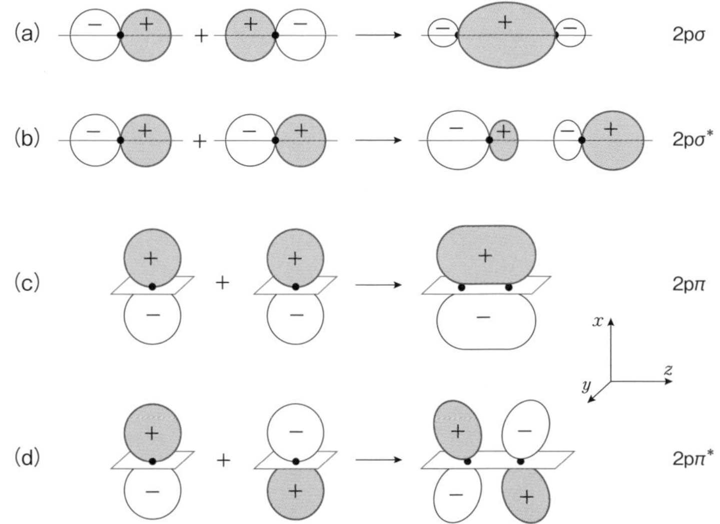

図 2・6　2p 軌道からの結合性軌道，反結合性軌道の形成

$2p\sigma$ 軌道を形成する $2p_z$ 軌道と比較して小さいので，π 軌道の重なりは $2p\sigma$ 軌道より小さく，結合は弱い．図からもわかるように，形成された π 軌道では yz 面に関して符号を変える．すなわち，結合軸のまわりに 180° 回転させると符号が反転するので，yz 面に関して反対称である．このような面を節面とよび，この面では電子の存在確率が 0 である．また，反結合性軌道では，xy 面にも節面があり，この面を境に符号が反転することが図 2d から明らかである．同様に，$2p_y$ 軌道どうしの結合性および反結合性軌道の形成を考えることができ，その場合は zx 面が節面である．

独立している原子は球対称であり，3 つの 2p 軌道はエネルギーは等しいが，原子の接近により軸対称性分子となり，これら 2p 軌道から，1 組の $2p\sigma$，$2p\sigma^*$，および 2 組の $2p\pi$，$2p\pi^*$ 軌道ができる（図 2・7）．軸対称性なので，結合軸に直交する 2 組の $2p\pi$，$2p\pi^*$ 軌道は，それぞれ等しいエネルギーをもつ．ここで，$2p\sigma-2p\sigma^*$ 軌道間のエネルギー間隔は，$2p\pi-2p\pi^*$ 軌道間隔のエネルギー差よりも大きい。これは，結合軸上にある $2p_z$ 軌道どうしの重なりが，それと直交する $2p_x-2p_x$，および $2p_y-2p_y$ 軌道間の重なりよりも大きいためである。

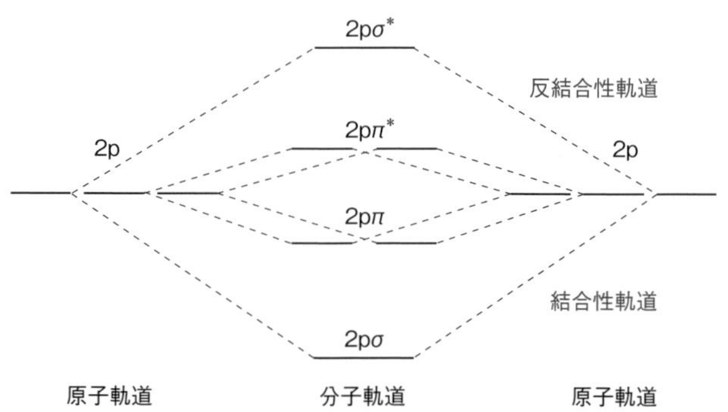

図 2・7　2p 軌道からの結合性軌道，および反結合性軌道のエネルギー準位

分子軌道の形成には，軌道の位相が重要である．図 2・8（a）に示すように，結合軸に直交する p 軌道と s 軌道との間で軌道の重なりが生じても，軌道関数の積が正の部分と負の部分が打ち消しあい，全体としては重なり積分は 0 になる．

$$\int \phi_s \phi_{px} \mathrm{d}\tau = 0 \text{(結合軸：} z \text{ 軸)} \qquad (2\text{–}10)$$

また，直交する p 軌道間の重なり積分も同様な理由から 0 となる（図 2・8（b））．

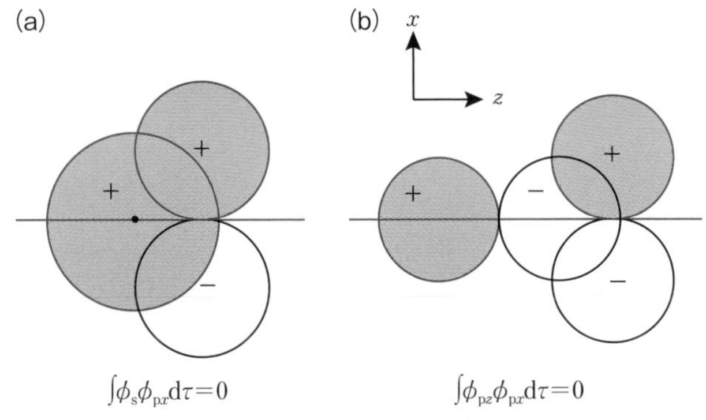

図2・8　重なり積分が0になる例

$$\int \phi_{pz}\phi_{px}\,d\tau = 0$$

重なり積分は結合の強さの目安を与える．

第2周期元素の等核2原子分子の分子軌道形成には，2つの原子の最外殻原子軌道である2s軌道と2p軌道間の重なりが基本となる．図2・9に，代表的な分子である窒素分子（N_2）と酸素分子（O_2）の分子軌道が形成されるようすを示した．互いにエネルギーの近い原子軌道間の相互作用が優先され，分子軌道がつくられる．2s軌道どうしの重なりからの2sσと2sσ*軌道の形成は，水素分子における分子軌道の形成と同様である．まず，O_2は比較的2s軌道と2p軌道間のエネルギー差があ

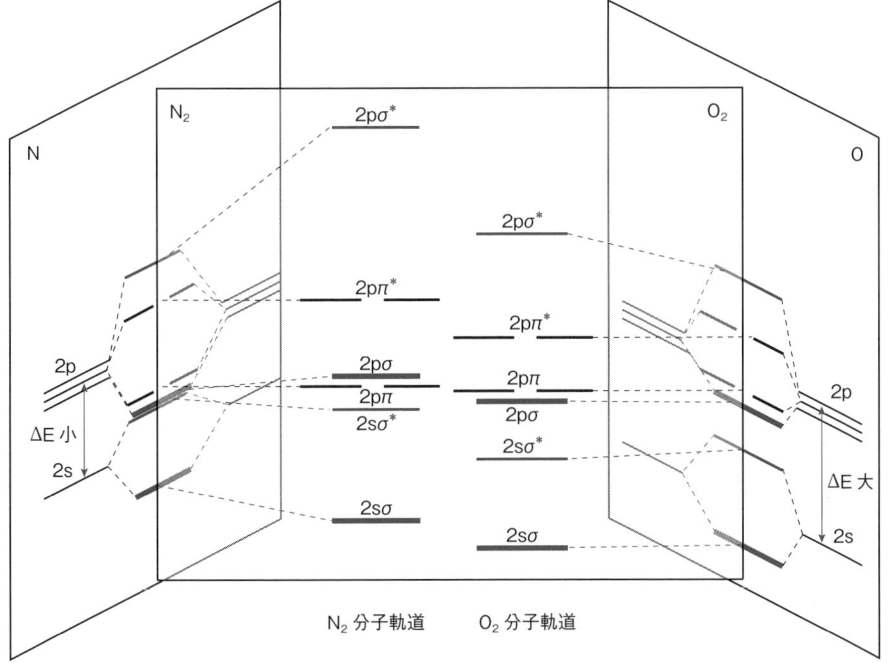

図2・9　N_2とO_2の分子軌道のエネルギー準位．2s-2p軌道間のエネルギー差ΔEが異なるために，分子軌道のエネルギー準位に相違が生じる．

るので，その相互作用が単純に考えることができて，図2・7と同様に考えることができる．フッ素（F_2）についても，2s－2p軌道間のエネルギー差が大きく，O_2と同様な分子軌道のエネルギー準位をもつ．

一方，N_2については，2s軌道と2p軌道が接近していて，2sσ，2pσ軌道間には相互作用が生じ，軌道間の混合が起きる[*3]．そのために，2pσ軌道のエネルギー準位が上昇し，2pπ軌道よりも高くなる（図2・9）．第2周期元素において，窒素より軽い元素の等核2原子分子では，N_2と同様なエネルギー準位を示す．

＊3　厳密に考えると，σ軌道は次式のように4つの原子軌道の混じり合いで表される．
$\psi_\sigma = C_1\phi_{2SA} + C_2\phi_{2SB} + C_3\phi_{2PzA} + C_4\phi_{2PzB}$
ただし，zは核間の軸である．係数は原子軌道のエネルギー準位に依存する．窒素やそれより軽い分子では，$2p_z$軌道から形成された2pσ軌道に2s軌道の寄与が加わって，軌道エネルギー準位のシフトが引き起こされる（図2・9）．

基底状態の分子では，形成された分子軌道のエネルギーの低い順にPauli則とHund則に従って電子が配置される．窒素分子は14個の電子をもち，価電子の数は10個であり，価電子についての電子配置は次のように記述される．

$$N_2 \quad 2s\sigma^2 2s\sigma^{*2} 2p\pi^4 2p\sigma^2$$

これらの分子軌道の低いエネルギー順に，αスピンとβスピン電子が対を形成する．2s軌道からできる結合性軌道2sσと反結合性軌道2sσ^*には2個ずつ電子が入り，安定化と不安定化作用が打ち消しあって結合エネルギーには関与していないとみなせる．結合に関与するのは，残りの3つの軌道2pπ，2pπ，2pσに2つずつ入った電子である．したがって，N_2分子は結合次数$p=3$であり，三重結合（triple bond）をもつことが明らかである．

N_2分子から1個電子が失われたN_2^+では，結合性軌道から電子が失われるので，結合は弱くなる．また，N_2^-では，反結合性軌道に電子が1つ入るので，結合エネルギーを弱めることになる．

酸素分子では，16個の電子を持ち，価電子の数は12個であり，基底状態の電子配置は次のように書くことができる．

$$O_2 \quad 2s\sigma^2 2s\sigma^{*2} 2p\sigma^2 2p\pi^4 2p\pi_{x^*} 2p\pi_{y^*}$$

図2・8の分子軌道で，まずエネルギーの低い軌道に順に電子は入る．この際，10個までの価電子はPauli則に従い配置できる．残りの2個の電子は反結合性軌道に入ることになるが，$2p\pi_{x^*}$と$2p\pi_{y^*}$は縮退しているので，Hund則に従い，電子は対をつくらずに別々の軌道に入る方が電子間反発のエネルギーが小さく，より安定となる．反結合性に入った2個の電子は，結合エネルギーの不安定化を起こすので，O_2分子は二重結合に近い．O_2分子は対をつくらない電子を2つ持つ．対をつくらない電子を不対電子（unpaired electron）とよぶ．O_2分子の反応性は，この不対電子をもつことによる．興味あることに，O_2^+では，反結合性

軌道から電子が1つ放出されたので，O_2よりも結合は強くなる．

コラム　フリーラジカル―不対電子をもつ原子・分子

物質を構成する分子の多くは，対を形成している電子をもっているが，不対電子をもつ原子や分子も存在する．このようなものをフリーラジカルあるいはラジカルとよぶ．生命活動で欠かせない代表的なラジカルの例として，O_2，O_2^-，NOなどがある．

酸素分子は16個の電子をもち，そのうちの2つの電子が不対電子であり，ビラジカルとよばれる．酸素が活性である原因は，この不対電子に由来する．生物は進化の過程で化学エネルギーを効率よく有機物質から取り出すためにO_2を利用する方法を身につけ，繁栄してきた．たとえば，ブドウ糖が生体内で酸化物となる際に発生する化学エネルギーは，O_2を使わない嫌気的反応のほぼ20倍にもなる．空気中の主成分であるN_2と比べて，O_2は電子の数が2つ多く，その電子が反結合性軌道に入った不対電子であることが分子の反応性を特徴づけているといえる．

O_2に1つ電子が加わったO_2^-は，スーパーオキシドとよばれるラジカルである．白血球の殺菌作用のための過酸化水素発生などの大事な出発物質である．体内での炎症や，また細胞内での生化学反応の際にも発生し，なにかと問題を起こす側面ももっている．

NOは血管の膨張作用などで生命活動に必須のラジカルである．窒素酸化物の仲間であり排気ガスの中にも含まれて，有害ガスでもある側面ももつ．

自然界では常にラジカルが発生しては次の反応を引き起こしたり，また再結合により消滅することが起きている．植物の光合成反応の初期過程では，光エネルギーを化学エネルギーとして蓄積するために複雑な電子移動反応が起きていて，その過程で種々のラジカルが常に発生し，その寿命は様々である．また，大気圏でのオゾンホール生成過程では，フロンの紫外線分解によって塩素ラジカル（$Cl^{\cdot}$）が生成し，オゾンを分解する連鎖的ラジカル反応が起きている．多くのラジカルは反応性が高く，その制御が難しいが，最近は高分子重合反応などで制御したラジカル重合法が開発されている．

次のことについて説明できる．
⑦ 極性結合
⑧ 結合性軌道にある電子の存在確率
⑨ 電気双極子モーメント
⑩ 配位結合について具体例をあげて，共有結合とイオン結合と比較して説明できる
⑪ 電気双極子モーメントの計算ができる
⑫ 電気双極子モーメントから結合のイオン性を計算できる

2・3・2　異なる原子間でつくられる2原子分子では電子の偏りが生じる

異なる原子が結合する場合には，エネルギー準位が異なる原子軌道の間での結合を考えることになる．このために結合に電子の偏りが生じ，極性結合（polar bond）が形成される．一般に電気陰性度の大きい原子軌道のエネルギーの方が低い[*4]．2つの原子A，Bが接近して，これらの原子軌道ϕ_Aとϕ_Bの重なりから形成される結合性軌道$\psi(\sigma)$にはエネルギーの低い方の原子軌道の寄与が大きく，反結合性軌道$\psi(\sigma^*)$にはエネルギーの高い原子軌道の寄与が大きい（図2・10）．

＊4　電気陰性度が大きい原子ほど，電子を引きつける傾向が大きい．すなわち，原子軌道が核の近くにあり，原子軌道のエネルギー準位が相対的に低い．

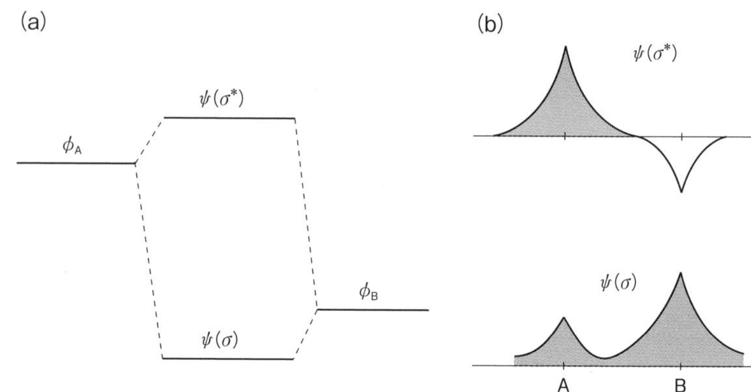

図 2・10　異核 2 原子間の分子軌道形成（電気陰性度 $\chi_A < \chi_B$）(a) エネルギー準位と (b) 分子軌道

$$\psi(\sigma) = C_a\phi_A + C_b\phi_B \qquad (|C_a| < |C_b|)$$
$$\psi(\sigma^*) = C_b\phi_A - C_a\phi_B \qquad (2\text{-}11)$$

結合性軌道にある電子の存在確率は，核 A，核 B でそれぞれ $|C_a|^2$，$|C_b|^2$ であるので，電子密度は原子 B に多く分布する．このようにして，結合の電荷分布に偏りが生じ，結合の極性の原因となる．

具体例として，HF 分子について考えてみよう．H 原子のイオン化エネルギーは 13.6 eV であるから，H1s 軌道はイオン化の極限から −13.6 eV のエネルギー位置にある（図 2・11）．F のイオン化エネルギーは 17.4 eV であることが実験から求められているので，F2p 軌道は H1s 軌道よりもさらに低い位置にある．図 2・11 に示す軌道の相対的関係から，HF の結合性軌道 $\psi(\sigma)$ は主に $F2p_z$ 軌道の性格をもつ（$F2p_z$ 軌道の係数が大きい）ことが推測できる．したがって，結合性軌道 $\psi(\sigma)$ の電子は F 上の p_z 軌道に多く見出されることになるから，負の部分電荷

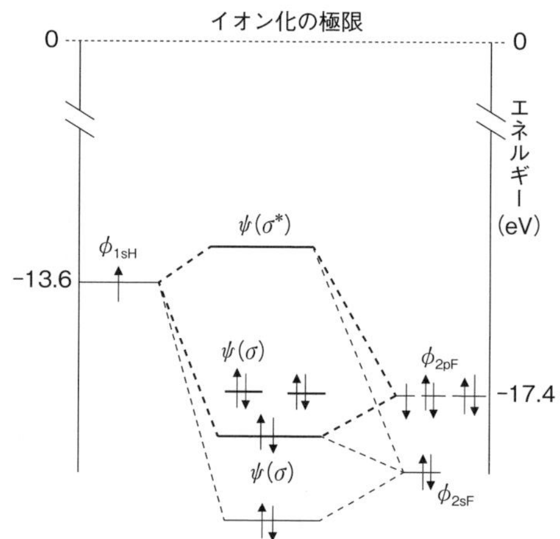

図 2・11　H1s 軌道と F2p 軌道のエネルギー準位とこれらからの結合形成

はF上にある．一方，正の部分電荷はH上にあり，HF分子は大きな双極子モーメントをもつ．

二原子分子の結合の極性は，実験的に求められる電気双極子モーメント（electric dipole moment）から導くことができる．双極子モーメントμは，電荷$+q$と$-q$が距離R離れて存在するとき，次式で定義され，その方向は負電荷から正電荷方向へのベクトル[*5]である（図2・12）．

＊5　有機化学では，双極子の向きを，正電荷から負電荷に向かうとしているので注意が必要である．

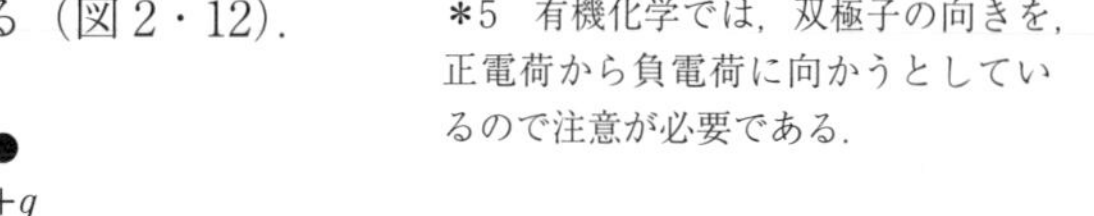
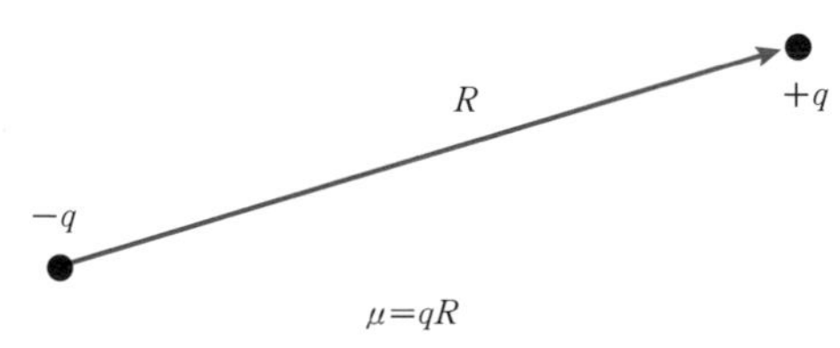

図2・12　電気双極子モーメント

$$\mu = qR \tag{2-12}$$

双極子モーメントの単位はデバイ（D）で表される．原子間距離がわかれば，それぞれの電荷の重心を原子核上にあるとして，双極子モーメントからqを容易に求めることができる．ハロゲン化水素についての結果を表2・2に示す．

表2・2　ハロゲン化水素の双極子モーメント（μ）と結合のイオン性

分子	μ/D	イオン性／%
HF	1.83	43
HCl	1.11	18
HBr	0.827	12
HI	0.448	6

コラム　化学結合の種類

化学結合の種類は次の3種類に大別される．

(1) イオン結合（ionic bond）：陽イオンと陰イオンがクーロン力で引き合う結合．

(2) 共有結合（covalent bond）：2つの原子が電子を共有してつくる結合．

(3) 金属結合（metallic bond）：陽イオンの集団を電子の海が結びつけている結合．

このほかに，配位結合（coordinate bond）を挙げる教科書もあるが，この結合は結合の成り立ちから名称が付けられたものである（2・3・2節参照）．配位結合は構成原子の電気陰性度の違いによって，イオン結合性の大きいものから共有結合性の大きいものまで多様である．

コラム　配位結合

結合にあずかっている電子対が，一方の原子のみからの供与によっているとみなされる化学結合を，とくに配位結合という．金属錯体をはじめとして，多くの化合物中に存在する結合であり，結合の成り立ちから名称がつけられている．結合の性質はイオン性の大きいものから共有結合性が主なものまで様々であり，結合に関与している原子の電気陰性度などに依存する．

例えば，中性の水は，ごくわずかであるが一部電離して，次のような平衡式が書かれる．

$$H_2O \rightleftarrows H^+ + {}^-OH$$

生成したH^+は，H_2O分子の電子対に配位して，ヒドロキソニウムイオン（hydroxonium ion）H_3O^+として存在する．このとき，結合は水分子のO上の電子対をH^+が共有して結合を形成している．H_3O^+の構造は，NH_3分子に似ていて，3本の結合は等価である．

$[Co(NH_3)_6]^{3+}$錯体では，Co–N結合はNからの電子対がCo^{3+}に供与されている．また，アンモニアとBF_3では，付加化合物$H_3N \rightarrow BF_3$ができる．このときのN–B結合は，共有結合性が大きい．

2・4　混成軌道の考え方を使って分子構造を理解する

次の混成軌道について具体例を上げて説明できる．
① sp^3混成軌道
② H_2O，NH_3の分子構造の特徴について混成軌道を使って説明できる．
③ sp混成軌道
④ sp^2混成軌道
⑤ ベンゼンの分子構造について混成軌道を使って説明できる

分子は固有の構造を持っている．H_2O分子はV字型構造であり，NH_3分子は三角錘型で，CH_4は正四面体である．分子構造も，分子の極性を考える上で重要である．H_2OとNH_3は極性を持つが，CH_4は無極性である．このような分子構造をとる理由を考えてみよう．結合の方向性を考える上で，混成軌道（hybrid orbital）は非常に便利な概念である．

2・4・1　s軌道とp軌道とからつくられる混成軌道を使うと分子の構造を予測できる

これまでに，s軌道とp軌道とからσ結合がつくられることを示した．分子軌道の基底となる原子軌道であるs軌道とp軌道の混成をつくると，結合の重ね合わせに有利な方向性が出る．例えば，結合の方向をz軸にとり，次式のように，2s軌道と$2p_z$軌道の線形結合（linear combination）を考えると，一方向に大きく膨らんだ軌道ができる（図2・13）[*6]．

$$\psi_1 = (1/\sqrt{2})(\phi_s + \phi_{pz})$$
$$\psi_2 = (1/\sqrt{2})(\phi_s - \phi_{pz}) \qquad (2\text{–}13)$$

ここで，ψ_2軌道は，ψ_1とは逆方向に電子雲の広がりを生じていて，sp

＊6　sp混成軌道をつくるには，エネルギーの低いs軌道が昇位され，その一方，p軌道のエネルギーが低下する必要がある．これにより図2・13に示すように一方向に広がった混成軌道が形成され，結合をつくるときの重なりが大きくなり有利となる．すなわち，混成軌道形成により全エネルギーが有利になることが重要である．

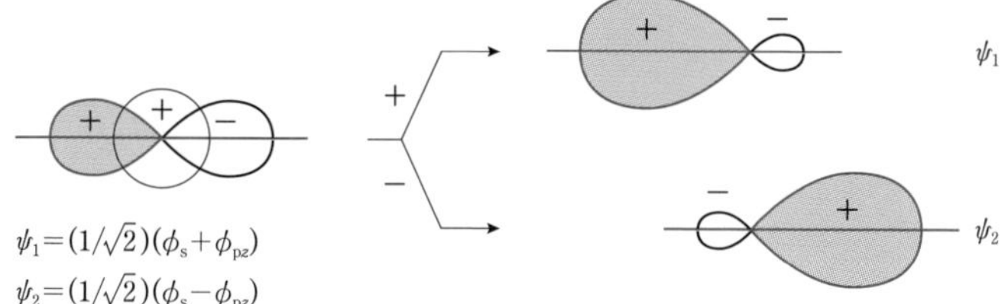

図2・13　sp 混成軌道

混成軌道とよぶ.

メタン分子（CH_4）は，図2・14に示すように正四面体の中心から四隅の方向に向かう結合性軌道をもつ．このような軌道は，次のような sp^3 混成軌道を考えることでつくられる．

$$\begin{aligned}\psi_1 &= (1/2)(\phi_s+\phi_{px}+\phi_{py}+\phi_{pz})\\ \psi_2 &= (1/2)(\phi_s+\phi_{px}-\phi_{py}-\phi_{pz})\\ \psi_3 &= (1/2)(\phi_s-\phi_{px}+\phi_{py}-\phi_{pz})\\ \psi_4 &= (1/2)(\phi_s-\phi_{px}-\phi_{py}+\phi_{pz})\end{aligned} \qquad (2\text{–}14)$$

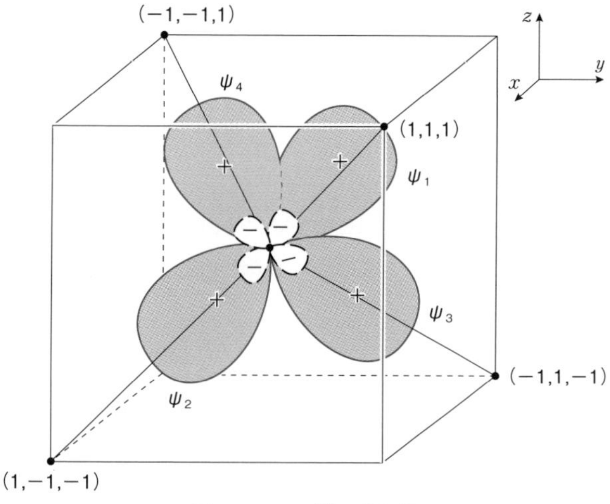

図2・14　sp^3 混成軌道

以上のように，混成軌道は分子の構造を考える上で非常に便利であることがわかる．水分子やアンモニア分子についても，中心原子は sp^3 混成軌道をとっていると解釈できる（図2・15）．NH_3 の N は C よりも電子が1つ多く，CH_4 の CH 結合の1つが孤立電子対（lone pair）に置き換わったものに相当する．結合角 HNH は CH_4 にかなり近い．H_2O では，孤立電子対が増え，HOH 結合角が正四面体の角度より小さくなっている．これは，孤立電子対間の反発が OH 結合間の反発よりも大きいためである．

また，図2・16に示す座標系のもとで，1つの 2s 軌道と2つの 2p 軌道から，次のような混成軌道を考える．

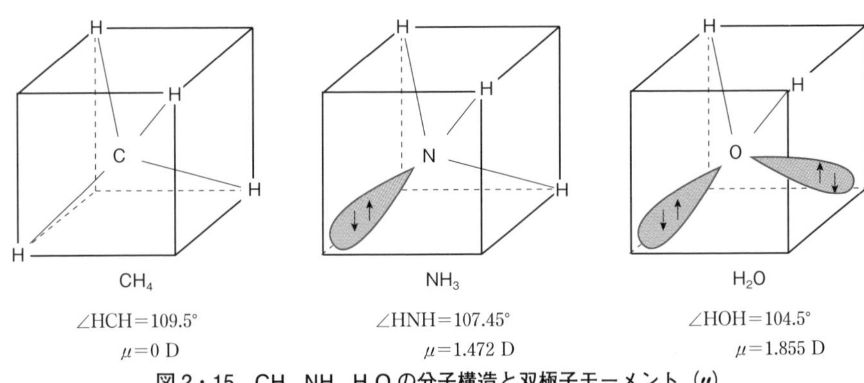

図2・15　CH_4, NH_3, H_2O の分子構造と双極子モーメント（μ）

$$
\begin{aligned}
\psi_1 &= \sqrt{1/3}\,\phi_s + \sqrt{2/3}\,\phi_{px} \\
\psi_2 &= \sqrt{1/3}\,\phi_s - \sqrt{1/6}\,\phi_{px} + \sqrt{1/2}\,\phi_{py} \\
\psi_3 &= \sqrt{1/3}\,\phi_s - \sqrt{1/6}\,\phi_{px} - \sqrt{1/2}\,\phi_{py}
\end{aligned}
\tag{2–15}
$$

この混成により，互いに120°の角度をなす3つのsp^2混成軌道がつくられる[*7]．

＊7　混成軌道の係数は，構成する原子軌道の寄与する割合と規格化条件，および混成軌道の方向から導かれる．詳しくはWEBを参照．

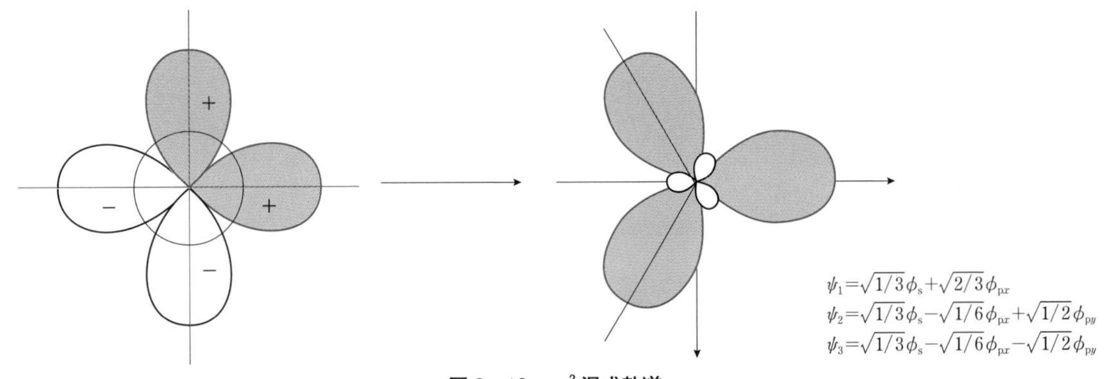

図2・16　sp^2混成軌道

これらの混成軌道をもとに，代表的な分子の構造について考えてみよう．

エテン（ethene，エチレン（ethylene），$H_2C=CH_2$）は平面構造をとり，炭素を中心とした結合角はほぼ120°である．エチレン分子では，sp^2混成軌道によってできたσ_{C-C}結合とσ_{C-H}結合が平面上に形成される．一方，この分子面に垂直方向には炭素の2p軌道がそれぞれあって，π結合を形成する．すなわち，エチレンのC＝C二重結合は，sp^2混成軌道からつくられるσ結合と2p軌道からつくられるπ結合とからできている（図2・17）．

ベンゼン分子（C_6H_6）では，6個の炭素が正六角形をとっている．それぞれの炭素はsp^2混成軌道により隣り合った2個のC−C間でσ_{C-C}結合，およびCとHとの間でσ_{C-H}結合を形成している（図2・18）．

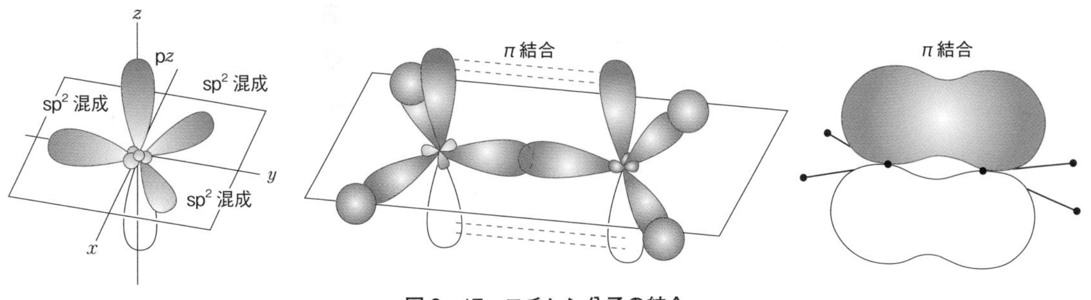

図2・17　エチレン分子の結合

混成に加わらない炭素の面外 $2p_z$ 軌道が隣り合ったCとπ結合を形成している．ベンゼンのπ結合は，分子全体に広がって非局在化することで，エネルギーが安定化するので，3本の二重結合と一重結合が交互に存在するのではなく，6本の等価な結合となる*8.

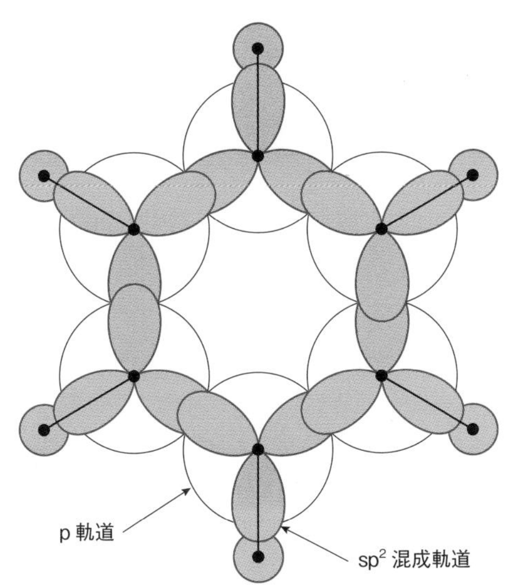

図2・18　ベンゼンの sp^2 混成軌道とp軌道

＊8　ベンゼン環は，一重結合（sp^2 混成軌道）と二重結合（sp^2 混成軌道とπ軌道）がそれぞれ3つで構成されるので，このような局在結合を考える限りは正六角形にはならない．古典的な化学結合論では，図に示すような，2つの極限構造の共鳴（resonance）という概念で，ベンゼンの正六角形が説明された.

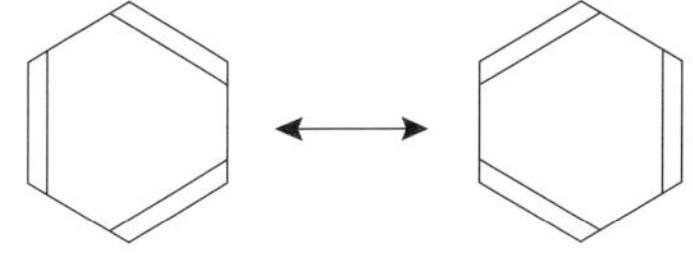

エチン（ethyne，アセチレン（acetylene)，HC≡CH）は直線型の構造をもつ．ここで，C−C間の結合にsp混成軌道を考えると，軌道間の重なりが大きくなり結合に有利である．図2・19に示すように，アセチレン分子ではsp混成軌道で，σ_{C-C} 結合と σ_{C-H} 結合が形成されて直

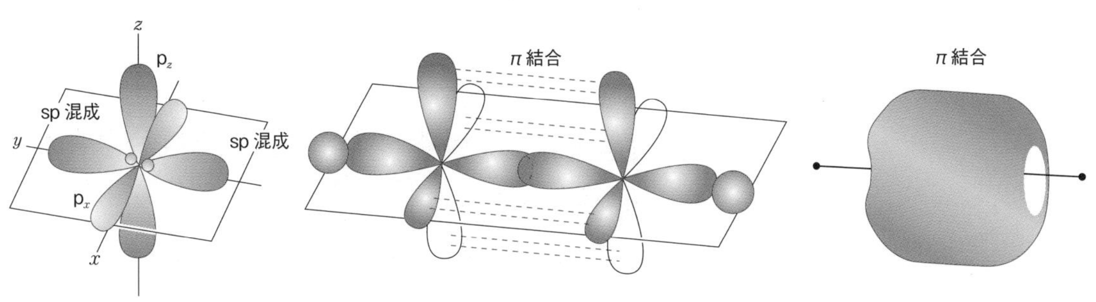

図2・19　アセチレン分子の結合

線構造となる．また，炭素は，それぞれ2つのp軌道をもつので，これらが互いに重なり2つのπ軌道を形成する．したがって，三重結合がC−C間でつくられる．

⑥ d軌道が加わる混成軌道の具体的例を上げて説明できる．

2・4・2　d軌道が加わる混成軌道ではより複雑な分子構造を予測できる

第三周期元素のPはPCl_5のように5本の結合をつくることができ，その構造は図2・20（a）に示すように三角両錘型である．このような構造は，s軌道とp軌道に加えてd軌道が関与した混成軌道を考えることで説明ができる．三角両錘型構造はdsp^3混成軌道によってつくることができる．また，Sは6個のFと結合して正八面体型構造をもつSF_6分子をつくる（図2・20（b））．この場合は，d^2sp^3混成軌道により6本の結合が形成されている．

また，周期表で第四周期以上になると，遷移元素（transition element）とよばれる一群の元素がある．これらの元素は，中性原子でもイオンでも電子が不完全に詰まったd軌道をもち，正方形，正八面体型や三角両錘型構造など，様々な配位構造が知られている．これらの分子構造や性質には，d軌道が加わった混成軌道を考えると便利であることがL. Paulingによって提案され使われてきた．しかし，その限界が明確になり，金属錯体では配位子場理論（ligand field theory）や分子軌道法による説明が一般的になっている．

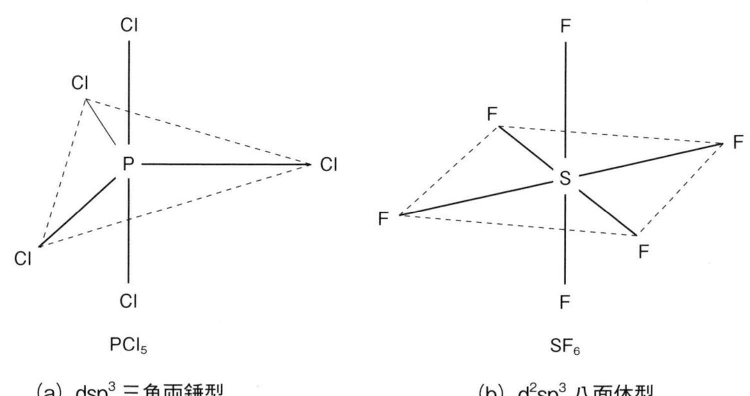

（a）dsp^3 三角両錘型　（b）d^2sp^3 八面体型

図2・20　d軌道を含む混成軌道の代表例

2・5　Lewis構造や超原子価構造は便利な概念である

① 元素や分子について，Lewis構造を書くことができる．
② 化学反応式について，Lewis構造を用いて，表現できる．

2・5・1　Lewis構造は価電子を表現している

量子化学による化学結合の理解が進む以前に，G. N. Lewis（ルイス）

は，価電子に着目して，分子やイオンの電子構造を表現する簡便な方法を提案した．電子はすべて局在していると考え，元素記号の周囲に点で価電子を示す．量子化学の発展以前の概念であるが，便利で今でも使用されている．

周期表第2周期の元素についてみると，Lewis構造は次のように表される．

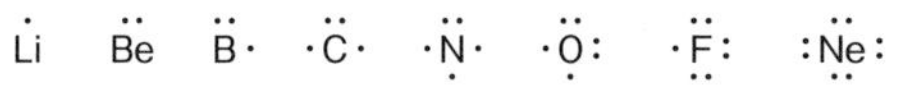

Li　Be　B　C　N　O　F　Ne

たとえば，炭素Cの価電子の電子配置は，図1・14に示されるように $2s^2 2p_x^1 2p_y^1$ であり，2s軌道に1対の電子と，p軌道に孤立電子が2つである．Lewisの構造式をみると，1組の対の点と2つの孤立の点が価電子に対応していることがわかる．

原子の最外殻電子が8個あると，化合物やイオンが安定に存在するという経験則から，Lewisはオクテット則（octet rule），または八隅説を提案した．即ち，原子は，その価電子が8個になるように他の原子と化学結合をつくる傾向がある．八隅説は，分子を構成する元素が第2周期および第3周期の典型元素の場合にしか適用できないが，多くの有機化合物に適用できる便利な規則である．これらの元素の貴ガス構造は ns^2np^6 で，8個の電子で閉殻構造をつくるためである．

化学反応式は，Lewis表記を用いると，次のように書かれ，結合や孤立電子対が分かりやすい．

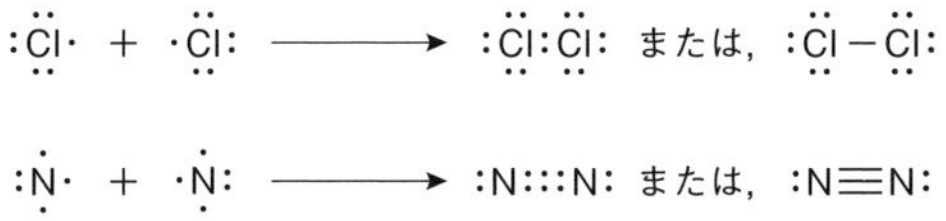

:Cl· + ·Cl: ⟶ :Cl:Cl:　または，:Cl－Cl:

:N· + ·N: ⟶ :N:::N:　または，:N≡N:

電子が局在しているとしては，構造が理解できない化合物が存在する．たとえば，炭酸イオン CO_3^{2-} の3本のC–O結合は等価であるが，Lewis構造では表現できない．次のような極限構造の共鳴を考えることで，イオンの3回軸対称性や双極子モーメントがゼロであることが示される（図2・21）．共鳴の考えは便宜的なものであるが，非局在化電子を含む化合物を表現するための，Lewis構造を補完する便利な概念である．

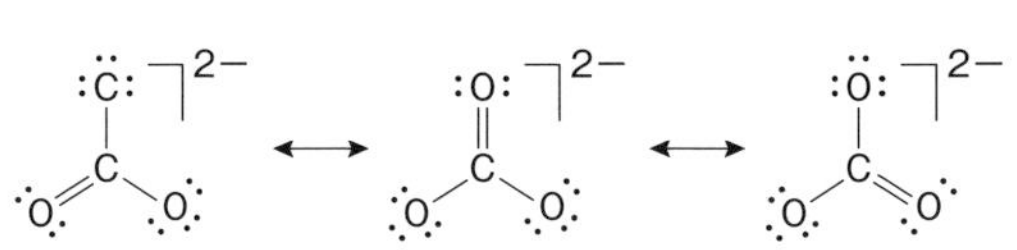

図2・21　Lewis構造（炭酸イオン）

（例題）オゾン O_3 の2本の結合は等価で，128 pmである．Lewis構造を描き，共鳴式を示せ．

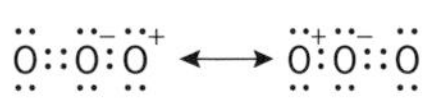

$O::O:O^{+} \longleftrightarrow O:O^{+}::O$

ただし，実際のオゾンの構造は直線構造ではなく，∠O–O–O＝117°である．

③ 超原子価化合物について，例を挙げて説明できる．

2・5・2　超原子価構造はオクテット則を越える化合物について考えたものである

オクテット則は，分子やイオンの電子配置を直感的に理解しやすいので，さらに空の d 軌道をもつ系にも考え方を広げられた．空の d 軌道を拡張原子価殻（expanded valence shell）として考慮し，これに入る電子は孤立電子対となったり，新たな結合をつくるのに使われたりする．オクテット則を超す原子を含む化合物を，超原子価化合物（hypervalent compound）とよぶ．前節で示した PCl_5 や SF_6 はその典型的な例である．PCl_5 では P の原子価数は 10 であり，SF_6 の S の原子価数は 12 である．

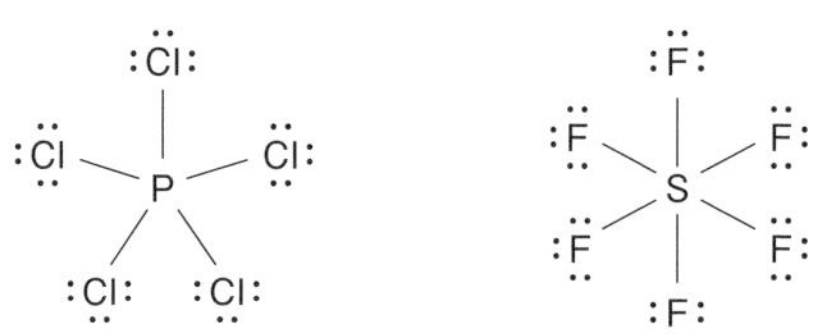

図 2・22　超原子価（PCl_5, SF_6）

複数の異なる Lewis 構造式が書ける化合物もある．たとえば，硫酸イオン（SO_4^{2-}）については，次のような構造が考えられる．

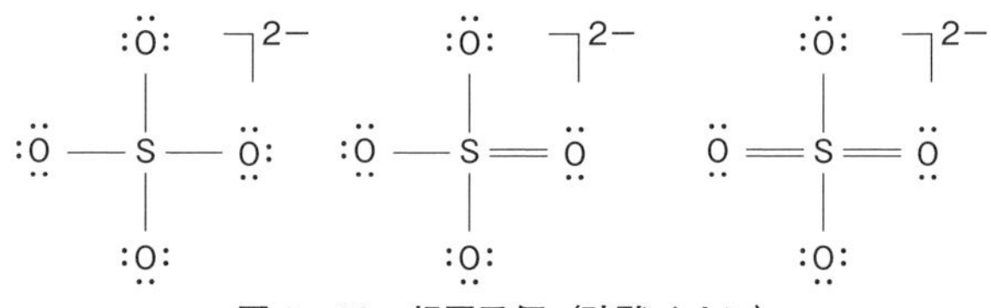

図 2・23　超原子価（硫酸イオン）

これらの構造の中で正しい構造を特定するには，精密な観測が重要である[*8]．

*9　硫酸イオンの結晶中の構造は，全て単結合と考えるのがよいという構造解析報告がある（参考 M.S. Schmøkel et al., Inorg. Chem., 51, 8607-8616 (2012)）.

演習問題

問 1　次の文章の空欄に適当な語句を入れよ．

分子軌道法は［　　］軌道の［　　　　］によりつくられ，［　　　］および［　　　　　　］が対でできる．電子は，できた分子軌道のエネルギーの［　　　］順から入り，1 つの分子軌道には最大［　　　］の電子が入ることができる．

問 2　次の文章の空欄に適当な語句を入れよ．

水素分子イオン（H_2^+）における電子と核間の相互作用は［　　］相互作用として扱われ，陽子間には［　　　　］，陽子と電子の間には［　　　　］がはたらく．

問 3　結合性分子軌道と反結合性分子軌道のそれぞれの特徴を述べよ．

問4　図2・2に示されるH_2^+の座標と電子・核相互作用を参考にして，H_2についての座標を描き，すべての相互作用を書き入れよ．

問5　2電子系のスピンの組み合わせ方の可能なものをすべてあげよ．

問6　2電子系の一重項状態と三重項状態の電子スピン波動関数を書いて，2つの電子の交換に対してスピン波動関数の符号がどのようになるか確認せよ．

問7　H_2の結合に関与する電子の数はH_2^+の2倍であるが，表2・1に示すように，H_2の結合エネルギーはH_2^+の結合エネルギーの2倍ではない．その理由について考察せよ．

問8　2電子系の全波動関数を軌道波動関数と電子スピン波動関数の積で表し，Pauliの原理に従って許容される組み合わせを選べ．

問9　次の分子について，基底状態の価電子の電子配置を記し，結合次数を求めよ．

N_2，O_2，F_2．

問10　空気にはN_2が78.1%，O_2が20.9%含まれ，反応性が著しく異なる．以下の問いに答えよ．

(1) 図2・9を用いて，両者の電子配置を書け．

(2) 2つの分子の反応性の違いについて説明せよ．

問11　(1) 次の分子・イオンについて，基底状態の価電子の電子配置を記し，結合次数を求めよ．

① N_2^+，N_2，N_2^-．

② O_2^+，O_2，O_2^-．

(2) これらの分子について，得られた結合次数から解離エネルギーの相対的大きさを予想せよ．

(3) 上記の窒素分子系と酸素分子系では，電子の数が増える傾向と結合強度の変化傾向が異なる理由を述べよ．

問12　異核2原子分子における結合の極性は，一般の多原子分子における結合についても拡張できる．次の結合の極性を予想し，部分正電荷を$\delta+$，部分負電荷を$\delta-$で表せ．また，これらについて極性の大きい順序を，元素の電気陰性度から予想せよ．

C−H，N−H，O−H

問13　COとNO分子について，結合次数を求めよ．

問14　NO分子について図2・9を参考にして，電子配置を示せ．

問15　LiH分子の結合距離は0.1595 nmである．

(1) LiHが純粋なイオン結合であるとしたときの双極子モーメントを計算せよ．

(2) LiHの双極子モーメントの実測値は5.882 Dである．結合のイオン性を求めよ．

問 16 式（2–15）で示される sp^2 混成軌道の係数が規格化されていることを証明せよ．

問 17 NH_3^+ は，NH_3 の孤立電子対から電子が1つ失われたカチオンラジカルである．また，メチルラジカル（$^{\cdot}CH_3$）は CH_4 の一本の結合が切れて不対電子となったフリーラジカルである．これらの分子の構造を予測せよ．

問 18 BF_3 分子は平面三角形構造をもつ．この分子の混成軌道について述べ，NH_3 分子との構造の違いについて考察せよ．

問 19 配位結合について，具体例を上げて共有結合，イオン結合と比較してその特徴を説明せよ．

第３章　物質の状態

巨視的（マクロ）な物理量である気体の体積，圧力，温度は，微視的（ミクロ）には気体分子の運動エネルギーと密接に関係している．本章では，原子・分子のミクロな分子運動がマクロな物理量にどのように関係しているのかを学ぶ．

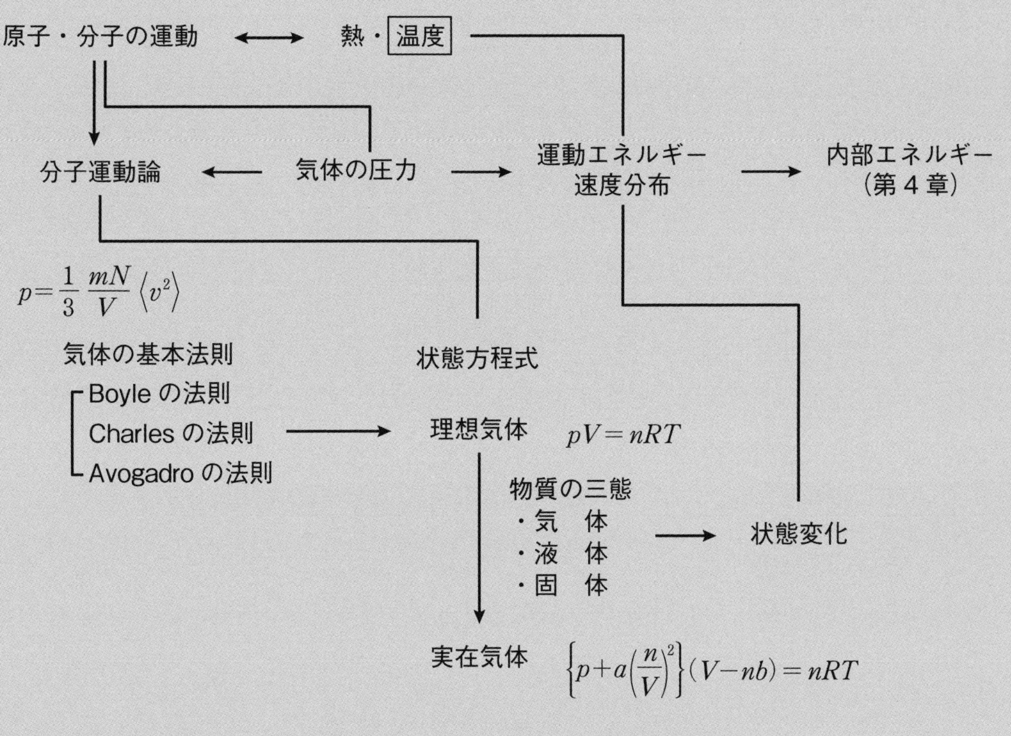

気体の分子運動から物質の状態について説明できる.

3・1 物質の状態は原子・分子の運動から考えることができる

これまで扱ってきた原子・分子を「粒子」として扱う.原子・分子の種類によらず一定の法則によってこれらの運動や物質の状態を記述することができる.粒子の運動と物質の状態の関係を整理し,気体分子の運動と物質の状態について理解する.

① 温度と熱の定義ならびにそれらの違いを言葉で説明することができる.
② Celsius 温度の定義を説明できる.
③ 絶対温度について,Celsius 温度との関係を用いて説明できる.

3・1・1 原子・分子の運動は熱や温度と関連づけられる

一般に原子や分子は,熱運動とよばれる不規則な運動をしており,この激しさを表す物理量が温度である.高温の物体ほど熱運動が激しく(または活発で),原子や分子の運動エネルギーは大きい(図3・1).

温度の定義として最もなじみのあるものは,Celsius 温度(セルシウム,セ氏温度,単位℃)である.これは1気圧のもとで水が氷になる温度(凝固点,0℃)と,水が沸騰する温度(沸点,100℃)を基準として,この間を100等分したものを1℃と決めた温度表記である.下限温度[*1]を絶対零度といい,Celsius 温度では−273.15℃となる(詳細については3・2・1で扱う).絶対零度を原点とした温度を絶対温度といい,単位には Kelvin(ケルビン,単位K)を用いる.つまり,絶対温度(T K)と Celsius 温度(t ℃)の関係は次の式で表される.

*1 温度は分子の熱運動と関係した量なのでそれには下限がある.

$$T = t + 273.15 \tag{3-1}$$

④ 式(3-2)を説明できる.
⑤ 圧力の単位とその定義を説明することができる.
⑥ 圧力の単位換算を行うことができる.

3・1・2 気体の圧力は分子の衝突に由来する

この節では,圧力と気体の分子運動との関係について考える.空気鉄砲は,気体を押し縮めたときの圧力を利用して前玉が飛び出す仕組みである.図3・2のような筒の中に閉じ込められた気体を考える.容器の

*2 絶対零度においても原子や分子はわずかに振動している(零点振動).

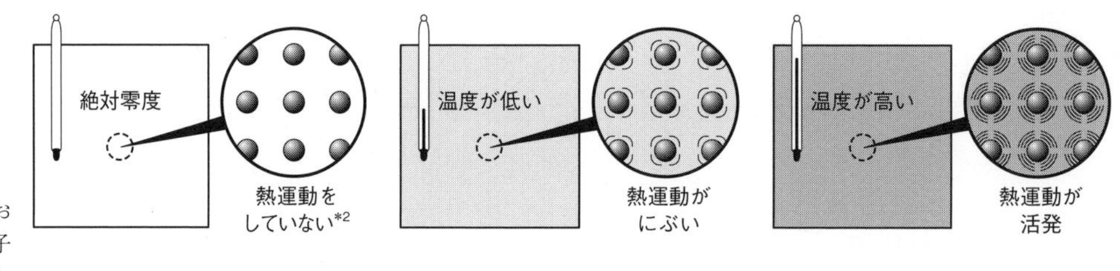

図3・1 温度と熱運動の概念図

中には 1 cm^3 あたり 10^{19} 個以上の数の気体分子があり，多くは数百 m/s の速さで飛びまわっている（3・3で扱う）．これらは乱雑な運動をしており，壁面に衝突している．気体が単位面積あたりに及ぼす力のことを気体の圧力という．気体が面積 S m^2 の面を大きさ F N（ニュートン）の力で押しているとき，気体の圧力 p は次の式で表される．

$$p = \frac{F}{S} \tag{3-2}$$

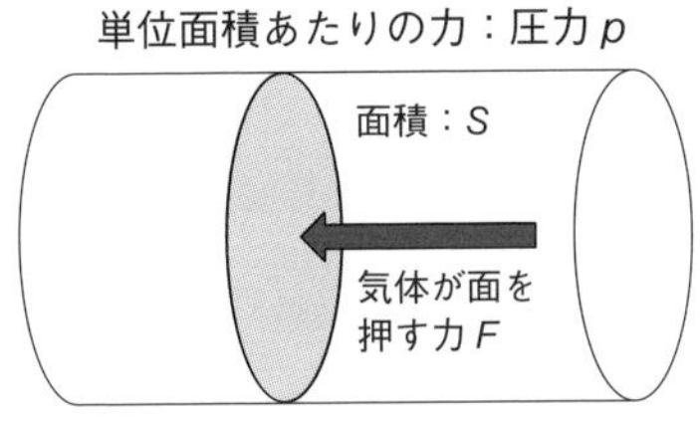

図3・2　圧力の定義

面積 1 m^2 あたりに 1 N の力が加わるときの圧力を 1 Pa（パスカル）という．すなわち 1 Pa = 1 N/m^2 である．気体の圧力のうち，特に大気による圧力を大気圧という．大気圧などを表すときに気圧（atm）という単位があり，1 atm = 1.013×10^5 Pa である．また，bar（バール；1 bar = 10^5 Pa）という単位もあり，これらは化学の分野で現在でも用いられることが多い．また，水銀柱表示の圧力単位（mmHg）も，医療関係ではまだ使用されている*3（1 atm = 760 mmHg）．

*3　1 m ほどのガラス管に水銀を満たし，水銀だめの中で倒立させたときに，1 atm 下では，水銀だめの液面から 76 cm の位置でガラス管内の水銀の液面が静止する．これは，大気圧と水銀にはたらく重力とがつりあっているためである．これはイタリアの E. Torricelli（トリチェリー）によって発見された．

3・1・3　気体分子の運動から圧力を求める考え方を気体の分子運動論という

⑦ 気体の圧力は，分子運動によって生じるものであることを説明できる．
⑧ 分子運動論の定義を言葉で説明できる．
⑨ 図3・3を説明することができる．
⑩ 式（3-3）を立てることができる．
⑪ 式（3-6）を導出することができる．
⑫ 式（3-6）を3次元系へ拡張し，式（3-9）を導出することができる．

気体のマクロな量である圧力が，それぞれの気体分子の質量や速度などのミクロな量とどのような関係になっているかをみてみよう．分子の運動から気体の性質を理解するために用いられるので，分子運動論とよばれている．

一辺の長さが L の立方体の箱の中で，質量 m の気体分子が速度 v で並進運動をしていると仮定する．この分子の衝突によって箱の壁が受ける圧力を求める．まず x 座標の運動のみに着目する．分子と壁との衝突は弾性衝突（衝突の前後で分子の速度は変わらない）とし，気体分子間での相互作用や衝突はないものと仮定する．分子が壁に衝突したときにその分子をはね返すために壁が及ぼさなければならない力は，Newton の運動方程式（$F = ma$）で与えられる．加速度 a は速度の時間微分（$\mathrm{d}v/\mathrm{d}t$）であるので．$F = m(\mathrm{d}v/\mathrm{d}t)$ となる．分子の質量が変わらないとすると，$F = \mathrm{d}(mv)/\mathrm{d}t$ と表すことができる．ここで mv は運動量と

(a) 衝突前後での運動量変化：$2mv_x$

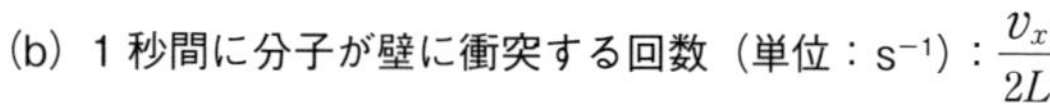

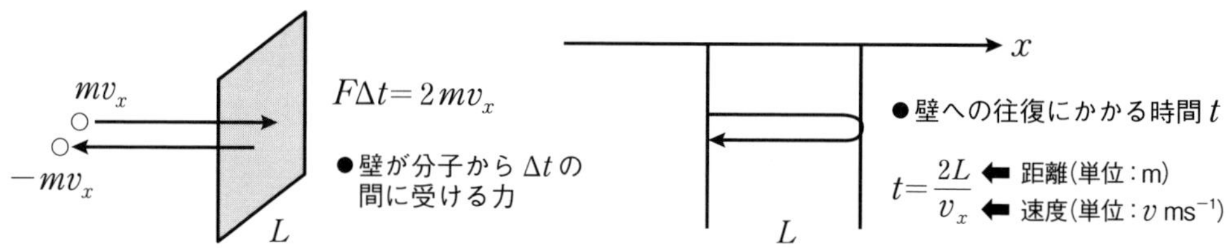

(c) 運動量から力へ

$$F_x = 2mv_x \times \frac{v_x}{2L} = \frac{mv_x^2}{L}$$

単位　Ns　s^{-1}　N

(d) 力から圧力へ

$$p_x = \frac{F_x}{L^2} = \frac{mv_x^2}{L} \cdot \frac{1}{L^2} = \frac{mv_x^2}{V}$$

図3・3　一次元の気体の分子運動論

いい，ある時間幅Δtでの運動量は，$F\Delta t = \Delta(mv)$である．図3・3に示したように，衝突前後での運動量変化は，$mv_x - (-mv_x) = 2mv_x$である．作用反作用の法則より，壁に与えられた運動量変化も$2mv_x$となる．

次に，単位時間（1秒）あたりに分子が何回壁Aと衝突するかを考える．これは，分子が壁への1往復するためにかかる時間の逆数$v_x/2L$である．以上より，壁Aが単位時間に受ける力F_x(単位：N）は

$$F_x = 2mv_x \times \frac{v_x}{2L} \tag{3-3}$$

と与えられる．したがって，圧力（単位面積あたりに加わる力，単位：N/m^2）は，式（3-3）をL^2（面積）で割ることによって得られる．

$$P_x = \frac{F_x}{L^2} = \frac{mv_x^2}{V} \tag{3-4}$$

ここで$L^3 = V$（立方体の体積）である．このp_xは1分子の与える圧力である．立方体中にN個の分子が入っている場合，全圧力はそれぞれのp_xの和をとればよい．ここで，速さは分子ごとに異なるので，v_x^2の平均値$\langle v_x^2 \rangle$とする．

$$\langle v_x^2 \rangle = \frac{\sum v_x^2}{N} \tag{3-5}$$

式（3-5）は，速度の大きさの2乗についてN個の総和をとり，それをN個で割ったものである．この値を使って，N個の分子によってで

きる気体の圧力 p_x は，式（3‒6）で表される．

$$p_x=\sum_{i=1}^{N}p_x(i)=\frac{m\sum_{i=1}^{N}v_x^2}{V}=\frac{mN\left(\frac{\sum_{i=1}^{N}v_x^2}{N}\right)}{V}=\frac{mN\langle v_x^2\rangle}{V} \quad (3\text{‒}6)$$

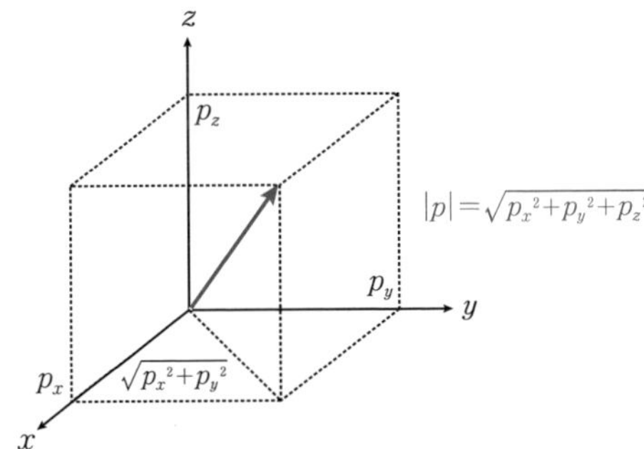

図3・4　三次元拡張ベクトル図

この結果を三次元に拡張する（図3・4）．気体分子の速度 v とすると三平方の定理より

$$v^2=v_x^2+v_y^2+v_z^2 \quad \text{および} \quad \langle v^2\rangle=\langle v_x^2\rangle+\langle v_y^2\rangle+\langle v_z^2\rangle \quad (3\text{‒}7)$$

となる．分子の運動は乱雑で方向に依存しないので

$$\langle v_x^2\rangle=\langle v_y^2\rangle=\langle v_z^2\rangle=\frac{1}{3}\langle v^2\rangle \quad (3\text{‒}8)$$

である．式（3‒4）と（3‒8）より

$$p=\frac{1}{3}\frac{mN}{V}\langle v^2\rangle \quad (3\text{‒}9)$$

となる．

上式は，ミクロな分子運動の視点とマクロな圧力とが結びついていることを示している．

3・2　気体の法則から状態方程式を導くことができる

気体の状態は，体積（V），圧力（p）および温度（T）の3つの変数で表すことができる．これらの変数の間には関係式があり，発見者や確立した人の名前のついた法則となっている．ここでは，気体を構成する分子や原子そのものの体積やそれらの間の相互作用を無視した理想気体に関する気体の法則と状態方程式を扱う．実在気体においても圧力が低い場合には理想気体として扱うことができるが，圧力が高く気体分子の体積や相互作用を無視できない場合に関しては，後節で扱う．

① Boyle の法則を言葉で説明できる．
② Charles の法則と絶対温度との関係を説明できる．
③ 式（3–12）の導出を説明することができる．
④ Boyle・Charles の法則を用いて，気体の体積を計算することができる．

3・2・1 Boyle–Charles の法則は気体の圧力や体積の温度依存性を示している

気体は，圧力や温度に依存してその体積が大きく変化する．1662 年イギリスの R. Boyle（ボイル）は，一定温度で一定の圧力条件下では，圧力と体積は反比例するという Boyle の法則を見出した．これは，圧力 p_1 で体積 V_1 の気体と圧力 p_2 で体積 V_2 の気体との間には，温度一定の条件下で次式の関係が成立することを示すものである．

$$p_1 V_1 = p_2 V_2 = 一定 \tag{3–10}$$

一方，温度と体積との関係は，Boyle の法則より 100 年以上後の 1787 年にフランスの J. A. C. Charles（シャルル）によって，次のようにまとめられた．一定圧力の下で，一定量の気体の体積は温度が 1 ℃ 上昇するごとに，0 ℃ のときの体積の 1/273 ずつ増加する．これは Charles の法則とよばれるが，これを正確に測定した化学者は J. L. Gay-Lussac（ゲイリュサック）である．ここで，Celsius 温度に 1/273 の逆数，すなわち 273（正確には 273.15）を加えたものを絶対温度（absolute temperature）という．Charles の法則は，一定圧力下で温度 T_1，体積 V_1 の気体を温度 T_2 にしたときに体積 V_2 になったとすると，式（3–11）のように表すことができる．

$$\frac{V_1}{T_1} = \frac{V_2}{T_2} \tag{3–11}$$

Boyle の法則と Charles の法則を結びつけると式（3–10）と（3–11）より

$$\frac{p_1 V_1}{T_1} = \frac{p_2 V_2}{T_2} \tag{3–12}$$

であり，Boyle-Charles の法則とよばれる．これらの関係について図 3–5 にまとめた．

例 地上（27℃，1 atm）で 30.0 dm^3 のヘリウムガスの入った気球が上空 10.0 km（0.250 atm）に上がったとき，次の条件を仮定して，その体積を求めてみる．

1. 温度が地上と同じ場合：Boyle の法則を用いる

$1\ \text{atm} \times 3.00\ \text{dm}^3 = 0.25\ \text{atm} \times V_2\ \text{dm}^3$

$V_2 = 120\ \text{dm}^3$

2. 気温が 0 ℃ の場合：Boyle-Charles の法則を用いる

$$\frac{1\ \text{atm} \times 3.00\ \text{dm}^3}{(27 + 273.15)\text{K}} = \frac{0.25\ \text{atm} \times V_2\ \text{dm}^3}{(0 + 273.15)\text{K}}$$

$V_2 = 109\ \text{dm}^3$

⑤ Avogadro の法則を説明できる．
⑥ 気体の各法則に基づいて，式（3–13）を導出することができる．

3・2・2 気体の基本的な性質をまとめると理想気体の状態方程式になる

全ての気体は，等温，等圧のもとでは同体積内に等しい数の分子を含む．これを Avogadro（アボガドロ）の法則という．いいかえると，等

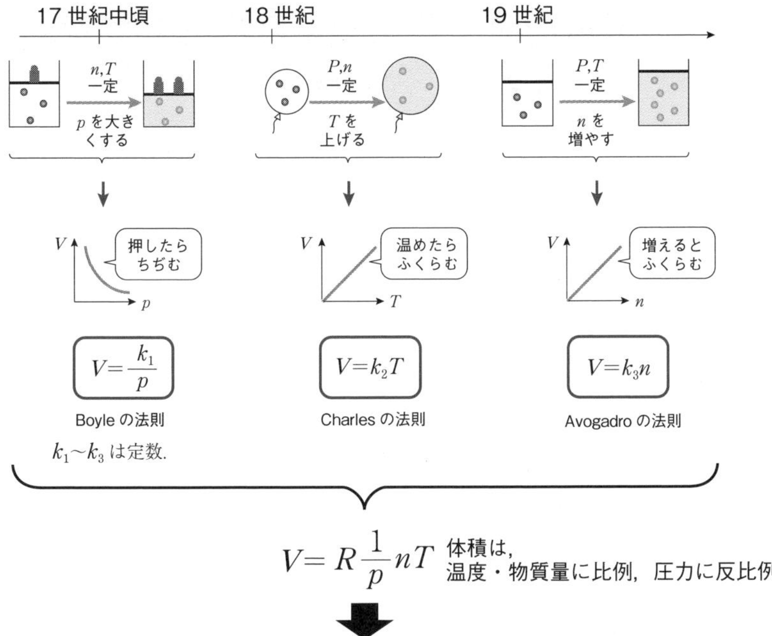

$$pV=nRT$$

図3・5　Boyle–Charles の法則と気体の状態方程式

温，等圧のもとで体積は分子の数，あるいは物質量 n（単位 mol）に比例するということである．気体の基本的な法則をまとめると，気体の体積 V は $1/p$, T, n に比例するので，この比例定数を R とすると，$V=R\dfrac{1}{p}n$ のように表すことができる．この式を変形すると

$$pV = nRT \qquad (3\text{–}13)$$

である．ここで比例定数の R は気体定数（gas constant）とよばれる物理量で，実験的に 8.31451 $\mathrm{JK^{-1}\,mol^{-1}}$ と求められている．式（3–13）は気体の状態方程式とよばれる．

ここで，温度 0℃，圧力 1.013×10^5 Pa（=1 atm）での 1 mol あたりの理想気体の体積を求めると

$$V=\frac{nRT}{p}=\frac{1\,\mathrm{mol}\times 8.315\,\mathrm{J\cdot K^{-1}\cdot mol^{-1}}\times 273\,\mathrm{K}}{1.013\times10^{5}\,\mathrm{Pa}}=22.4\times10^{-3}\,\mathrm{m^3}$$

になることがわかる．

3・3 気体の分子運動論と状態方程式を関係づけることができる

① 式（3–14）を言葉で説明できる．
② 気体定数と Boltzmann 定数の関係を説明できる．
③ 気体分子 1 モルの運動エネルギーを求めることができる．

3・3・1 Boltzmann 定数は気体 1 分子の気体定数である

ミクロな観点から得られた結果とマクロな観点から得られた結果とを比べてみよう．式（3–9）と（3–13）から

$$pV=\frac{mN}{3}\langle v^2\rangle=nRT \tag{3–14}$$

という関係が得られる．この式より気体分子の平均運動エネルギーを求める．運動エネルギーは（$mv^2/2$）であり気体分子の個数 N は，物質量 n mol と Avogadro 定数 N_A の積（$N=nN_A$）であることを利用すると，式（3–14）は

$$\frac{N}{3}\times 2\left(\frac{1}{2}m\langle v^2\rangle\right)=nRT \tag{3–15}$$

となり，一分子あたりの運動エネルギーは

$$\frac{1}{2}m\langle v^2\rangle=\frac{3}{2N}nRT=\frac{3}{2}\times\frac{R}{N_A}\times T=\frac{3}{2}kT \tag{3–16}$$

と表される．ここで定数 k は，気体定数 R を Avogadro 定数 N_A でわったもので，Boltzmann（ボルツマン）定数（k_B と表記されることもある，1.381×10^{-23} JK^{-1}）という．これは気体 1 分子の気体定数に相当する．気体分子 1 mol の運動エネルギーは（3/2）RT である．Boltzmann 定数は，分子や分子集団のエネルギー状態を考えるとき，つねに関係してくる重要な定数である．式（3–16）より，理想気体では分子の平均運動エネルギーは，気体の種類によらず絶対温度のみに依存することがわかる．

④ 式（3–16）から式（3–17）への式変形ができる．
⑤ 式（3–18）を導出することができる．
⑥ 図 3・6 を説明することができる．
⑦ 気体の任意の温度での平均速度を求めることができる．

3・3・2 分子の運動エネルギーと速度分布は絶対温度のみに依存する

分子の並進運動のエネルギーは質量と速度に関係するので，気体分子は平均的にどのくらいの速度で運動しているのかを考える．式（3–16）より

$$\langle v^2\rangle=\frac{3RT}{N_A m}=\frac{3RT}{M} \tag{3–17}$$

と表される．ここで，Mは1個の分子の重さmにAvogadro定数N_Aをかけたモル質量である．これより，分子の並進運動の平均速度は

$$\sqrt{\langle v^2 \rangle} = \sqrt{\frac{3RT}{M}} \qquad (3\text{–}18)$$

となる．これは根平均二乗速度とよばれる．気体の密度は$\rho = M/V$であるので

$$\sqrt{\langle v^2 \rangle} = \sqrt{\frac{3RT}{\rho V}} = \sqrt{\frac{3p}{\rho}} \qquad (3\text{–}19)$$

で表すことができる．

個々の気体分子の運動は乱雑で，その速度にも分布をもつ．しかしながら，軽い分子ほど大きな平均速度をもつことが明らかである．いくつかの分子について，25℃での平均速度の平均値を表3・1に示す．また式（3–19）は高温・高圧であるほど気体分子の平均速度は大きいことを示している．一定数の分子の中でどの速度の分子が何個あるかを調べると，図3・6に示したような曲線になり，

$$\Delta N = Nf(v)\Delta v \qquad (3\text{–}20)$$

$$f(v) = 4\pi(M/2\pi RT)^{3/2} v^2 \mathrm{e}^{-Mv^2/2RT} \qquad (3\text{–}21)$$

で表すことができる*4．ここで，ΔNは速さがvから$v+\Delta v$の分子数，Nは総分子数，Mはモル質量，Rは気体定数である．この関数$f(v)$で表される分布をMaxwell-Boltzmann（マクスウェル–ボルツマン）分布という．これは，分子統計力学の結果から得られたものであり，分子同士の衝突が生じる化学反応において重要な知見を与えるものである．

例　ネオン（気体，原子量20.80）の0℃における平均速度は，式（3–18）に代入することによって求められる．ここで，単位（$\mathrm{J = N\,m = kg\,m^2\,s^{-2}}$）に注意する．

$$v = \sqrt{\frac{3 \times 8.31451\ \mathrm{J\,K^{-1}\,mol^{-1}} \times 273.15\ \mathrm{K}}{20.80 \times 10^{-3}\ \mathrm{kg\,mol^{-1}}}} = 572\ \mathrm{m\,s^{-1}}$$

となる．

*4　係数$4\pi(M/2\pi RT)^{3/2}$は，vが0〜∞の範囲で，全確率を1にするための規格化因子である．速さv〜$v+\Delta v$の相対的な分子数は$f(v) \times \Delta v$となる．

表3・1　気体分子の根平均二乗速度（25℃）

気体分子	二酸化炭素	酸素	窒素	水蒸気	水素
速度 /m s^{-1}	410	482	515	642	1920

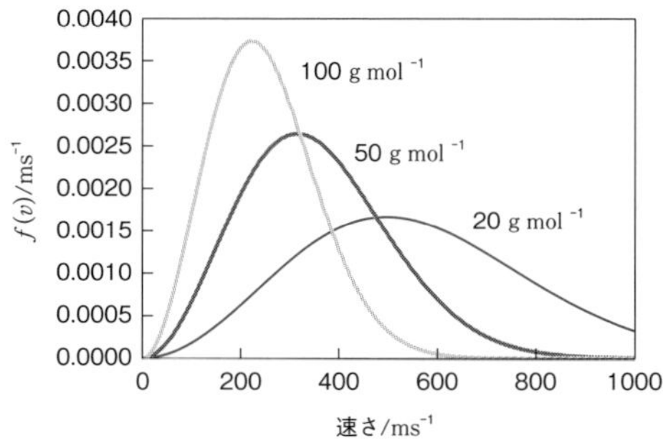

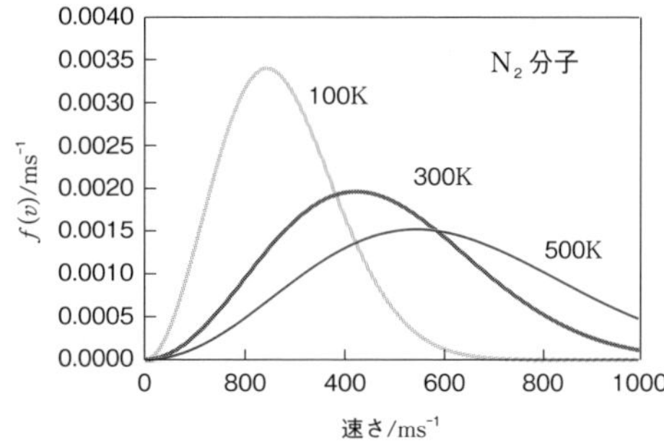

図3・6　速度分布

⑧ 内部エネルギーの定義を図3・7に基づいて説明することができる.
⑨ 単分子原子の理想気体の内部エネルギー，式（3-22）を導出することができる.

3・3・3 系のもっているエネルギーの和（内部エネルギー）は温度のみに依存する

気体分子は様々な種類のエネルギーを持っている．まず，前節までで扱った分子の熱運動による運動エネルギーがある．また，物質を構成する分子は互いに引力や斥力といった力を及ぼしあっており，これらの力による気体分子の位置（ポテンシャル）エネルギーも存在する（図3・7）．分子の熱運動による運動エネルギーとポテンシャルエネルギーとの和を，全ての分子について合計したものを内部エネルギー（internal energy）という*5．理想気体では，分子間相互作用は無視できるので，内部エネルギーは熱運動による運動エネルギーのみの総和として考えることができる．したがって，式（3-16）より，理想気体（単原子分子）の内部エネルギー U は次式で表される．

*5 厳密には，分子の並進（運動エネルギー）・振動・回転・電子エネルギー，分子間相互作用，ポテンシャルエネルギーの総和である．

$$U = \frac{1}{2}m\langle v^2\rangle \times N = \frac{3}{2}nRT \tag{3-22}$$

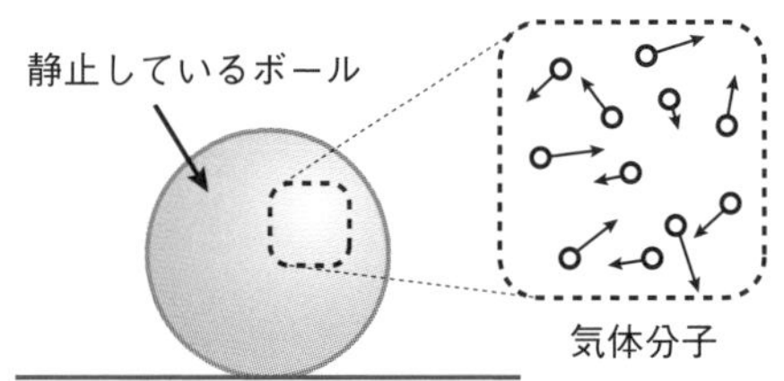

図3・7 内部エネルギーの説明

3・4 実在気体には分子の大きさや分子間の相互作用がある

気体の分子運動論では，質点としての粒子の運動から圧力を定義した．また，理想気体の状態方程式では，粒子の大きさや粒子間相互作用を無視している．この条件は，高温，低圧下ではよい近似である．しかしながら，実際には気体を構成する原子・分子は有限の大きさを有しており，圧力や体積に影響を与えているのみならず，物質の三態に代表されるように様々な相（phase）が存在する所以である．本節では，粒子の大きさや分子間相互作用を無視できない実在気体について扱う．

① 物質の三態について粒子の運動に基づいて言葉で説明できる.
② 図3・8の温度の一定部分で起こっている現象を説明できる.

3・4・1 物質の三態と状態変化は粒子の運動と関連づけられる

氷を加熱すると溶けて水になり，さらに加熱し続けると沸騰して水蒸気になる．物質は一般に，気体，液体，固体の3つの状態をとることができる．これを物質の三態という．またこれらの状態は相（phase）といい，それぞれ気相，液相，固相とよばれる．

固体では，物質を構成する粒子（原子・分子・イオン）の位置がほぼ固定し，つり合いの位置を中心にして振動している．液体では粒子間の結びつきは弱く，各粒子は乱雑な熱運動をしている．また，気体では前節で扱ったように粒子が様々な速度で自由に空間を運動している．このため，固体，液体に比べ体積が著しく増大する（密度は減少する）．物質の相転移現象については第6章で熱力学的な考察を含めて扱う．

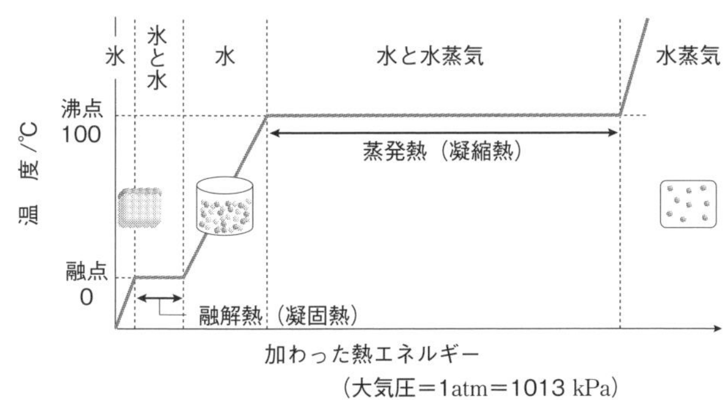

図3・8　水の状態変化

ここで，一定の熱量を加え続けた際の温度変化について考える．図3・8は水を例として時間と温度との関係をプロットしたものである．直線の右上がりの部分では，加えた熱がそのまま温度上昇に変わることを意味している．すなわち分子の平均運動エネルギーの上昇に対応する．時間の経過とともに，ある温度に到達すると熱を加え続けているにもかかわらず温度が一定（すなわち直線が水平な状態）を保ち続ける．この場合，低温側は融点（あるいは凝固点），高温側は沸点にそれぞれ対応する．融点では固相と液相が共存し，沸点では液相と気相が共存する．相変化の起こる温度では，加えられた熱量は分子間力に逆らって分子どうしを引き離すために使われるものであり，分子運動の活性化（運動エネルギーの上昇）には使われないことを意味する．そのため相転移に必要な熱量は，潜熱とよばれることもある．

3・4・2　理想気体の状態方程式から実在気体の状態方程式を導く

③ 排除体積を説明することができる．
④ 式（3-23）を導出することができる．
⑤ 気体分子間の引力を用いて，式（3-24）を導出することができる．
⑥ 式（3-25）を導出することができる．
⑦ van der Waals 定数の b と排除体積を関連づけることができる．
⑧ Z 因子の定義を言葉で説明できる．
⑨ Z 因子と V_r および V_{id} と関連づけることができる．

実在気体では，気体自身の体積や分子間の相互作用が無視できなくなり，理想気体の状態方程式（3-13）は厳密には成立しない．ここでは，実在気体の理想気体からのずれを表す圧縮因子（Z 因子）と実在気体の状態方程式として代表的な van der Waals（ファンデルワールス）の状態方程式を扱う．1873年にオランダの van der Waals は，理想気体の

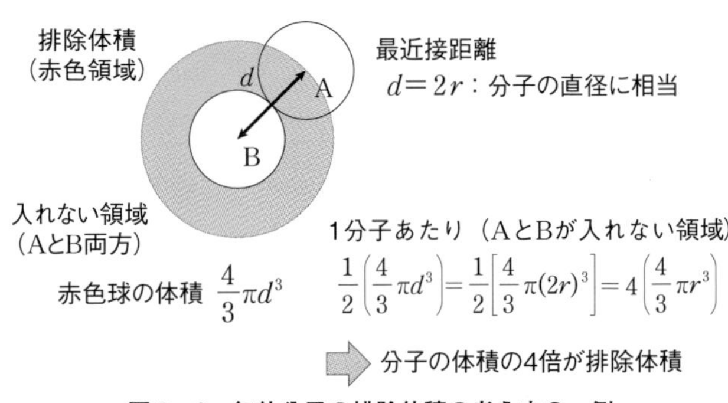

図3・9　気体分子の排除体積の考え方の一例

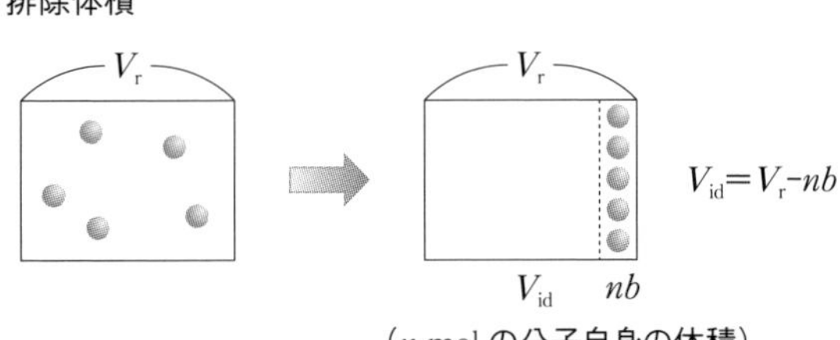

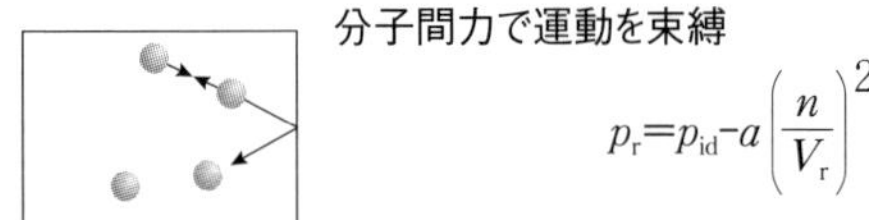

図3・10　排除体積と分子間相互作用

状態方程式を基に，実在気体の分子の占める体積と分子間力を考慮して実在気体の状態方程式を導いた．

図3・9に示したように，半径 r の2個の気体分子は，中心間の距離が $2r$ のとき最も接近し，それ以上近づくことができない．このことは，分子が互いに半径 $2r$ の球の体積（$(4/3)\pi(2r)^3$）の内側に来ることができず，この球の体積は気体分子が運動できる空間にはならないことを示している．そこでこの球の体積を気体全体の体積 V_r から排除する必要があり，これを排除体積という（図3・9）．分子1 mol の排除体積を b とすると，n mol の気体では nb となる．したがって，排除体積を補正した気体の状態方程式は，式（3-23）で表される．

$$p(V_r - nb) = nRT \tag{3-23}$$

次に，気体分子間の相互作用に由来する補正を考える．気体分子間に相互作用がはたらく場合，それは引力であるため，気体分子の運動速度は減少する（図3・10）．その結果，3・1・3節で扱ったように，単位時間あたりの衝突回数は減少することになるので，壁の受ける圧力は小さくなる．したがって，引力は圧力 p への補正となる．この壁に衝突する分子数は濃度（分子の数密度）n/V_r に比例する．引力は2分子間での距離に依存するため，濃度に比例する．そのため濃度の二乗（$(n/V)^2$）に比例する．減少分 p（補正項）は，比例定数を a とすると，$p=a(n/V)^2$ となる．ここで実在気体の圧力 p_r と理想気体の圧力 p_{id} は次の関係で結ばれる．

$$p_r = p_{id} - a\left(\frac{n}{V_r}\right)^2 \tag{3-24}$$

式（3-24）を理想気体の状態方程式（$p_{id}V=nRT$）へ代入し，排除体積分（式（3-23））を考慮すると，実在気体の状態方程式となる．

$$\left\{p_r + a\left(\frac{n}{V_r}\right)^2\right\}(V_r - nb) = nRT \tag{3-25}$$

この比例定数として用いた a および b は van der Waals 定数といわれ，気体の種類によって決められている．代表的な値を表3・2に示した．

例 ヘリウムの原子半径を 0.130 nm としたとき，その 1 mol で占める実体積 V は，$V=v_0N_A$ となる（v_0 はヘリウム1原子の体積）．また，排除体積 b は図3・9より，$b=(4/3)/(2r)^3(1/2)/N_A=4v_0N_A$（2で割っているのは，互いに排除している，つまり，同じ部分を2度含むことになるので）と見積もられ，実体積 v の4倍となる．ヘリウムの場合，$b=2.22\times10^{-5}\ \mathrm{m^3\,mol^{-1}}$ となり，表3・2の値（$b=2.37\times10^{-5}\ \mathrm{m^3\,mol^{-1}}$）と比較すると，実測値よりやや小さな値となる．

表3・2　van der Waals 定数

気体	a	b
	$10^{-2}\ \mathrm{Pa\,m^6\,mol^{-2}}$	$10^{-5}\ \mathrm{m^3\,mol^{-1}}$
ヘリウム	0.346	2.37
アルゴン	13.7	3.22
水　素	2.47	2.66
窒　素	14.1	3.91
酸　素	13.8	3.18
二酸化炭素	36.4	4.27
水	55.3	3.05
メタン	22.8	4.28
プロパン	87.7	8.45
塩　素	65.8	5.62

系の体積（V）が排除体積（nb）よりも十分に大きい場合や，圧力が小さくなるほど理想気体の状態に近づく．実在気体の理想気体からのずれを圧縮因子（Z 因子）といい，圧力 p，温度 T で物質量 n の気体を V とした場合，式（3-26）のように定義される．

$$Z = \frac{pV}{nRT} \tag{3-26}$$

この気体が理想気体であると仮定し，その体積を V_i とすると，$pV_i=nRT$ が成立する．この式を変形すると

$$1 = \frac{pV_i}{nRT} \tag{3-27}$$

となる．ここで，Z 因子と V_r および V_i の関係は，p, T 一定条件下では

$$Z = \frac{Z}{1} = \frac{\dfrac{pV_r}{nRT}}{\dfrac{pV_i}{nRT}} = \frac{V_r}{V_i} \tag{3-28}$$

となり，実在気体の体積が理想気体の体積の Z 倍であることを意味している．代表的な気体に関する Z 因子の圧力依存性を図3・11に示している．分子自身の体積の影響が大きくなると理想気体より体積は大きくなり，一方分子間力の影響が大きくなると理想気体より体積は小さくなるということがわかる．

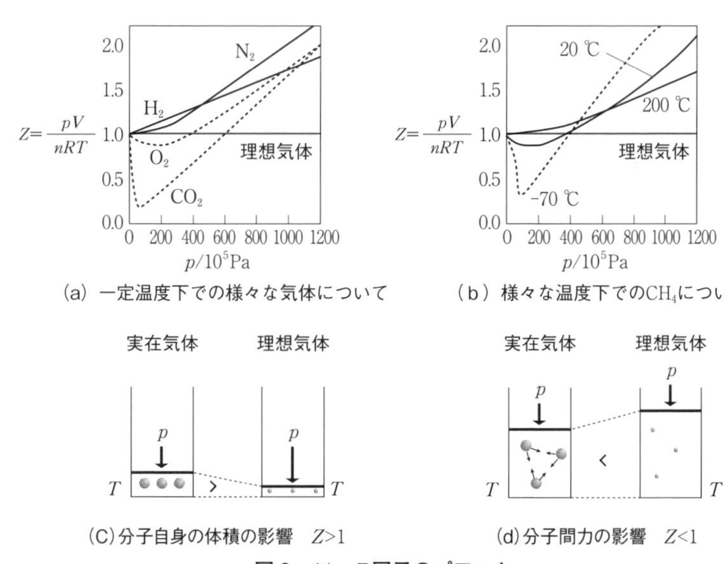

図3・11 Z 因子のプロット

⑩分子間相互作用について表3・3および図3・12に基づいて説明できる．

3・4・3 分子間にはたらく相互作用は電気的な引力に基づいて考えることができる

van der Waals の状態方程式において，気体分子間の相互作用は係数 a を用いて表現している．また，液体および固体中に存在する分子は，互いの引力で引きつけ合っている．これらの分子間の相互作用（分子間力）は，融点，沸点，溶解度など化学物質の物理的な性質に影響を与える．ここでは，分子間相互作用についてその概要をまとめる．表3・3

表3・3 相互作用の大きさの比較

相互作用	エネルギー/kJ mol^{-1}	相互作用する粒子
イオン–イオン	250	イオンどうし
イオン–永久双極子	15	イオンと極性分子
永久双極子–双極子	2	静止した極性分子
	0.3	回転する極性分子
永久双極子–誘起双極子	2	分子（少なくとも一方は極性分子）
分散力	2	全ての分子
水素結合	10〜40	電気陰性度の大きな原子（F, O, N）とH

に分子間相互作用とその大きさについてまとめた．

(1)　静電相互作用

食塩（塩化ナトリウム）は，ナトリウムイオン（Na^+）と塩化物イオン（Cl^-）から構成されている．これらのイオン間で静電的な引力で結合を形成（イオン結合）する．この引力をクーロン力という．

(2)　van der Waals 力

van der Waals 力は，配向力（永久双極子－双極子，永久四極子－双極子，永久四極子－四極子相互作用），誘起力（永久双極子－無極性分子相互作用）および分散力に大別される．これらの相互作用は，分子の融点，沸点，溶解性などに大きく関与している．

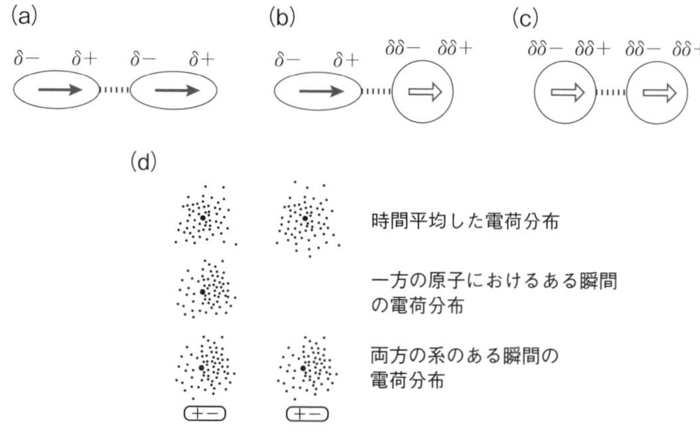

図3・12　van der Waals 力の分類

配向力（図3・12（a））：水，NH_3，HCN などは永久双極子をもっている極性分子である．これらの分子間にも静電力がはたらき，永久双極子–双極子相互作用という．静電相互作用に比べて非常に弱い相互作用（数 $kJmol^{-1}$ 程度）である．双極子によって分子の配列方向が決定されるため，配向力とよばれている．さらに，永久四極子－双極子相互作用，永久四極子–四極子相互作用もある*6．

*6　二酸化炭素は永久双極子をもっていないが，分子内での分極があり（$O^{\delta-}=C^{\delta+}=O^{\delta-}$）弱い静電相互作用（永久四極子相互作用）のために，その気体を冷却すると比較的高い温度で固体（ドライアイス）になる．

δ+
δ−　O=C=O　δ−
δ+

誘起力（図3・12（b））：極性分子と無極性分子が近接することにより，極性分子の永久双極子の影響をうけ無極性分子内に双極子を誘起する場合があり，これを誘起力という．

分散力（図3・12（c））：水素や貴ガスなど双極子モーメントをもたない（無極性）分子どうしでも，その気体を冷却すると液体になる．つまり，無極性分子でも凝集することのできる力が存在することを表している．このような分子では，構成する電子の運動によって瞬間的に電子の存在が非対称になること（電子雲のゆらぎ）により，一時的に小さな双極子を形成する．そして，その影響により近接する分子の双極子の形成を誘発し，それらの双極子間で引力が生じる（図 3・12（d））．これは分散力とよばれている．一般に分散力は 2 kJ mol^{-1} 以下で分子の平均運動エネルギー（3.7 kJ mol^{-1}，25 ℃）と比べても非常に小さい．しかしながら，芳香族化合物間での電子の相互作用，生体内での細胞膜などの形成に使われる力であり，ソフトマテリアルでは重要な相互作用の 1 つである．

(3)　水素結合

フッ素，酸素，窒素など電気陰性度の大きな原子と共有結合している水素原子は分極によって，正電荷を帯びている（図 3・13）．この水素原子が直接共有結合していない他の負電荷を帯びているフッ素，酸素，窒素原子とクーロン力による弱い結合を形成する場合があり，これを水素結合という．水素結合は，分子間力としては大きいものであり，10〜40 kJ mol^{-1} のものが一般的である．水分子間，タンパク質の構造もペプチド間の水素結合により形成されており，生体分子においても重要である．

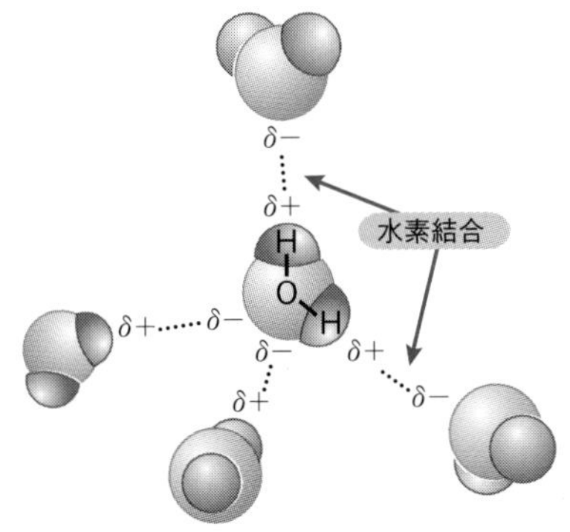

図 3・13　水素結合

演習問題

問 1　圧力の単位換算について，以下の問いに答えよ．

(1)　1 atm = 760 Torr を SI 単位に変換せよ．

(2)　次の 4 種類の圧力単位間の換算表を作成せよ

	Pa	bar	atm	Torr
Pa	1			
bar		1		
atm			1	
Torr				1

問 2　理想気体について，圧力と体積との関係，温度と体積との関係，温度と圧力との関係をグラフで示せ．

問3 300 K, 1 atm で 1 dm^3(L) の理想気体を 400 K で 5 atm にすると体積はいくらになるか.

問4 ドライアイス (CO_2) 5.5 g を 87 ℃, 5.0×10^4 Pa のもとで昇華させたときの体積を求めよ.

問5 1 mol の気体がもつ内部エネルギーの大きさは (3/2)RT である.
(1) 300 K での内部エネルギーを求めよ.
(2) 求めた内部エネルギーの値を Avogadro 定数で割って, 1 分子あたりの内部エネルギーへ換算し, Boltzmann 定数と比較せよ.

問6 ヘリウムの原子量は 4.00, アルゴンの原子量は 39.9 である. 300 K において, ヘリウム原子の根平均二乗速度はアルゴン原子の何倍になるか求めよ.

問7 下図は, 気体分子の速さの分布を模式的に表したものである. 図中の A, B, C の分布のうち, (1) 最も温度の低い状態, (2) 最も分子量の小さい気体に対応する分布はどれか.

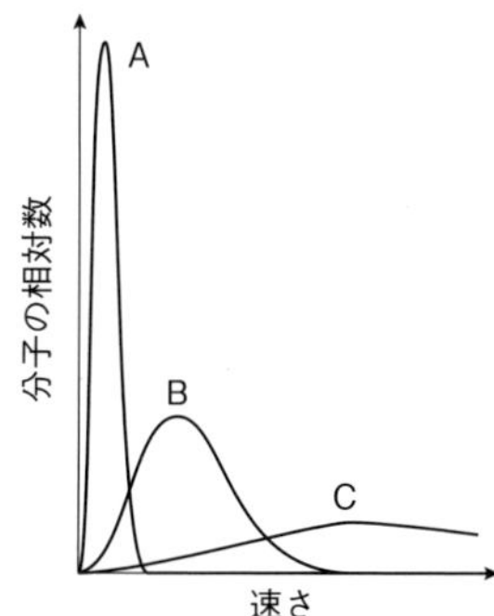

問8 400 K で 0.300 dm^3 の容器に 1.00 mol のアルゴンが入っているとする.
(1) アルゴンを理想気体としたときの圧力はいくらになるか.
(2) van der Waals の状態方程式が成り立つとしたときの圧力を求めよ.

問9 van der Waals の状態方程式について以下の問いに答えよ.
(1) 理想気体の圧縮因子 (Z) はつねに 1.0 になることを示せ.
(2) Z 因子の圧力依存性 (図 3・11) は, O_2 や CO_2 で極小値をもっている, この理由を説明せよ.
(3) 一方, H_2 や N_2 では極小値をもたず Z は 1.0 以下にならない. この理由を説明せよ.

第 4 章　熱力学第一法則

現代文明は，主に石炭，石油および天然ガスのような化石燃料からのエネルギーに依存して発展してきた．このエネルギーを取り出す過程で物質の変化が起こり，また力学的エネルギーや電気的エネルギーへの変換などが行われる．物質の変化には燃焼などの化学変化と，液体から気体への状態変化がある．本章では，物質の変化やエネルギー変換過程における熱の発生や移動を定量的に取り扱うために必要な熱化学の基礎を学ぶ．簡単なモデルとして理想気体からなるシリンダーの系を用いて，内部エネルギー U と仕事 w，熱 q との関係式，熱力学的基本量であるエンタルピー H，そして熱容量 C を扱う．これらの関係式を実際の化学反応の系へ適用していく．

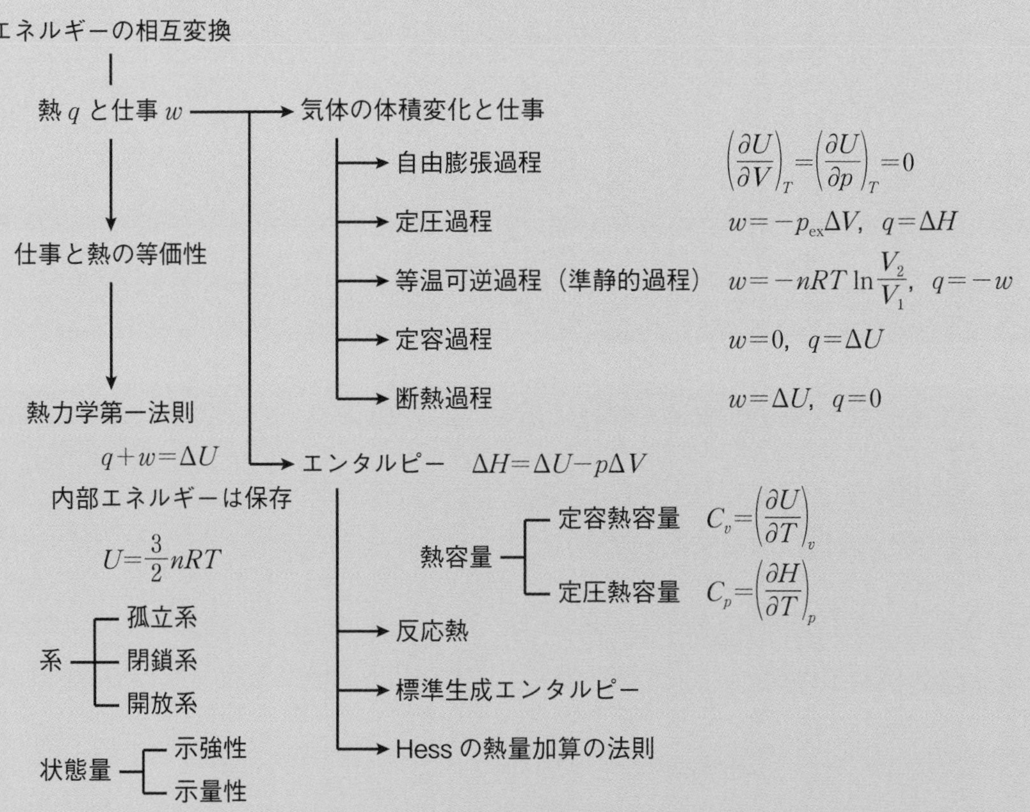

4・1　熱や仕事は移動するエネルギーである

熱エネルギー[*1]はエネルギーの1つの形態であり，エネルギーとはギリシャ語で“仕事をする能力”の意味をもつエネルギアが語源とされる．仕事とは，“力に逆らう動き”である．熱機関は，化学エネルギーから熱エネルギーへの変換を行い，直接仕事に結びつける場合もあるが，さらに目的に応じて様々な形のエネルギーに変換される．エネルギーの変換と等価性，熱や仕事のやり取りの際に重要な系の分類について取り扱う．

＊1　熱とは，温度差のある物体間で移動するエネルギーである．熱エネルギーとは，原子や分子の運動に伴うエネルギーをいう．

4・1・1　エネルギーはいろいろな形態に変換できる

① エネルギーの性質を説明することができる．
② エネルギーの種類を複数あげることができる．

エネルギーの分類の仕方にはいくつかあるが，ここでは便宜的に，化学エネルギー，熱エネルギー，電磁エネルギー，原子核エネルギー，光エネルギー，力学的エネルギー（図4・1）に分類している．

図4・1から，熱エネルギーはすべてのエネルギーとの変換が可能な重要なエネルギーであることがわかる．化石エネルギーは，もともとは太陽からの光エネルギーを植物の光合成反応によって化学エネルギーとして蓄えられたものである．原子力発電においても，原子核エネルギーを熱エネルギーに変換してから電気エネルギーに変えられる．矢印のない変換についてもまだ見出されていないだけで，これから出てくる可能性はある．

光エネルギーは大気中の分子の熱運動のエネルギー，すなわち熱エネ

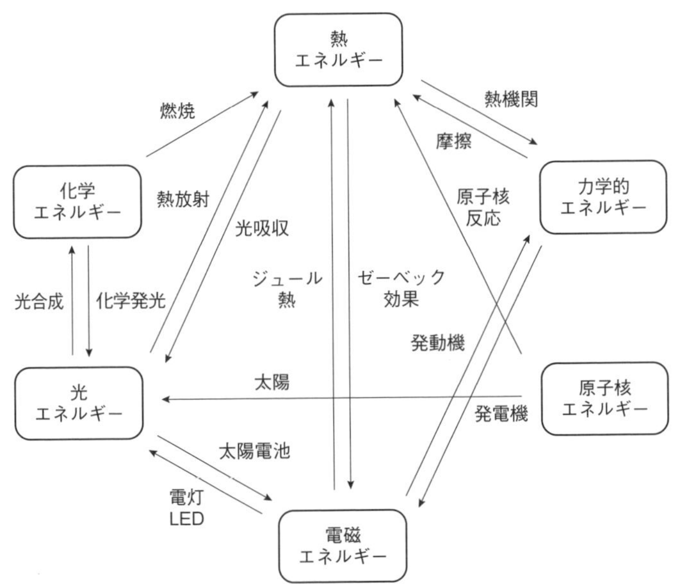

図4・1　エネルギーの相互変換

ルギーに変換される．太陽の光エネルギーも元は太陽内の原子核エネルギーが変換されたものである．熱エネルギーを使って蒸気を発生させ，タービンを回す力学的エネルギーに変換させ，それで発電機を回せば，電気エネルギーに変換される．このように，あるエネルギーから様々な形態のエネルギーに変換され，あるエネルギーの大きさと変換された様々の形態のエネルギーの大きさは等しい．エネルギーの大きさは保存され，消滅することはない．すなわちエネルギーは保存量である．

③ 仕事と熱を例をあげて説明することができる．
④ Joule の実験を説明し，仕事と熱の等価性を説明できる．

4・1・2　Joule は仕事と熱の定量的互換性を証明した

仕事は力に逆らって行われる動きであり，エネルギーの移動を引き起こす．表4・1に典型的な仕事の例を示す．一般に系の巨視的な量（長さ，体積，表面積等）が変化することによって系と外界との間でやりとりするエネルギーを仕事 w という．一方，系の巨視的な量は変化しないで系と外界との間でやりとりするエネルギーを熱 q という．どちらのエネルギーも，前章で述べた気体分子運動論からわかるように，ミクロには原子や分子の運動によるものであることを覚えておく必要がある．仕事と熱エネルギーの関連を定量的に初めて示したのは J. P. Joule（ジュール）である．

表4・1　仕事の種類の例

	w	記号
物体移動の仕事	$F\Delta x$	F: 力，Δx: 移動距離
重力による仕事	$mg\Delta h$	m: 質量，g: 重力加速度，Δh: 高さ変化
体積変化に伴う仕事	$p\Delta V$	p: 外圧，ΔV: 体積変化
電気による仕事	$q\Delta E$	q: 電荷量，ΔE: 電位変化

Joule は，羽根車とおもりを使った実験を行った（図4・2）．おもりの位置エネルギー変化と水の温度変化の関係を求める実験である．この実験ではおもりを降下させることによって水槽中の羽根車を回転させる．

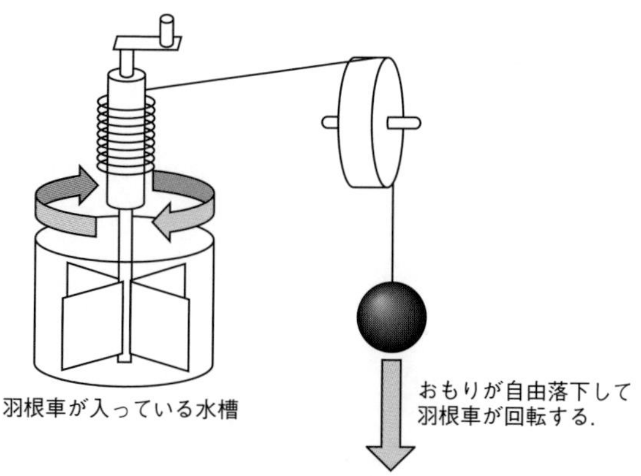

図4・2　Joule の実験の装置図
おもりの位置エネルギーが水の熱エネルギーへ定量的に変換される．

このとき羽根と水の摩擦熱によって水槽中の水の温度が上昇する．すなわち，おもりの位置エネルギー変化により水中の羽根車に仕事をさせ，それに伴う水の温度変化を精密に測定し，発生した熱エネルギーを求めた．この実験で，初めて力学的エネルギーから熱エネルギーへの変換が，定量的に求められた*2.

また，Jouleは電気エネルギーと熱エネルギーの関係も実験から求めた*3．Jouleによるこれらの実験から各エネルギー間の定量的な互換性が明らかになった．

現在，熱の仕事当量として

$$1\,\mathrm{cal} = 4.184\,\mathrm{J}$$

の関係が得られている．ここで，1 cal（カロリー）は1 gの水の温度を1 K上げるために必要な熱で，1 J（ジュール）は1 N（ニュートン）の力が物体を1 m動かしたときの仕事として定義される．

$$1\,\mathrm{J} = 1\,\mathrm{Nm} = 1\,\mathrm{kg\,m^2\,s^{-2}}$$

*2　Jouleの実験は仕事wから熱qへの変換での等価性を示している．逆に，熱qから仕事wへの変換は，Carnotサイクルの熱効率ηの式から求められる．「Appendix 3　Carnotは熱機関の本質を初めてとらえた」を参照のこと．

*3　抵抗rに電流iが時間t流れたときに発生する熱qは次の式で表される．

$$q = i^2 r \cdot t$$

この熱をJoule熱とよぶ．

4・1・3　系は注目する部分であり，系と外界との関係で3種類に分類される

⑤ 系の種類を3つあげて，それらの違いを説明できる．

熱力学はエネルギーの変換や移動を扱うので，系の概念が大事である．ここで，系とはわれわれが注目する部分のことであり，この系以外を外界という．系と外界を合わせて宇宙を形成する．系と外界の関係は大きく分けて3通りある（図4・3）．系と外界との境界を通ってエネルギーおよび物質の移動がない系を「孤立系」，エネルギーのみの移動がある系を「閉鎖系」，エネルギーと物質の両方の移動がある系を「開放系」という．

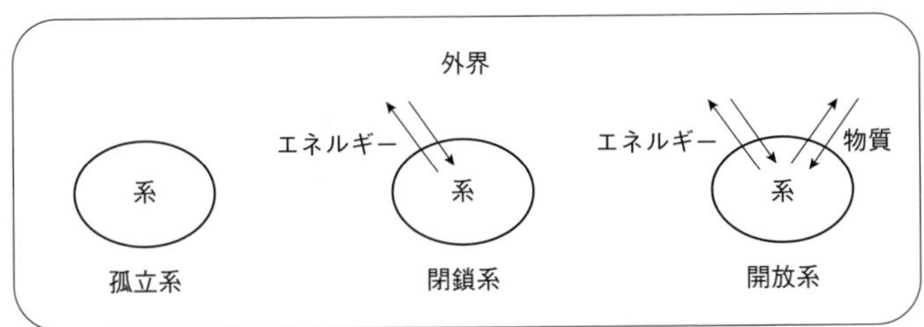

図4・3　系の分類

観測対象の部分を「系」，そして「系」以外の部分を「外界」という．
「孤立系」：系と外界との間でエネルギー，物質ともやりとりがない系
「閉鎖系」：エネルギーのみやりとりがある系
「開放系」：エネルギー，物質ともやりとりがある系

4・2 熱力学第一法則とはエネルギー保存則である

① 状態量の種類を2つあげて，それらの違いを説明できる．
② 変化量の符号の定義の説明ができる．

4・2・1 変化の経路に依存しない物理量は状態量[*4]である

系を構成する原子・分子の数がどんなに膨大であろうとも，マクロな系の状態はある限られた状態量で記述できる．気体の場合を例にとれば，圧力 p，体積 V，温度 T，物質量 n でその状態が表される．内部エネルギーも状態量である．系の状態を一義的に決める物理量である状態量の値は，系がどんな経路で現在の状態になったかについては関係しない．すなわち，ある系の状態が変化したとき，状態量の変化は，系の最初の状態と最後の状態だけで決まり，その系の状態変化の経路には無関係である（図4・4）[*5]．したがって，始状態と終状態の状態量の変化を知りたければ，わかりやすい経路を選んで変化量を計算すればよい．現実の経路が複雑な場合，架空の経路でも単純な経路で計算すればその変化量が求められる．このような便利な性質を持つことから，熱力学において，状態量は非常に重要である．

状態量は系の大きさに依存しないものと依存するものの2種類に分けられる．例えば系を2倍にしたときに変わらない状態量と変わる状態量がある．前者を示強性状態量，後者を示量性状態量という．示強性，示量性の状態量の例として表4・2に示した物理量があげられる．

*4　状態関数と書く場合もある．化学用語辞典（第2版）では，状態関数は状態量と同義としている．

*5　図4・4に示したように，ある物質量 E が状態量のとき，変化量 ΔE は経路1でも経路2でも変わらない．変化量 ΔE の符号は（終状態の物理量 E_2 − 始状態の物理量 E_1）の式で決まる．

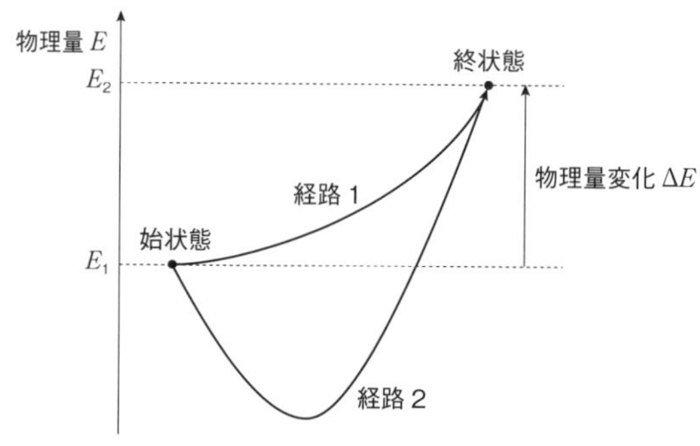

物理量変化 ΔE＝終状態の物理量 E_2－始状態の物理量 E_1

図4・4　状態量の概念図
状態量の変化 ΔE は経路1でも経路2でも変わらない．その符号は，上式で決まる．

表4・2　状態量の分類

示強性の状態量	示量性の状態量
圧力 p	長さ l, d
温度 T	体積 V
化学ポテンシャル μ	Gibbs エネルギー G
濃度 c	物質量 n
密度 d	内部エネルギー U
	エンタルピー H
	エントロピー S

Gibbs エネルギー G，化学ポテンシャル μ，エントロピー S は5章，6章で後述．

経路に依存する代表的な物理量として，仕事と熱があげられる．仕事と熱は状態量ではないため，それらを求めるためには，変化の過程の条件が必要である．4・3節以降では，自由（真空）膨張過程，定圧過程，等温可逆過程，断熱過程の各条件について仕事と熱を求める．

4・2・2　熱力学第一法則は系の内部エネルギーは保存されることを表している

③ 熱力学第一法則の説明ができる．
④ 仕事 w と熱 q の符号の定義ができる．

物質の出入りのない閉鎖系について考えよう．系の内部エネルギー[*6]変化 ΔU は，外界と系との間でやりとりされる2つのエネルギー，熱 q と仕事 w との和で記述される．

$$\Delta U = q + w \tag{4-1}$$

この関係は，熱と仕事が加えられたときの系のエネルギー保存の法則を表すもので，熱力学第一法則とよばれる．系のエネルギーである内部エネルギー U およびその変化 ΔU は，系の変化の経路に依存しない状態量である[*7]．

理想気体からなる系の場合，内部エネルギー U は第3章の気体分子運動論から，気体分子の運動エネルギーの和としてあらわされる．

$$U = \frac{1}{2}m\langle v^2\rangle \times N \tag{3-22$'$}$$

$\frac{1}{2}m\langle v^2\rangle$ は，1個の気体分子の平均運動エネルギー，N は気体分子の数である．この系に熱 q と仕事 w が加えられたことによる内部エネルギー変化 ΔU は，式（4–1）と組み合せて，

$$\Delta U = \left(\frac{1}{2}m\langle (v')^2\rangle - \frac{1}{2}m\langle v^2\rangle\right) \times N = q + w \tag{4-2}$$

と表される．内部エネルギー変化 ΔU は，ミクロスケールでは，気体分子の平均二乗速度が $\langle v^2\rangle$ から $\langle (v')^2\rangle$ に変化したことによる気体分子の運動エネルギー変化で表されるため，系の変化の経路に依存しない状態量であることがわかる．マクロスケールでは，気体分子の運動エネルギー変化が体積変化として現れる分を仕事 w，それ以外の主として温度変化として現れる分を熱 q として表す．仕事 w と熱 q の割合は系の変化の経路に依存するため，仕事 w と熱 q は状態量ではない[*8]．

ここで，系からの熱 q の出入りや仕事 w が行われる向きを，変数の前の符号で表わされていることに注意しよう．仕事 w と熱 q の符号は，系全体のエネルギー変化を反映するもので，数値と同じくらいに重要な情報である[*9]．系がエネルギーを得る方向の符号を正とする（図4・5）[*10]．

系に流入する熱：正	系から流出する熱：負
系に外部から加えられた仕事：正	系が外部にする仕事：負

また，孤立系では，系内の部分，部分でエネルギーのやりとりが行われたとしても，系全体としては内部エネルギーの変化がない（$\Delta U = 0$）．

*6　系の内部エネルギー U は，系が持つエネルギーの総量である．原子，電子，核子のエネルギーも含むものであるため，絶対値を求めることは難しいが，内部エネルギー変化 ΔU を求めることはできる．理想気体の場合，第3章の気体分子運動論から，気体分子の運動エネルギーで表され，温度 T に比例する．

*7　気体の状態変化の仕方によって，熱と仕事の出入りは異なってくる．すなわち，内部エネルギー U および内部エネルギー変化 ΔU は変化の仕方に依存しない状態量であるが，熱 q と仕事 w は状態量ではないことに注意してほしい．

*8　この章の後半で，微小量の熱による微小変化を扱う．熱 q は状態量ではないため，変化の経路に依存した微小量になり，微分・積分計算も経路に依存した計算になる．このため，通常の微小量と区別するために，微小量を意味する d を用いた $\mathrm{d}q$ ではなく，δq の記号を用いる．

*9　お金にたとえるとわかりやすいだろう．金額の数値よりも赤字か黒字か，の方が重要である．仕事や熱の増加または減少で表されるエネルギー変化の方向は重要な情報である．

*10　符号は系を基準にする．同様に，この章で示される p-V 図等のプロットは系の状態変化を表すため，それらのプロットの軸は，すべて系の物理量が増える方向を正としている．

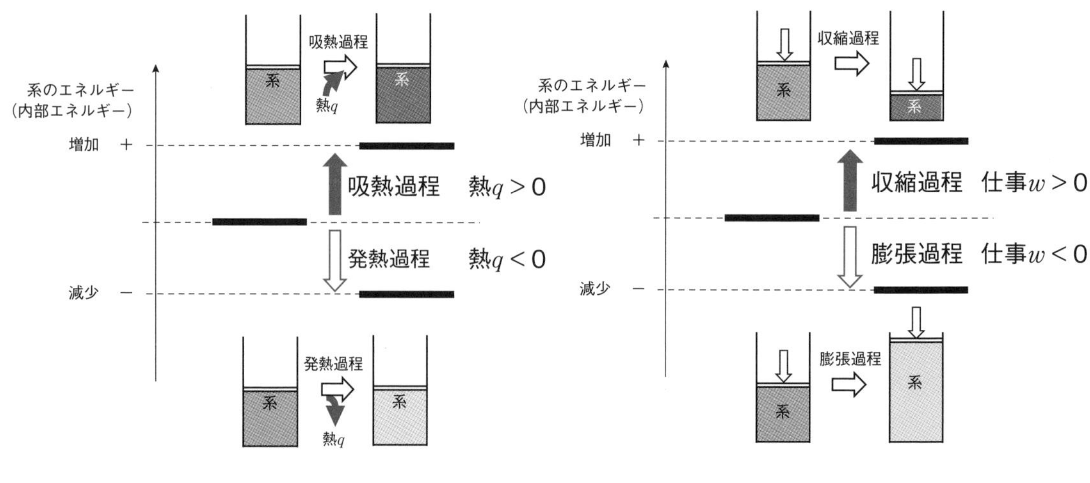

(a)　熱qの符号　　(b)　仕事wの符号

図4・5　熱 q と仕事 w の符号　系がエネルギーを得る方向の符号を正とする．熱 q は，吸熱過程が正，発熱過程が負，仕事 w は収縮過程が正，膨張過程が負になる．

したがって，熱力学第一法則は，“孤立系では，内部エネルギーは不変である”*11 とも言い換えられる．

*11　このことは，無から仕事を生み出すような永久機関がないことを意味する．永久機関とは，外部からエネルギーを加えなくとも仕事をし続ける機関のことであり，第一種永久機関ともいう．このような永久機関が存在するなら，孤立系の内部エネルギーが増大することになってしまう．無から有が生じないことを第一法則が示している．

4・3　理想気体の状態変化に伴う仕事，熱，内部エネルギー変化を求める

① 理想気体の自由（真空）膨張で温度および内部エネルギーが変わらない理由を説明できる．
② 理想気体の自由（真空）膨張で仕事が 0 であることを説明できる．
③ 式（4-2）を導出できる．

4・3・1　自由（真空）膨張過程では，仕事 w はゼロで内部エネルギー U も変わらない

理想気体の場合，分子間力がないため，温度 T が一定の条件では，膨張や収縮による圧力変化や体積変化で分子間距離が変化しても，内部エネルギー U は一定である．第3章で学んだ気体分子運動論より，内部エネルギー U は温度 T のみの関数であり，次式で表される．

$$U=\frac{3}{2}nRT \tag{3-22}$$

上式は，温度 T 一定の条件での変化では，内部エネルギー U は不変であることを示している．

理想気体の自由（真空）膨張（図4・6）を考えよう．理想気体では分子間の相互作用を考えていないので，体積変化によって，系の温度 T が変わらない*12．自由（真空）膨張であるから外圧 p_{ex} は0である．このため，膨張に抗する力がないので，力学的エネルギーである仕事 w は0になる．温度 T の変化がないことから熱 q の出入りもない．すなわち，系の内部エネルギー U は自由（真空）膨張前後で一定である．

*12　Joule の実験として知られている．

これを式で表すと，以下のようになる．

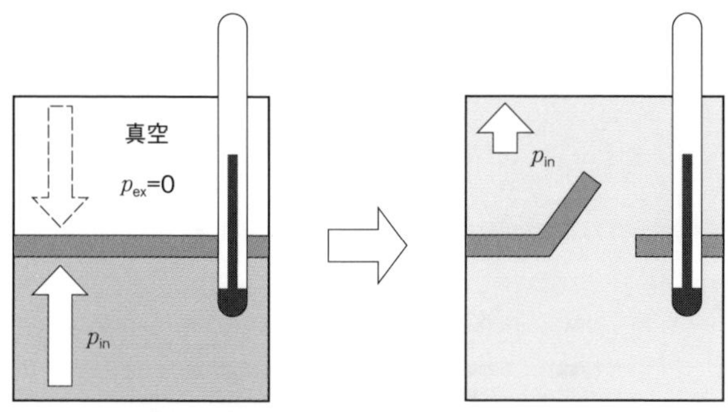

図4・6　気体の自由（真空）膨張過程．p_{ex}：外圧，p_{in}：内圧．膨張前後で温度 T は不変．

$$\left(\frac{\partial U}{\partial V}\right)_T=\left(\frac{\partial U}{\partial p}\right)_T=0 \tag{4-3}$$ [*13]

すなわち，内部エネルギー U は温度一定のとき，体積変化および圧力変化に対して不変であることを表現している．

＊13　内部エネルギー U は変数が複数あるため，偏微分で表される．微分記号 ∂ は rounded d（「丸みのある d」の意）とよばれ，変数が複数ある関数の微分である偏微分を意味する（Appendix 1 を参照のこと）．

4・3・2　定圧過程における膨張・収縮は温度変化を伴う

④ 仕事 w の式 (4-8) を導出できる．
⑤ 符号も含めて，仕事 w の計算ができる．
⑥ p-V 図に，仕事の大きさを図示できる．
⑦ 定圧過程による内部エネルギー変化の計算ができる．

閉鎖系で，図4・7 (a) に示すように熱源から熱 q_p[*14] を系に加えて，一定の外圧 p_{ex} で体積 V が膨張したときの仕事 w を求めてみよう．この過程を定圧過程という．ここでは体積 V および温度 T を変化させている間は常に平衡状態を保っているとする．このとき，外圧 p_{ex} と系の圧力 p_{in} は常に等しいことになる．系の圧力 $p_{in}=p_1$ が一定で，体積が V_1 から V_2 へ定圧膨張したときの p-V 図を図4・7 (b) に示す．このとき，系の温度 T は T_1 から T_2 へ変化するため，定圧膨張過程は p-V 図

＊14　熱 q_p の添え字 p は圧力一定であることを意味する．

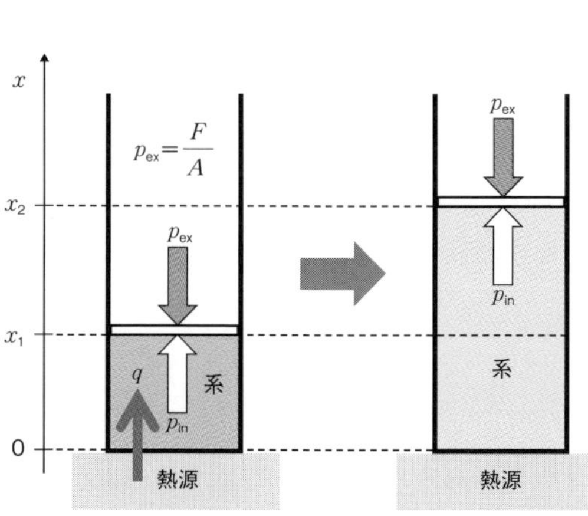

(a)　定圧膨張過程
熱源から熱 q が移動して，ピストンが外圧 p_{ex} に逆らって気体が膨張する．

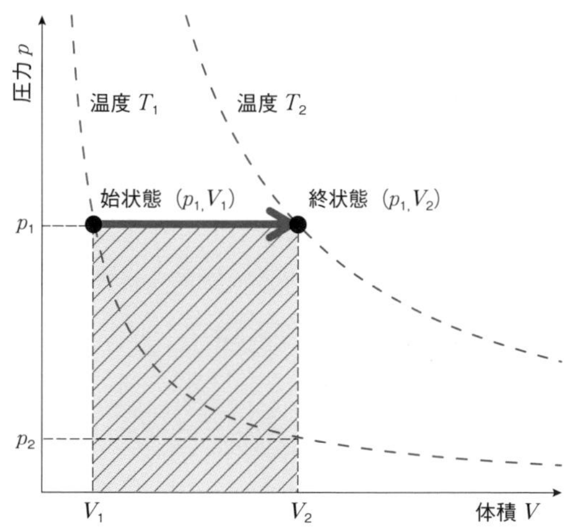

(b)　定圧過程の p−V 図
2本の点線は，それぞれ温度 T_1 および温度 T_2 の等温線を表す．矢印は，体積を V_1 から V_2 まで変化させた定圧過程を表す．

図4・7

では温度 T_1 の等温線上の点（p_1, V_1）から温度 T_2 の等温線上の点（p_1, V_2）への体積変化として表される．

図 4・7（a）に示すようにピストンの運動方向を x 軸方向とし，ピストンが外圧 p_{ex} に逆らって気体が膨張するときの仕事 w は，以下のように求めることができる．ピストンが外からの一定の力 F に逆らって，その位置が x_1 から x_2 に動いたとする．このとき，力と移動距離の積

$$w = -F(x_2 - x_1) \tag{4-4}$$

は，仕事 w とよばれる．膨張のとき，すなわち，$x_1 < x_2$ のとき，外界に対し仕事をするので，マイナス符号が入り，系のエネルギーが減少することになる．

シリンダーの断面積を A とすると，圧力 p は単位面積当たりの力であるので

$$p_{\mathrm{ex}} = \frac{F}{A} \tag{4-5}$$

と表される．この式を式（4-4）に代入すると

$$\begin{aligned} w &= -p_{\mathrm{ex}} \cdot A(x_2 - x_1) \\ &= -p_{\mathrm{ex}}(V_2 - V_1) \end{aligned} \tag{4-6}$$

となる．ここで，断面積 A と位置 x との積は体積 V になり，V_1，V_2 はそれぞれ変化前，変化後の体積である．式（4-6）より，体積変化を ΔV とすると

$$w = -p_{\mathrm{ex}}\Delta V \tag{4-7}$$

と表わすことができる．外圧 p_{ex} での定圧過程での仕事 w は式（4-6），式（4-7）で表すことができる．この仕事 w の大きさ $|w|$ は，図 4・7（b）中の斜線部分の面積になっていることがわかる．この過程での内部エネルギー変化 ΔU は，系の温度 T は T_1 から T_2 へ変化するため，式（3-22）より

$$\Delta U = \frac{3}{2}nR(T_2 - T_1) \tag{4-8}$$

と表すことができる．

力 F が一定ではない，すなわち圧力 p が一定ではない場合も含めた仕事 w の一般式は，気体の体積が V_1 から V_2 まで変化したとき，以下のように積分式で表される[*15]．

＊15　自由（真空）膨張過程を除いて，理想気体からなる系の状態変化は，熱平衡状態を保ちながら変化するので，外圧 p_{ex} と系の圧力 p_{in} は等しい．このため，これ以降，圧力 p の下付文字は特に断らないかぎり省略する．また，p-V 図の p 軸も同様である．

$$w = -\int_{x_1}^{x_2} F\mathrm{d}x = -\int_{x_1}^{x_2} p \cdot A\mathrm{d}x$$
$$= -\int_{V_1}^{V_2} p\,\mathrm{d}V \qquad \because A\mathrm{d}x = \mathrm{d}V \tag{4-9}$$

例題　大気圧（1.013×10^5 Pa）のもとで，体積が 1 dm^3 から 3 dm^3 に膨張したときの仕事 w はどれだけか．

解答

式（4-9）を用いる．符号と単位に注意して計算する必要がある．

$$w = -\int_{V_1}^{V_2} p\,\mathrm{d}V$$
$$= -\int_{1\times10^{-3}}^{3\times10^{-3}} (1.013 \times 10^5)\,\mathrm{d}V$$
$$= -2.026 \times 10^2$$

答　-2.026×10^2 J

4・3・3　等温可逆（準静的）過程は，圧力と体積を無限小ずつ変化させる過程である

⑧ 等温可逆（準静的）過程の仕事の式（4-10）の導出ができる．
⑨ 等温可逆（準静的）過程の内部エネルギー変化および熱の導出ができる．
⑩ 等温可逆（準静的）過程の圧力—体積図をかき，仕事の大きさを図中に示すことができる．

理想気体の可逆膨張は，熱化学において重要な考えである．図 4・8（a）に示すように，系の温度 T を一定に保ち，系の圧力 p_{in} と外圧 p_{ex} が常に等しくなるように圧力 p を無限小ずつ変化させて，最初の圧力 p_1，体積 V_1 から p_2，V_2 までピストンを無限小ずつ動かす過程を考える*16．この過程の p-V 図を図 4・8（b）に示す．始状態（p_1, V_1）から終状態（p_2, V_2）まで，等温線から外れることなく変化する過程として表される．

*16　無限小の圧力変化の操作は理想的な過程であり，あくまでも理論上のものである．

温度 T が一定の条件として，始状態（p_1, V_1）から温度 T が一定の条件で変化させたとき，状態方程式より，圧力 p は気体の物質量 n と温度 T では

$$p = \frac{nRT}{V} \tag{4-10}$$

となる．よって，仕事 w は次式のように表される．

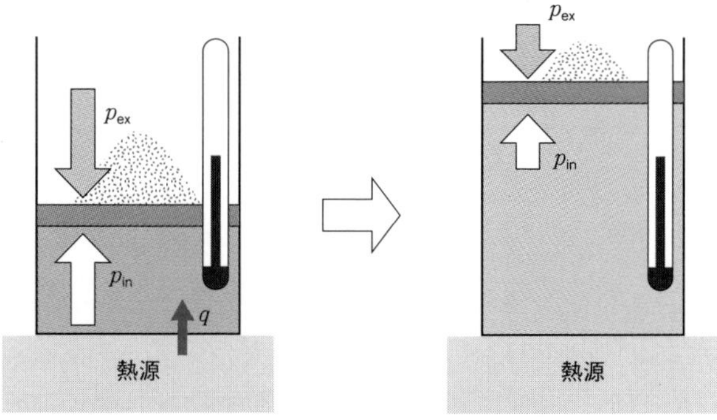

(a)　気体の等温可逆膨張．p_{ex}：外圧，p_{in}：内圧．
外圧と内圧をつりあわせたまま，体積を微小量ずつ増加させる．
このとき，温度 T を一定に保つように熱源から熱 q が移動する．

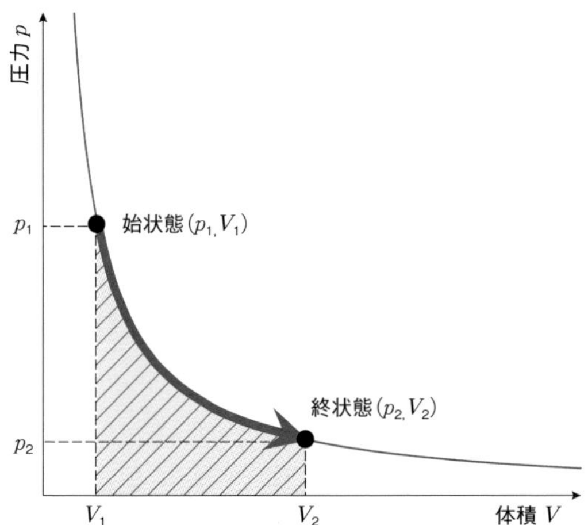

(b)　等温可逆（準静的）過程の $p-V$ 図．
熱平衡状態を保ちながら圧力 p と体積 V を変化させる．
斜線部分の面積は仕事の大きさ $|w|$ を表す．

図 4・8

$$
\begin{aligned}
w &= -\int_{V_1}^{V_2} p\,\mathrm{d}V \\
&= -\int_{V_1}^{V_2} \frac{nRT}{V}\mathrm{d}V \\
&= -nRT\ln\frac{V_2}{V_1} = -p_1 V_1 \ln\frac{V_2}{V_1} \qquad (4\text{-}11)
\end{aligned}
$$
[*18]

*18　ここで $\ln V$ は自然対数（natural logarithm）$\log_e V$ のことであり，理工学分野でよく用いられる表記である．

この過程は，熱平衡状態を保ちながら，無限小に近いある有限の変化を起こさせるので，準静的過程とよばれる．また，等温条件で，逆方向にも同様に準静的過程で戻すことができるので，可逆過程である．

閉鎖系では，系の温度が一定なら，理想気体の圧力と体積に変化があっても，内部エネルギーは一定である．このとき，熱力学第一法則

$$
\Delta U = q + w \qquad (4\text{-}1)
$$

より

$$q = -w \qquad (4\text{-}12)$$

の関係式が得られる．

例題　圧力 p_2，体積 V_2 から p_1，V_1 まで準静的に圧縮させる過程について，p-V 図に，圧力変化と体積変化を矢印で示し，仕事 w の大きさ $|w|$ を斜線で示せ．

解答

圧力 p と体積 V は，p-V 曲線から外れることなく，変化することになる．この仕事の大きさ $|w|$ は，図の斜線部分の面積になる．

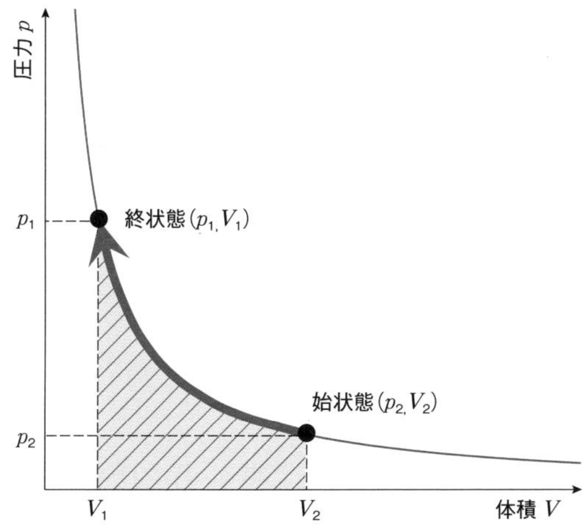

図（例題）　熱平衡状態を保ちながら圧力 p と体積 V を準静的に変化させるので，可逆的に変化させることができる．

4・3・4　定容過程では，出入りする熱 q が内部エネルギー変化 ΔU に等しい

> ⑪ p-V 図で，定容過程の仕事 w がゼロであることを説明できる．
> ⑫ 定容過程による内部エネルギー変化 ΔU の計算ができる．
> ⑬ 定容過程による内部エネルギー変化 ΔU が熱 q と等しいことを説明できる．

閉鎖系で，系の体積 V が一定で，準静的に圧力 p および温度 T を変化させたときの仕事 w と熱 q を求める．p-V 図を図 4・9 に示す．式 (4-6) から，体積変化 ΔV がゼロ，すなわち仕事 w は 0 になることがわかる．よって，熱力学第一法則

$$\Delta U = q + w \qquad (4\text{-}1)$$

より，内部エネルギー変化 ΔU は

$$\Delta U = q_V \qquad (4\text{-}13)$$

となる[*19]．内部エネルギー変化 ΔU が熱 q_V と等しくなる．一般に熱 q

*19　熱 q_V の添え字 V は体積一定であることを意味する．

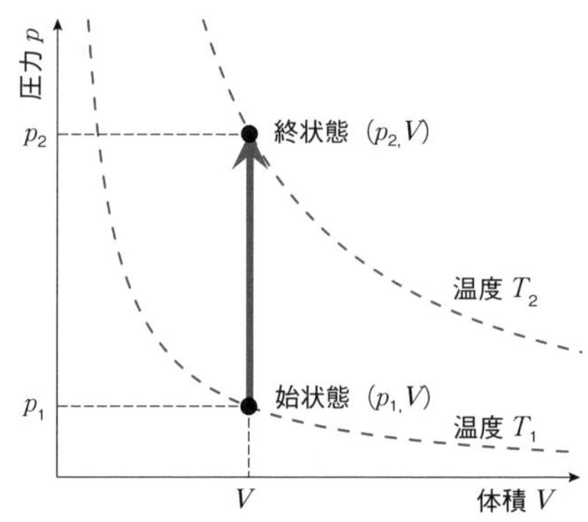

図4・9　定容過程．2本の点線は，それぞれ温度 T_1 および温度 T_2 の等温線を表す．矢印は，定容過程を表す．

は状態量ではないが，内部エネルギー変化 ΔU が状態量であるから，定容条件では，熱 q_V も状態量であることがわかる．第3章で学んだ気体分子運動論より，内部エネルギー U は式 $U=\dfrac{3}{2}nRT$ で表されるから，定容過程の内部エネルギー変化 ΔU は

$$\Delta U = q_V = \frac{3}{2}nR(T_2 - T_1) \qquad (4\text{–}14)$$ [*20]

となる．

*20　定圧過程での内部エネルギー変化 ΔU を表す式（4–8）と同じになる．

⑭ 断熱過程による内部エネルギー変化 ΔU が仕事 w と等しいことを説明できる．
⑮ p-V 図に，仕事の大きさを図示できる．
⑯ γ=5/3 を導出できる．

4・3・5　断熱過程では，仕事 w が内部エネルギー変化 ΔU に等しい

閉鎖系で，外界と熱 q の出入りがないときの変化を断熱過程という．この過程のとき，内部エネルギー変化 ΔU は，$q=0$ より

$$\Delta U = w \qquad (4\text{–}15)$$

となる．すなわち，体積変化に伴う仕事 w がそのまま内部エネルギー変化（ΔU）となる．気体が膨張する場合，気体は外界に仕事をし（$w<0$），内部エネルギーは減少し，気体の温度は低下する[*21]．気体の断熱変化では，p-V 間に次の関係式がある．

$$pV^{\gamma} = \text{一定} \qquad (4\text{–}16)$$ [*22]

理想気体のとき，$\gamma=\dfrac{5}{3}$ である．

断熱過程では温度変化を伴うことから，図4・10に示すように，等温可逆過程とは異なる p-V 変化を示す．2本の等温可逆過程の p-V 曲線同士は交わることがないが，断熱過程の p-V 曲線は2本の等温可逆過程の p-V 曲線と交わる．断熱過程で温度 T が変化することを示している．

*21　断熱過程の例として，雲の生成過程があげられる．適度な湿度をもつ空気が上空にあがると，体積が急激に膨張し，雲が生成する．熱平衡状態にならず，急激に膨張する過程は，断熱膨張過程とみなせる．このため，温度が下がって雲が生成することになる．

*22　Poisson の法則とよばれる．

また，式（4-16）は，理想気体の状態方程式と組み合わせると，次式が得られる．

$$TV^{\gamma-1} = 一定 \tag{4-17}$$

この式より，断熱過程における体積変化に伴う温度変化が求められる．

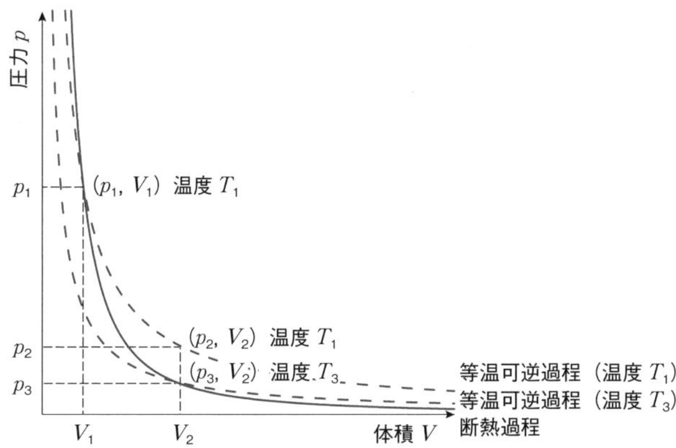

図4・10　断熱過程（実線）および等温可逆過程（点線）の $p-V$ 図．2本の等温可逆過程（温度 T_1 と温度 T_3）の $p-V$ 曲線は互いに交わらないが，断熱過程の $p-V$ 曲線は2本の等温可逆過程の $p-V$ 曲線と交わる．

表4・3に，種々の条件における各過程での仕事 w および出入りする熱 q をまとめた．内部エネルギー変化 ΔU は状態量であり，熱 q と仕事 w は状態量ではないので，内部エネルギー変化 ΔU が気体の状態変化の仕方によらず同じ値を示しても，熱 q と仕事 w は異なっていることがわかる[*23]．また図4・11に各過程の p-V 図を表4・3と対応づけて示した．各過程における圧力変化過程，体積変化過程の違いが示されている．表4・3と見比べながら理解を深めてほしい．

＊23　例えば，(a) 自由（真空）膨張過程と (c) 等温可逆（準静的）過程では，どちらも $\Delta U=0$ であるが，仕事 w と熱 q は異なる．同様のことが，(b) 定圧過程と (d) 定容過程でもみられる．

表4・3　理想気体の状態変化と状態量および仕事 w と熱 q との関係

	(a) 自由（真空）膨張過程	(b) 定圧過程	(c) 等温可逆（準静的）過程	(d) 定容過程	(e) 断熱過程
外圧 p_{ex}	$p_{ex}=0$	$p_{ex}=p_1$	$p_{ex}=p_{in}$	p_{ex}	p_{ex}
体積変化 ΔV	V_2-V_1	V_2-V_1	V_2-V_1	0	$V_2-V_1=V_1\left\{\left(\frac{T_1}{T_3}\right)^{\frac{1}{\gamma-1}}-1\right\}$
温度変化 ΔT	0	T_2-T_1	0	T_2-T_1	T_3-T_1
内部エネルギー変化 ΔU	0	$\frac{3}{2}nR(T_2-T_1)$	0	$\frac{3}{2}nR(T_2-T_1)$	$\frac{3}{2}nR(T_3-T_1)$
仕事 w	0	$-p_1(V_2-V_1)=-nR(T_2-T_1)$	$-p_1V_1\ln\frac{V_2}{V_1}=-nRT_1\ln\frac{V_2}{V_1}$	0	ΔU
熱 q	0	ΔH	$-w$	ΔU	0

コラム　係数 γ の導出

断熱過程では，$\Delta U=w$ であるから，圧力，体積がそれぞれ p_1，V_1 から p_3，V_2 の状態になったときの ΔU と w とを求めよう．

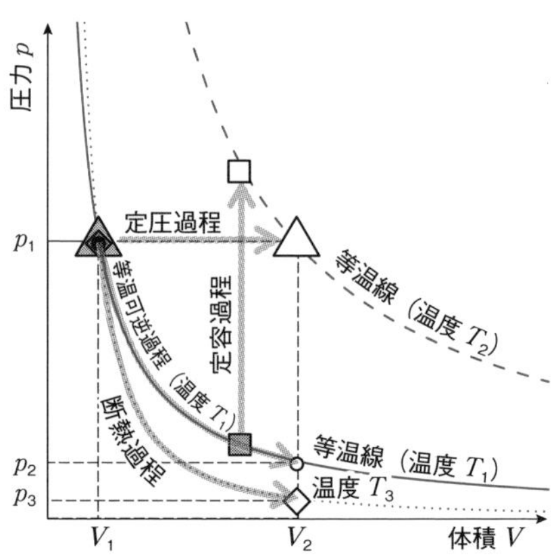

図 4・11　等温可逆（準静的）過程，定温過程，定容過程，と断熱過程の p−V 図． 各線は，温度 T_1 の等温線（——），温度 T_2 の等温線（- - -），断熱線（……）を表す．
▲→△：定圧過程，●→○：等温可逆（準静的）過程，■→□：定容過程，◆→◇：断熱過程を表す．定容過程を除くすべての過程は，始状態（p_1, V_1, T_1）から始めて，終状態の体積 V_2 へ変化させたときの p−V 図を示す．定容過程は，等温線（温度 T_1）上のある点（■）から，体積 V 一定で等温線（温度 T_2）上の点（□）への過程である．この 2 本の等温線間の定容過程は，どこでも同じ熱 q になる．自由（真空）膨張過程は，平衡過程ではないため，p-V 図上に表すことができない．

$$\Delta U = \frac{3}{2}nR(T_3 - T_1)$$
$$= \frac{3}{2}(p_3V_2 - p_1V_1) \qquad ①$$

一方，系の仕事 w は

$$w = -\int_{V_1}^{V_2} p\mathrm{d}V = -\int_{V_1}^{V_2} \frac{p_1V_1^{\gamma}}{V^{\gamma}}\mathrm{d}V$$
$$= \frac{p_1V_1^{\gamma}}{-\gamma+1}(V_2^{-\gamma+1} - V_1^{-\gamma+1})$$
$$= \frac{-1}{-\gamma+1}(p_3V_2 - p_1V_1) \qquad ②$$

となる．したがって，$\Delta U = w$ に①と②を代入すると

$$\frac{3}{2}(p_3V_2 - p_1V_1) = \frac{-1}{-\gamma+1}(p_3V_2 - p_1V_1)$$
$$\frac{3}{2} = \frac{-1}{-\gamma+1}$$
$$\gamma = \frac{5}{3}$$

が得られる．

4・4　新しい状態量であるエンタルピーを導入する

① エンタルピー変化 ΔH の式（4-21）の導出ができる．
② エンタルピー変化 ΔH が状態量であることを示すことができる．

4・4・1　エンタルピー H は定圧過程で出入りする熱 q_p に等しい

通常の実験は大気圧下で行われることが多い．これは外圧 p_{ex} 一定の

条件で行っていることになるため，定圧過程である．このときの系に出入りする熱 q_p はどのように表されるだろうか．

熱 q_p は，式（4-1）より

$$q_p = \Delta U - w \tag{4-18}$$

と表される．外界から熱 q_p を系に加えて，一定の外圧 p_{ex} で ΔV 膨張したとする．このときの仕事 w は式（4-7）から求められる．

$$w = -p\Delta V \qquad (4\text{-}7)'$$ [*24]

＊24　熱平衡状態を保ちながら状態変化するため，外圧 p_{ex} と系の圧力は等しい．このため，圧力 p の下付文字は省略している．脚注＊15を参照のこと．

式（4-7）を式（4-18）に代入すると，次式が得られる．

$$q_p = \Delta U + p\Delta V \tag{4-19}$$

熱 q は，本来は状態量ではないが，“定圧変化” の条件下では，体積変化に伴う仕事の量が一義的に決められるので，状態量として扱うことができる．これをエンタルピー（enthalpy）とよび，H の記号を用いて次式で表す．

$$H = U + pV \tag{4-20}$$

この物理量を導入すると様々な過程で生ずる熱 q の扱いが容易になる．式（4-20）の定義から，一定圧力下でのエンタルピー変化 ΔH は

$$\begin{aligned}\Delta H &= \Delta(U+pV) = \Delta U + \Delta p\cdot V + p\cdot\Delta V \\ &= \Delta U + p\cdot\Delta V \qquad \because \Delta p = 0\end{aligned} \tag{4-21}$$

と表される．エンタルピー変化 ΔH も状態量である．式（4-19）と比較すると，

$$q_p = \Delta H \tag{4-22}$$

と表すことができる．状態変化に伴い出入りする熱 q_p はエンタルピー変化 ΔH と等しいことがわかる．

4・4・2　エンタルピー変化は一定圧力下での反応熱から決められる

③ エンタルピー変化 ΔH の符号の定義ができる．
④ エンタルピー変化，内部エネルギー変化と反応熱の関係を説明できる．
⑤ 発熱・吸熱と符号を対応付けることができる．

化学反応による発熱量または吸熱量は実験から精密に測定できるので，熱 q の変化を状態量で記述できれば，非常に有用である．すなわち，出発物質（反応系または原系）と最終生成物（生成系）が決まれば，反応経路に無関係に反応熱が決まることになるので，一般性のある熱力学的基本量となるからである．特定の条件下では，このことが可能になる．

前節で述べたように，定圧下では反応熱はエンタルピー変化 ΔH に等しい．

$$\Delta H = q_p \tag{4-22}$$

すなわち，定圧の条件で測定された反応熱は，状態量であるエンタルピー変化 ΔH に対応する．このことから，反応熱の測定が化学の重要な一分野となり，多くの反応について基礎データが蓄積された．エンタルピー変化 ΔH の符号は，知りたい化学反応が発熱反応か，吸熱反応かを示してくれる*25．

*25 熱 q の符号と発熱過程および吸熱過程の関係については「図4・5 熱 q と仕事 w の符号」を参照のこと．

発熱過程のとき　$\Delta H < 0$

吸熱過程のとき　$\Delta H > 0$

水素と酸素からの水生成反応を例にとれば，その熱化学方程式は次のように記述される*26．

*26 g は気体（gas），l は液体（liquid），この式では出ていないが，s は固体（solid）を表す．

$$H_2(g) + \frac{1}{2}O_2(g) \rightarrow H_2O(l) \qquad \Delta H = -285.83\ \mathrm{kJ\ mol^{-1}}$$

符号が負であることから，発熱反応であることがわかる．

⑥ 標準生成エンタルピーを説明できる．

4・4・3　標準生成エンタルピーは単体からのエンタルピー変化である

多くの物質についての反応熱が実験で求められている．出発物質や反応の状態に様々な組み合わせがあり得るので，基準を決めておく必要がある．そのために，国際的な約束として，基準の状態が決められた．

標準生成エンタルピー（standard enthalpy of formation）$\Delta_f H°$

圧力が 1 bar = 10^5 Pa において，1 mol の物質がその成分元素の単体から等温的に生成するときの反応熱である．成分元素の単体は，圧力が 1 bar = 10^5 Pa でもっとも安定な物理状態を基準とする．通常，25 ℃ での測定値が表に示されている．

単体の基準状態としては，標準状態*27 で純粋な形として安定に存在する状態である．例えば，水素や酸素では気体，炭素では黒鉛が選ばれる．表4・4に代表的な標準生成エンタルピー値を示した．

*27 標準状態
標準状態は1981年のIUPAC勧告によって，圧力は 1 bar = 10^5 Pa となった．温度についての規定はないが，298.15 K（25 ℃）を用いることが多い．$\Delta_f H°$ の右肩の記号°は標準状態であることを意味する．
圧力を 1 atm（101.325 kPa）にしているデータも多いので，取り扱う際には注意が必要である．

表4・4の $\Delta_f H°$ を用いて，以下の式から任意の反応の標準反応エンタルピー $\Delta_r H°$ を決めることができる．

$$\Delta_r H^\circ = \Delta_f H^\circ(\text{生成物}) - \Delta_f H^\circ(\text{反応物})$$

表 4・4　代表的な分子の標準生成エンタルピー $\Delta_f H^\circ$（298.15 K）

物　質		ΔH°/kJ mol^{-1}
H_2(g)		0
He(g)		0
C(s, graphite)		0
C(s, diamond)	C(s, graphite) ⟶ C(s, diamond)	1.90
N_2(g)		0
O_2(g)		0
Ne(g)		0
Ar(g)		0
CO(g)	C+(1/2)O_2 ⟶ CO	−110.53
CO_2(g)	C+O_2 ⟶ CO_2	−393.51
H_2O(g)	H_2+(1/2)O_2 ⟶ H_2O(g)	−241.82
H_2O(l)	H_2+(1/2)O_2 ⟶ H_2O(l)	−285.83
NO_2(g)	(1/2)N_2+O_2 ⟶ NO_2	33.18
N_2O_4(g)	N_2+2O_2 ⟶ N_2O_4	9.16
CH_4(g)	C+2H_2 ⟶ CH_4	−74.4
C_6H_6(l)	6C+3H_2 ⟶ C_6H_6	49.0
CH_3OH(l)	C+2H_2+(1/2)O_2 ⟶ CH_3OH	−239.1
C_2H_5OH(l)	2C+3H_2+(1/2)O_2 ⟶ C_2H_5OH	−277.1
NH_3(g)	(1/2)N_2+(3/2)H_2 ⟶ NH_3	−46.11

4・4・4　化学方程式のエンタルピー変化には加成性がある

⑦ Hess の熱量加算の法則を説明することができる.
⑧ Hess の熱量加算の法則を使って，反応熱を求めることができる.

定圧条件下での反応過程で生ずる熱はエンタルピー変化 ΔH であり，この反応熱は複数の反応式を経由する反応でも途中の経路に依存せず，最初と最後の状態が決まれば，一意に決まる状態量である．これを Hess（ヘス）の法則という．ただし，符号に注意する必要がある．4・4・2 で述べたように，発熱過程が負，吸熱過程が正となる．この法則は，図 4・12 に示すように，途中の経路に未知の反応経路が含まれていても成立するため，非常に有用な法則である．

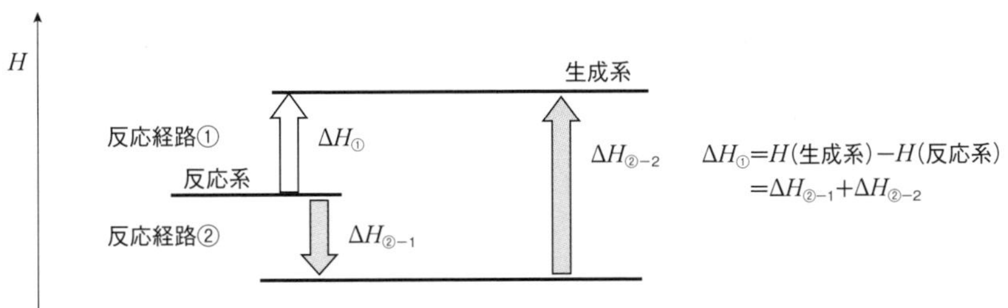

図 4・12　Hess の熱量加算の法則

エンタルピー変化 ΔH は，状態量なので反応経路が異なっても，最初と最後の状態が決まれば，一意に決まる.

既知物質についての標準生成エンタルピーを化学便覧などの表から得て，

Hessの法則を使えば，未知の反応や，直接実験から決定が困難な反応のエンタルピー変化ΔHを求めることができる．たとえば，水からの過酸化水素の生成反応について考えてみよう．
過酸化水素の標準生成エンタルピー

$$H_2(g) + O_2(g) \longrightarrow H_2O_2(l) \qquad \Delta_f H^\circ_1 = -187.78\ \mathrm{kJ\ mol^{-1}}$$

水の標準生成エンタルピー

$$H_2(g) + \frac{1}{2}O_2(g) \longrightarrow H_2O(l) \qquad \Delta_f H^\circ_2 = -285.83\ \mathrm{kJ\ mol^{-1}}$$

以上の2つの標準生成エンタルピーを化学便覧で調べれば，水から過酸化水素が生成する反応エンタルピー（standard reaction enthalpy）$\Delta_r H^\circ$がHessの法則より求められる．

$$H_2O(l) + \frac{1}{2}O_2(g) \longrightarrow H_2O_2(l)$$

$$\Delta_r H^\circ = \Delta_f H^\circ_1 + \Delta_f H^\circ_2 = -187.78 + 285.83 = 98.05\ \mathrm{kJ\ mol^{-1}}$$

4・5 熱容量は熱力学的基本量の1つである

4・5・1 熱容量は物質の温度を1K上昇するのに必要な熱量である

① 熱容量の式（4-24）を説明できる．

物質を加熱したとき，物質内で化学変化が起きなければ，その物質の温度は加えた熱Δqに比例してΔT上昇する．比例定数をCとおけば

$$\Delta q = C\Delta T \qquad (4\text{–}23)$$

と表される．この比例定数Cを熱容量（heat capacity, 単位：J K^{-1}）という．熱容量は，18世紀後半にJ. Black（ブラック）によって発見された．物質の種類によって，同じ熱量でも上昇する温度は異なる．すなわち，熱容量Cは物質に固有の物理量である．

熱の微小変化δq*28によって，系の温度がTから$T+\mathrm{d}T$変化したとき，次の微分形式で表される．

$$C = \frac{\delta q}{\mathrm{d}T} \qquad (4\text{–}24)$$

ここで，熱の微小変化δqは，体積一定の条件（定容）と圧力一定の条件（定圧）で異なるため，熱容量Cには定容熱容量と定圧熱容量の2

*28　熱qは状態量ではなく，変化の経路に依存するため，経路に依存した微小量になる．通常の微小量と区別するために，δqの記号を用いる．

種類がある．

4・5・2　定容熱容量 C_V は定容条件下の熱容量である

定容条件下で出入りする熱 q_V は，4・3・4 より，内部エネルギー変化 ΔU に等しい．

$$q_V = \Delta U \tag{4-13}$$

ここで，微分形式で表すために，内部エネルギー U の微小変化 $\mathrm{d}U$ を考える．

$$\mathrm{d}q_V = \mathrm{d}U \tag{4-25}$$ *29

体積一定条件では，熱の微小変化 δq は内部エネルギー変化 $\mathrm{d}U$ になるため，熱容量は微分形式で表すと

$$C_V = \left(\frac{\partial U}{\partial T}\right)_V \tag{4-26}$$

となる．C_V を定容熱容量（または定積熱容量）という．特に 1 モルあたりの値のとき，定容モル熱容量 $C_{V,\mathrm{mol}}$ という *30．

単原子分子からなる理想気体の内部エネルギー U は第 3 章の気体分子運動論から $U = \dfrac{3}{2}nRT$ であるから，式（4-26）に代入すると，定容熱容量 C_V は

$$C_V = \frac{3}{2}nR \tag{4-27}$$

となる．定容モル熱容量 $C_{V,\mathrm{mol}}$ は，$n = 1\ \mathrm{mol}$ であるから

$$\begin{aligned} C_{V,\mathrm{mol}} &= \frac{3}{2}R \\ &= 12.47\ \mathrm{JK^{-1}\,mol^{-1}} \end{aligned} \tag{4-28}$$

となる．

*29　定容条件下で出入りする熱 q_V は，内部エネルギー変化 ΔU に等しいため，状態量である．よって変化の経路に依存しない通常の微小量 dq_V を用いることができる．

*30　添え字の V は体積が一定であることを意味する．mol は 1 mol あたりの熱容量であることを意味する．

4・5・3　定圧熱容量 C_p は定圧条件下の熱容量である

② 定容熱容量と定圧熱容量の式を説明できる．

通常の実験は大気圧下で行われることが多いので，定圧熱容量が重要である．定圧条件では，4・4 節で述べたように出入りする熱 q_p はエンタルピー変化 ΔH に等しく，状態量である．このとき，系の温度が ΔT だけ上昇したならば，

$$q_p = \Delta H = C_p \Delta T \tag{4-29}$$

と表せる．C_p を定圧熱容量という．熱容量は微分形式で表すと，

$$C_p=\left(\frac{\partial H}{\partial T}\right)_p \tag{4-30}$$

となる．とくに１モルあたりの値のとき，定圧モル熱容量 $C_{p,\mathrm{mol}}$ という．

ここで，定容熱容量 C_V と定圧熱容量 C_p の比較を行ってみよう．式（4-19）

$$q_p = \Delta U+p\Delta V \tag{4-19}$$

と式（4-29）より次式が得られる．

$$q_p = \Delta U+p\Delta V = C_p\Delta T \tag{4-31}$$

$$q_V = \Delta U \tag{4-13}$$

式（4-13）との比較より，定圧条件での熱 q_p は $p\Delta V$ の分，定容条件での熱 q_V より余分に必要であることがわかる．このため，定圧熱容量 C_p は定容熱容量 C_V より大きくなる．式（4-31）の両辺を圧力 p 一定で温度 T で微分すると，以下のようになる．

$$C_p=\left(\frac{\partial U}{\partial T}\right)_p+p\left(\frac{\partial V}{\partial T}\right)_p \tag{4-32}$$

気体の場合について，式（4-32）について考えてみよう．第１項 $\left(\frac{\partial U}{\partial T}\right)_p$ について，内部エネルギーの微小量 dU と体積の微小量 dV を以下のように書くことができる．

$$dU=\left(\frac{\partial U}{\partial V}\right)_T dV+\left(\frac{\partial U}{\partial T}\right)_V dT \qquad (4\text{-}33)^{*31}$$

$$dV=\left(\frac{\partial V}{\partial T}\right)_p dT+\left(\frac{\partial V}{\partial p}\right)_T dp \tag{4-34}$$

式（4-34）の dV を式（4-33）に代入して，圧力一定（$dp=0$）の条件で整理すると，$\left(\frac{\partial U}{\partial T}\right)_p$ が得られる．

$$\begin{aligned} dU&=\left(\frac{\partial U}{\partial V}\right)_T\left\{\left(\frac{\partial V}{\partial T}\right)_p dT+\left(\frac{\partial V}{\partial p}\right)_T dp\right\}+\left(\frac{\partial U}{\partial T}\right)_V dT \\ \left(\frac{\partial U}{\partial T}\right)_p&=\left(\frac{\partial U}{\partial V}\right)_T\left(\frac{\partial V}{\partial T}\right)_p+\left(\frac{\partial U}{\partial T}\right)_V \end{aligned} \qquad (4\text{-}35)^{*32}$$

式（4-35）の結果を式（4-32）に代入すると

$$C_p=\left(\frac{\partial U}{\partial V}\right)_T\left(\frac{\partial V}{\partial T}\right)_p+\left(\frac{\partial U}{\partial T}\right)_V+p\left(\frac{\partial V}{\partial T}\right)_p \tag{4-36}$$

となる．自由（真空）膨張過程（4・3・1節）で述べたように，内部エネルギー U は温度一定のとき，体積変化に依存しないため，$\left(\frac{\partial U}{\partial V}\right)_T$ は

＊31　偏微分の微小量の扱いについては Appendix 1「偏微分」式（A1-3）を参照のこと．各物理量の自然な変数については，Appendix 5「各熱力学的基本量の間の関係式」後半部分を参照のこと．

＊32　$dp=0$ より ｛ ｝の中の第２項目は0になる．

式（4–3）より 0，$\left(\frac{\partial U}{\partial T}\right)_V$ は式（4–26）より定容熱容量 C_V である．よって，式（4–36）は，

$$C_p = C_V + p\left(\frac{\partial V}{\partial T}\right)_p$$
$$C_p - C_V = p\left(\frac{\partial V}{\partial T}\right)_p \quad (4\text{–}37)$$

となる．$p\left(\frac{\partial V}{\partial T}\right)_p$ は理想気体の状態方程式より，体積 $V = \frac{nRT}{p}$ を，圧力一定条件で温度により微分すると，

$$\left(\frac{\partial V}{\partial T}\right)_p = \frac{nR}{p}$$
$$p\left(\frac{\partial V}{\partial T}\right)_p = nR \quad (4\text{–}38)$$

となる．式（4–37）を式（4–36）に代入すると

$$C_p - C_V = nR \quad (4\text{–}39)$$ [*33]

*33　Mayer の関係式とよばれる．

が得られる．すなわち，定圧熱容量と定容熱容量には，理想気体の場合，nR 異なることがわかる．よって，定圧熱容量 C_p は，式（4–27）と（4–39）より，

$$C_p = C_V + nR$$
$$= \frac{5}{2}nR \quad (4\text{–}40)$$

となる．気体においては，通常の条件下でこの差は大きいため，定圧熱容量と定容熱容量は区別して扱う必要がある[*34]．

*34　断熱過程の係数 $\gamma = 5/3$ の値は定圧熱容量 C_p と定容熱容量 C_V の比 C_p/C_V である．

固体や液体では一般に体積 V の温度依存性は小さいため，式（4–37）の右辺，$p\left(\frac{\partial V}{\partial T}\right)_p$ の寄与は小さい．化学データ集には，多くの物質の C_p 値が温度依存性とともに掲載されている．

4・5・4　熱容量と分子構造には関係がある

③ 気体分子の自由度と熱容量との関係を説明できる．

気体の分子運動論より，単原子分子 1 個あたりの並進運動エネルギーは

$$\frac{1}{2}m\langle v^2\rangle = \frac{3}{2}kT \quad (3\text{–}16)$$

である．このとき，分子の並進運動方向は x, y, z の 3 通りであるため，並進運動の自由度は 3 であるという．このことから 1 自由度あたり $(1/2)kT$ のエネルギーが割り当てられていることがわかる．このように各自由度にエネルギーを等しく分配する法則をエネルギー等分配則と

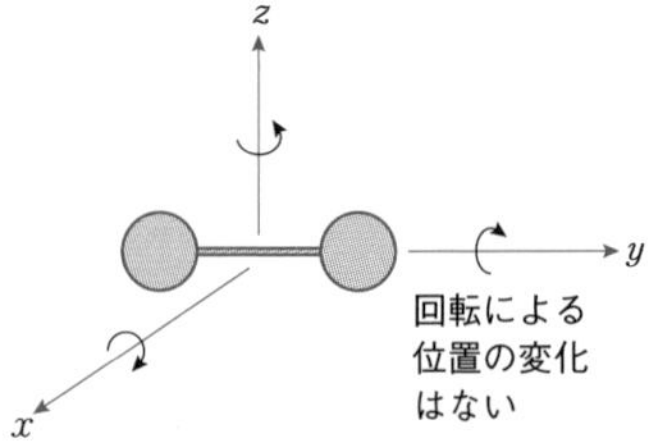

(a)　2原子分子の回転運動の自由度
2原子分子のとき，並進運動の自由度に回転運動の自由度が2つ加わる．

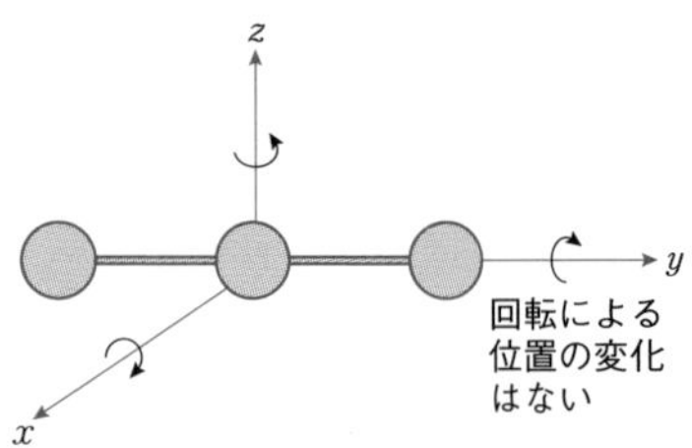

(b)　3原子分子（直線型）の回転運動の自由度
3原子以上の多原子の直線分子では回転運動の自由度は2で，2原子分子と同じである．

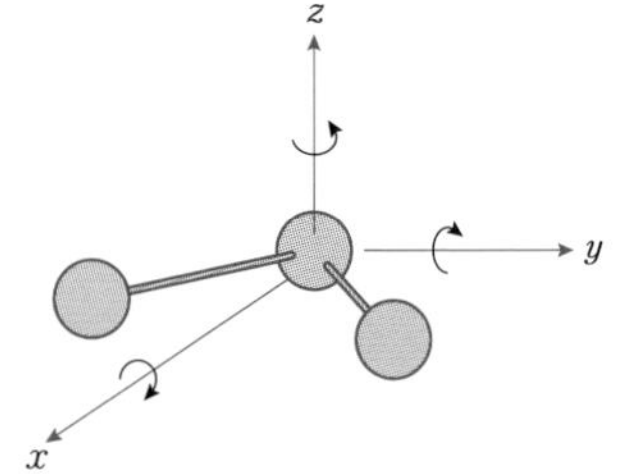

(c)　3原子分子（折れ線型）の回転運動の自由度
3原子以上の多原子の折れ線型分子では回転運動の自由度は3となる．

図4・13

いう．系内の分子数が N 個のときの運動エネルギーは

$$\frac{1}{2}m\langle v^2\rangle \times N = \frac{3}{2}NkT = \frac{3}{2}nRT = U \qquad (3\text{–}22)'$$

となり，n mol の単原子分子の内部エネルギー U が得られる．物質量が1 mol のとき，式（3–22）を温度 T で微分すると，単原子分子の定容モル熱容量 $C_{V,\mathrm{mol}}$ が求まる．

$$C_{V,\mathrm{mol}} = \left(\frac{\partial U}{\partial T}\right)_V = \frac{3}{2}R \qquad (4\text{–}28)$$

2原子分子のとき，並進運動の自由度だけではなく，回転運動の自由度が加わる．図4・13（a）に示したように，回転の自由度として，x 軸まわり，y 軸まわり，および z 軸まわりの3つがあげられる．しかし，y 軸まわりの回転については，分子全体の位置が回転前後で変化がないため，回転運動の自由度は2となる．1自由度あたり（1/2）kT のエネルギーが割り当てられているため，2原子分子の定容モル熱容量 $C_{V,\mathrm{mol}}$ は，以下のようになる．

$$C_{V,\mathrm{mol}} = \frac{3}{2}R + \frac{2}{2}R = \frac{5}{2}R \qquad (4\text{–}41)$$

振動運動による自由度もあるが，振動エネルギーの分布に温度依存性があるため，熱容量への寄与は単純ではない．十分に高温のとき（高温近似），エネルギー等分配則により（1/2）kT のエネルギーが割り当てられるため，定容モル熱容量 $C_{V,\mathrm{mol}}$ は

$$C_{V,\mathrm{mol}} = \frac{5}{2}R + \frac{1}{2}R = 3R \qquad (4\text{–}42)$$

となる．

2原子以上の多原子分子についても，直線分子については回転運動の自由度は2で2原子分子と同じであるため，式（4–41）と同じになる（図4・13（b））．しかし，非直線分子については，図4・13（c）が示すように，回転運動の自由度が3になるため，並進運動と回転運動による定容モル熱容量 $C_{V,\mathrm{mol}}$ は（1/2）R が加わる．

このように，ミクロな分子構造がマクロな熱容量の値に反映されていることがわかる．

演習問題

問1　力学的エネルギーから電磁エネルギーへの変換の例をあげよ．

問2　身近な現象で，運動エネルギーが熱エネルギーに変換されている例と熱エネルギーが運動エネルギーに変換されている例をそれぞれあげよ．

問3　身の回りのもので，孤立系，閉鎖系，開放系の例を1つずつあげよ．

問4　以下の物理量を示強性物理量と示量性物理量にわけよ．
圧力，温度，体積，物質量，質量，密度，屈折率，内部エネルギー

問5　以下の空欄を埋めよ．
　系に熱 q が加わるとき，熱 q の符号は（　　）である．系に外部から加えられる仕事の符号は（　　）である．このとき，熱力学第一法則より，系の内部エネルギー変化は（　　）するため，系の温度は（　　）する．

問6　Jouleの自由（真空）膨張の実験でなぜ理想気体が膨張しても温度が変わらないのか，説明せよ．また実在気体のとき，温度はどうなると予想されるか．

問7　Jouleの自由（真空）膨張の実験で理想気体が膨張する前と後で気体分子の根平均二乗速さはどのように変化するか，説明せよ．

問8　大気圧（1.013×10^5 Pa）のもとで，理想気体からなる系に1000 Jの熱 q を加えたところ，体積が1 dm^3 から5 dm^3 に膨張した．
(1) このときの仕事 w はどれだけか．
(2) このときの内部エネルギー変化 ΔU はどれだけか．

問9　以下の問いに答えよ．
(1)　圧力 p_1，体積 V_1 から $2p_1$，$(1/2)V_1$ まで準静的に圧縮させる過程について，p–V 図に，圧力変化と体積変化の矢印および仕事 w の領域を示せ．次に，圧力 $2p_1$，体積 $(1/2)V_1$ から p_1，V_1 まで準静的に膨張させる逆過程について，p–V 図に，圧力変化と体積変化の矢印および仕事 w の領域を示せ．

(2)　前述のそれぞれの準静的過程について，仕事 w と熱 q を求めよ．

問10　定容下で1 molの理想気体を20℃から100℃に上げたときの内部エネルギー変化 ΔU を求めよ．

問11　以下の問いに答えよ．
(1)　式（4–16）pV^γ = 一定から，断熱過程における温度 T と体積 V の関係式を導け．
(2)　25℃の理想気体を断熱過程で体積を半分にしたときの温度 T を求めよ．

問12　定圧過程で出入りする熱 q が状態量であることを説明せよ．

問 13 表 4・4 には黒鉛からダイヤモンドが生成する反応の標準生成エンタルピー $\Delta_f H^\circ$ を示してあるが，この反応の $\Delta_f H^\circ$ を直接決めることは実験的に不可能である．次の反応で求めた標準反応エンタルピー $\Delta_r H^\circ$ および CO_2 の $\Delta_f H^\circ$ と表 4・4 から，ダイヤモンドの標準生成エンタルピー $\Delta_f H^\circ$ を求め，表 4・4 の値と比較せよ．

$$\mathrm{C(s,\ diamond)} + \mathrm{O_2(g)} \longrightarrow \mathrm{CO_2(g)} \qquad \Delta_r H^\circ = -395.41\ \mathrm{kJ\ mol^{-1}}$$

問 14 表 4・4 の標準生成エンタルピー $\Delta_f H^\circ$ の値および以下の反応の $\Delta_f H^\circ$ の値を使って，(1)～(3) の蒸発過程のエンタルピー変化 ΔH を求めよ（このエンタルピー変化を蒸発エンタルピー（enthalpy of vaporization）$\Delta_{vap} H$ とよぶ）．

$$2\mathrm{C(s)} + 3\mathrm{H_2(g)} + (1/2)\mathrm{O_2(g)} \longrightarrow \mathrm{C_2H_5OH(g)} \qquad \Delta_f H^\circ = -234.8\ \mathrm{kJ\ mol^{-1}}$$
$$6\mathrm{C(s)} + 3\mathrm{H_2(g)} \longrightarrow \mathrm{C_6H_6(g)} \qquad \Delta_f H^\circ = 82.6\ \mathrm{kJ\ mol^{-1}}$$

(1) $\mathrm{H_2O(l)} \longrightarrow \mathrm{H_2O(g)}$
(2) $\mathrm{C_2H_5OH(l)} \longrightarrow \mathrm{C_2H_5OH(g)}$
(3) $\mathrm{C_6H_6(l)} \longrightarrow \mathrm{C_6H_6(g)}$

問 15 表 4・4 の標準生成エンタルピー $\Delta_f H^\circ$ の値を使って，以下の燃焼反応のエンタルピー変化 ΔH を求めよ（このエンタルピー変化を燃焼エンタルピー（enthalpy of combustion）$\Delta_c H$ とよぶ）．また，発熱反応か，吸熱反応か答えよ．

(1) $\mathrm{C_2H_5OH(l)} + 3\mathrm{O_2(g)} \longrightarrow 2\mathrm{CO_2(g)} + 3\mathrm{H_2O(l)}$
(2) $\mathrm{NH_3(g)} + (7/4)\mathrm{O_2(g)} \longrightarrow \mathrm{NO_2(g)} + (3/2)\mathrm{H_2O(l)}$
(3) $\mathrm{C_6H_6(l)} + (15/2)\mathrm{O_2(g)} \longrightarrow 6\mathrm{CO_2(g)} + 3\mathrm{H_2O(l)}$

問 16 表 4・4 の標準生成エンタルピー $\Delta_f H^\circ$ の値および以下の反応の $\Delta_f H^\circ$ の値を使って，(1)～(3) の標準反応エンタルピー $\Delta_r H^\circ$ を求めよ．また，発熱反応か，吸熱反応か答えよ．

$$2\mathrm{C(s)} + 2\mathrm{H_2(g)} + (1/2)\mathrm{O_2(g)} \longrightarrow \mathrm{CH_3CHO(g)} \qquad \Delta_f H^\circ = -166.1\ \mathrm{kJ\ mol^{-1}}$$
アセトアルデヒド

$$6\mathrm{C(s)} + 6\mathrm{H_2(g)} \longrightarrow \mathrm{C_6H_{12}(l)} \qquad \Delta_f H^\circ = -156.4\ \mathrm{kJ\ mol^{-1}}$$
シクロヘキサン

$$6\mathrm{C(s)} + (7/2)\mathrm{H_2(g)} + (1/2)\mathrm{N_2(g)} \longrightarrow \mathrm{C_6H_5NH_2(l)} \qquad \Delta_f H^\circ = 31.3\ \mathrm{kJ\ mol^{-1}}$$
アニリン

(1) $\mathrm{CH_3CHO(g)} + \mathrm{H_2(g)} \longrightarrow \mathrm{C_2H_5OH(l)}$
(2) $\mathrm{C_6H_6(l)} + 3\mathrm{H_2(g)} \longrightarrow \mathrm{C_6H_{12}(l)}$
(3) $\mathrm{C_6H_6(l)} + \mathrm{NH_3(g)} \longrightarrow \mathrm{C_6H_5NH_2(l)} + \mathrm{H_2(g)}$

問 17 以下の問いに答えよ．

(1) 式（4-28）を導け．

$$C_{V,\mathrm{mol}} = \frac{3}{2}R$$

(2) 式（4-39）を導け．

$$C_p - C_v = nR$$

第5章 変化の方向と Gibbs エネルギー

本章ではエネルギーと同様に，熱力学的基本量として重要なエントロピー（entropy, S）について学ぶ．エントロピーは自発変化（spontaneous change）の方向を示すものであり，状態量であるが，エネルギーのような保存量ではない．エントロピーには熱力学的な考え方と統計力学的な考え方の２つがあり，両者は同じ結果を示す．系と外界のエントロピーの和が正の場合，自発変化が生ずる．さらに，考えている系だけの性質で，自然現象や反応の方向を知ることができるので有用な Gibbs エネルギー（Gibbs energy, G）について学ぶ．最初は簡単なモデルとして理想気体からなるシリンダーの系を用いて，エントロピー S の性質を学び，実際の化学反応の系へ適用していく．

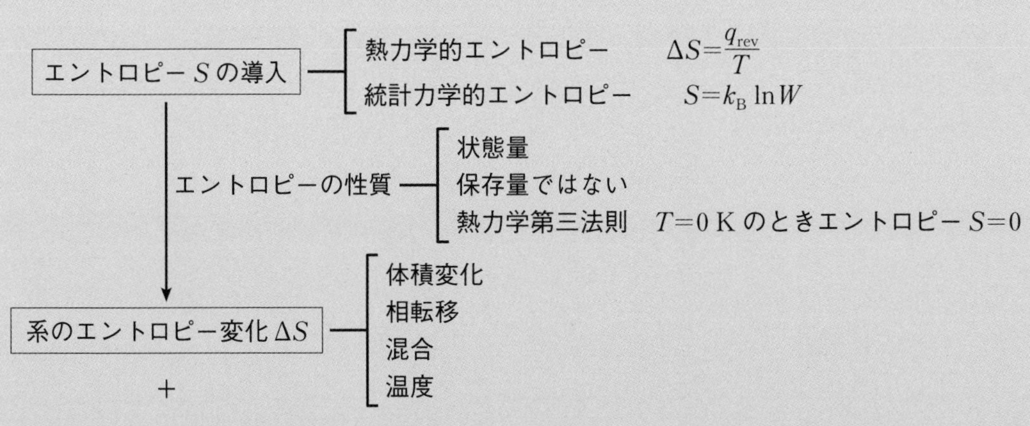

‖

全エントロピー変化 $\Delta S_{total} > 0$ の方向に自発的に進む

熱力学第二法則は自発変化の方向を表す

Gibbs エネルギー変化 $\Delta G < 0$ の方向に反応は進む

$$\Delta G = \Delta H - T\Delta S$$

5・1 エントロピーという新しい状態量を導入する

全エネルギーが変わらないのに，自発的に進行する現象がある．例えば，高温の物体から低温の物体への熱の移動や気体の自由膨張である．また，化学反応においてエネルギーの観点から安定な状態になる反応は発熱反応であるが，実際には吸熱反応で自発的に起こる例もみられる．これらの現象はエネルギーだけが自発的に進行する方向を決めているわけではないことを示しており，変化の方向を理解するにはエネルギーだけでは十分ではなく，新たな熱力学的基本量が必要であることを示している．これがエントロピーである．

5・1・1 熱力学的エントロピーと統計力学的エントロピーの2種類の表現がある

① 熱力学的エントロピーの式を説明できる．
② 統計力学的エントロピーの式を説明できる．

エントロピーの概念を初めて提案したのは R. J. E. Clausius（クラウジウス）であり，熱 q は状態量ではないが，熱を温度で割ったものが状態量であることを示した．ある状態から別の状態への変化におけるエントロピー変化 ΔS を，可逆過程（reversible process）で出入りする熱 q_{rev} を用いて，次式で定義した．

$$\Delta S = \frac{q_{\text{rev}}}{T} \tag{5–1}$$

これを熱力学的エントロピーとよび，単位は J K^{-1} である．上式は，同じ量の q_{rev} でも，高温の系と低温の系では，エントロピー変化 ΔS が異なることを示している．

式（5–1）の本質的な意味はすぐには理解されず，激しい論争をよんだ．L. Boltzmann（ボルツマン）は分子レベルのミクロな視点から，統計力学的エントロピーを提案した．

$$S = k_{\text{B}} \ln W \tag{5–2}$$

ここで k_{B} は Boltzmann 定数（$k_{\text{B}} = R/N_{\text{A}}$），$\ln W$ は粒子の配置の組み合わせの数である微視的状態の数 W（5・1・3で述べる）の自然対数である[*1]．

*1　底を e とする対数を自然対数（natural logarithm）といい，例えば $\log_e X = \ln X$ と書く．

両者の式の形はまったく異なるが，物理化学変化に応用すると，両者は同じ結果を与えることが示されている．

③ 可逆過程（準静的過程）のエントロピー変化を導出することができる.
④ エントロピー変化が状態量であることを説明することができる.

5・1・2 熱力学的エントロピーを使って体積変化に伴うエントロピー変化を求める

気体の等温可逆膨張過程（4・3・3）について，q_{rev} からエントロピーを求めよう（図5・1（a））．系の温度 T 一定で，p_1，V_1 から p_2，V_2 へ，外圧と系の内圧が常に等しくなるように圧力を無限小ずつ変化させる．等温過程では，内部エネルギー変化 ΔU は0である．仕事 w と熱 q は，熱力学第一法則より，以下のような関係になる．

$$\Delta U = 0 = q + w \tag{4-1}$$

より，$q = -w$ となる．式（4–11）より

$$w = -nRT \ln \frac{V_2}{V_1} \tag{4-11}$$

したがって

$$q_{\mathrm{rev}} = nRT \ln \frac{V_2}{V_1} \tag{5-3}$$

となる．上式を式（5–1）に代入すると

$$\begin{aligned} \Delta S &= \frac{q_{\mathrm{rev}}}{T} \\ &= nR \ln \frac{V_2}{V_1} \end{aligned} \tag{5-4}$$

となる．膨張過程では $V_2 > V_1$ であるから，エントロピー変化 ΔS は正

(a) 等温可逆膨張過程（準静的過程）

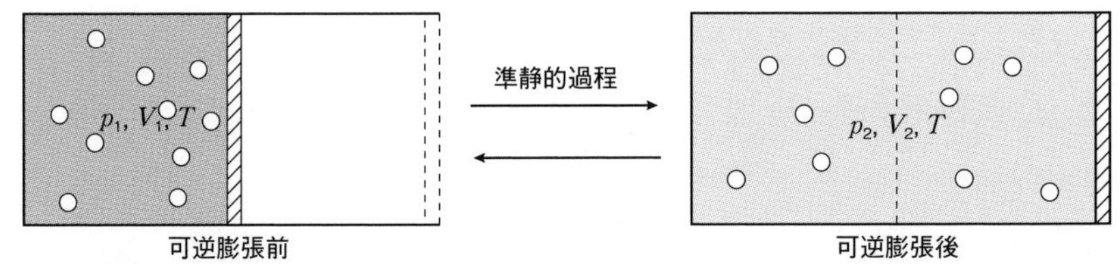

(b) 自由膨張過程（不可逆過程過程）

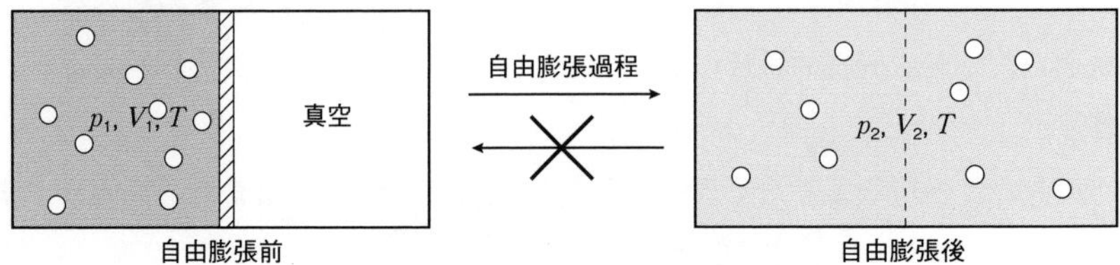

図5・1 体積変化によるエントロピー変化

等温可逆過程（a）と自由膨張過程（b）の膨張前の圧力，体積と温度条件と膨張後の圧力，体積と温度条件はそれぞれ同じである．

の値になる．したがって，膨張によるエントロピー変化ΔSは正であることを示している．

上記の結果は，ΔSが変化前の体積V_1と変化後の体積V_2で決まることを示している．すなわちΔSは途中の経路に依存しない状態量である（図5・2）．始状態から終状態への経路はいろいろあり，出入りする熱は経路によって異なる*2．しかし，経路には依存しない状態量であるエントロピーの変化量ΔSは，不可逆過程であっても可逆変化過程で出入りする熱q_{rev}から計算できることを記憶にとどめてほしい．

*2　可逆変化過程で出入りする熱q_{rev}が不可逆過程に伴う熱q_{irr}より大きくなる（$q_{rev}>q_{irr}$）．このことについては5・4のClausiusの不等式（式(5-44)）のところでふれる．より詳しくは，「Appendix 4　Clausiusは熱力学的エントロピーを発見した」を参照のこと．熱q_{irr}のirrは不可逆過程（irreversible process）の略である．

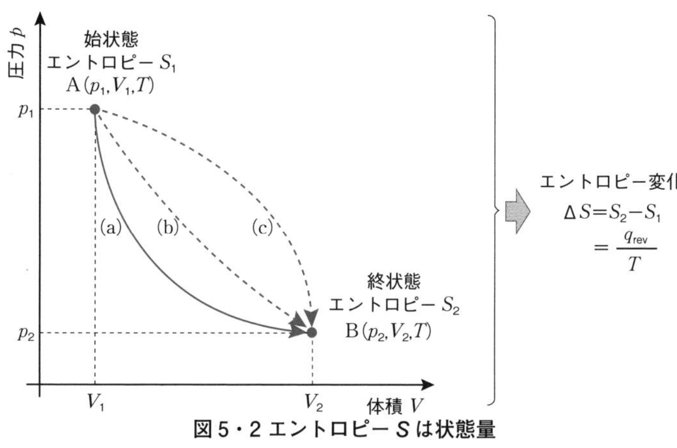

図5・2 エントロピーSは状態量

エントロピー変化ΔSは状態量であるため，不可逆過程の場合でも，可逆過程において出入りする熱q_{rev}を使って計算する．

(a) 等温可逆膨張過程（準静的過程），
(b), (c) 不可逆過程の例（経路は無限にありうる）

$$\Delta S = S_2 - S_1 = \frac{q_{rev}}{T}$$

*3　ここでは簡単のため，位置の分布のみ考えて，速度の分布は考えないものとする．

5・1・3　統計力学的エントロピーを使って体積変化に伴うエントロピー変化を求める

⑤ 自由膨張をミクロな視点から図示することができる．
⑥ 状態数Wを説明することができる．
⑦ 自由膨張過程におけるエントロピー変化の計算で，状態数Wの計算をすることができる．
⑧ 統計力学的エントロピーの式で自由膨張過程のエントロピー変化を求めることができる．
⑨ 熱力学的エントロピー変化と統計力学的エントロピー変化が等しいことを示すことができる．

本節ではミクロな視点からの式$S=k_B \ln W$を使って，前節と同じように等温膨張過程におけるΔSを求め，その結果を熱力学的エントロピーからの結果と比較する．

等温膨張過程において気体分子が容器内でとりうる分布を考えてみよう*3．始めに左半分の領域（領域Aとする）にいた分子が，仕切りを外して右半分の領域（領域Bとする）を含めた全体に膨張したとする（図5・1 (b)，表5・1）．この過程は，自由（真空）膨張過程と同じである*4．簡単のために，AとBの体積は等しいとおき，全分子数$N=12$の場合を例にとる．AおよびBそれぞれに存在する気体分子数の分布は表5・1に示したように，13通りが可能である．

*4　4・3・1　自由（真空）膨張過程を参照のこと．この過程では，温度Tは変わらない．

それぞれの場合について組み合わせの数を求める．1個の気体分子が容器内でAまたはBに存在する確率は等しく，組み合わせの数は${}_{12}C_r$ $(r=0〜12)$になる*5．これらの組み合わせの数を微視的状態の数Wと

*5　組み合わせの計算式は以下のようになる．

$${}_nC_r = \frac{n(n-1)(n-2)\cdots(n-r+1)}{r(r-1)(r-2)\cdots3\cdot2\cdot1} = \frac{n!}{r!(n-r)!}$$

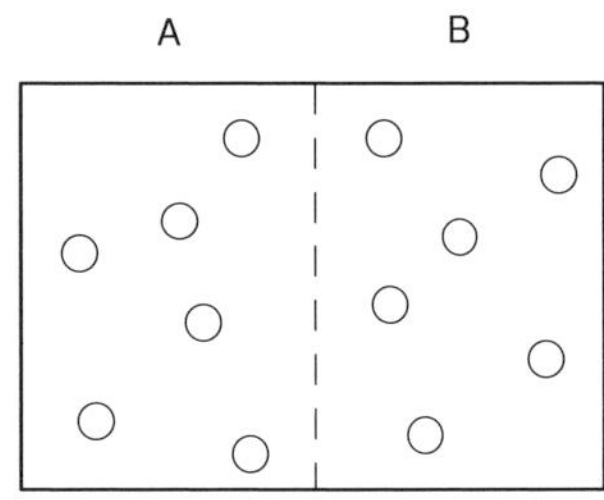

表 5・1　粒子分布の組合せの数

A にいる粒子数	B にいる粒子数	微視的状態の数	確率	相対的確率
12	0	1	0.0002	0.001
11	1	12	0.0029	0.013
10	2	66	0.0161	0.071
9	3	220	0.0537	0.238
8	4	495	0.1208	0.535
7	5	792	0.1934	0.857
6	6	924	0.2256	1.000
5	7	792	0.1934	0.857
4	8	495	0.1208	0.535
3	9	220	0.0537	0.238
2	10	66	0.0161	0.071
1	11	12	0.0029	0.013
0	12	1	0.0002	0.001

いう．ある場合の微視的状態の数 W が大きいということは，その場合をとる確率が高いことを意味する．$N=12$ の場合は．A と B の領域に 6 個ずつ同じ数だけ分布している場合の微視的状態の数 W が最も大きい．逆に A あるいは B の領域だけに 12 個全部ある場合の微視的状態の数が最も小さい．すなわち，A，B のどちらの領域も同じ圧力になっている状態が最も起こりやすく，逆にどちらか一方の領域に全気体分子が片寄っている状態が最も起こりにくいことを示している．

上記の気体分子の微視的状態の数の確率計算の結果は，等温膨張過程において，その前後でエネルギーは不変であるのに，A，B 領域とも均一な分布がもっとも起こりやすく，また分布が片寄った初めの状態に自発的に戻ることはないことと対応している．微視的状態の数 W が大きいほど起こりやすいので，W と対数関数（$S=k_B \ln W$）[*6] で関係づけられるエントロピー S が大きいほど，その現象が起こりやすいことを示唆している．

等温膨張過程によって，体積 V_1 から V_2 に膨張したとき，1 個の粒子が V_1 に存在する確率は V_1/V_2 となる．粒子が N 個の場合，N 個の粒子全てが V_1 にある確率は（V_1/V_2）^{N} に比例する[*7]．すなわち，微視的状態の数 W_1 と W_2 の間の関係式は

$$W_1=\left(\frac{V_1}{V_2}\right)^N W_2 \tag{5-5}$$

となる．膨張前のエントロピーを S_1，膨張後のエントロピーを S_2 とすると，等温膨張によるエントロピー変化 ΔS は，式（5–5）を考慮すると

*6　対数関数は単調増加関数である．

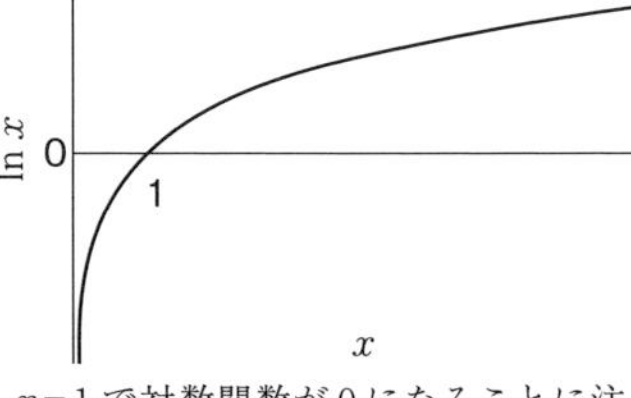

$x=1$ で対数関数が 0 になることに注意．

*7　1 個の気体分子が V_1 の領域だけに存在する確率と V_2 の領域（V_1 の領域も含んでいる）に存在する確率の比は，体積比 V_1 / V_2 になる（下図参照）2 個の気体分子の場合（V_1/V_2）×（V_1/V_2）＝（V_1/V_2）^{2} となる．N 個の気体分子の場合（V_1/V_2）を N 回かけることになるので，（V_1/V_2）^{N} となる．

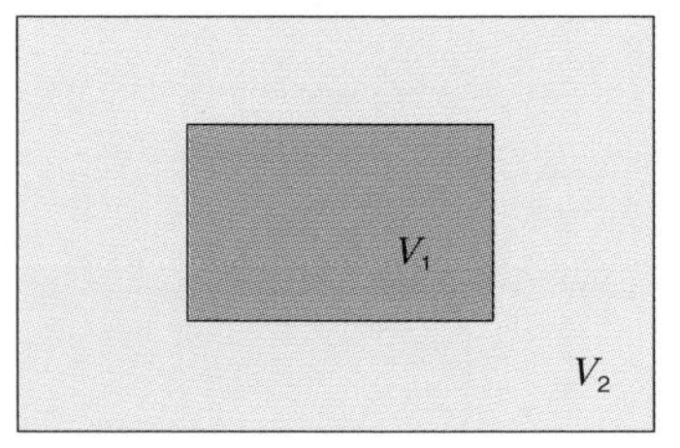

$$\begin{aligned}\Delta S &= S_2 - S_1\\ &= k_B \ln W_2 - k_B \ln W_1\\ &= k_B \ln \frac{W_2}{W_1} = k_B \ln \left(\frac{V_2}{V_1}\right)^N\\ &= Nk_B \ln \frac{V_2}{V_1} = nR \ln \frac{V_2}{V_1} \qquad (5\text{–}6)\end{aligned}$$

となる*8．気体分子の分布の組み合わせの確率論から始めた計算であるが，結果はマクロな物理量である体積 V と物質量 n で表されることがわかる．すなわち，微視的状態の数 W を具体的に計算することなく，ΔS がマクロな物理量である体積 V の比と物質量 n から求められることがわかる．

*8　n は物質量である．式の変形の最後のところで，以下の関係式を用いた．

$$k_B = \frac{R}{N_A},\ n = \frac{N}{N_A}$$

以上のようにして得られた式（5–6）は，熱力学的エントロピー式（5–1）を使って求めた結果（式（5–4））と同じである．すなわちミクロな視点から得られる熱力学的エントロピー式（5–1）とマクロな視点から得られる統計力学的エントロピー式（5–2）は同じ内容を扱っていることを示している．

さらに，気体分子の分布の組み合わせは，膨張過程が準静的に進行するのか，自由膨張で進行するのか，にかかわらないことから，エントロピーが経路に依存しない状態量であることがわかる．

5・2　系のエントロピー変化を求める

前節の熱力学的エントロピーと統計力学的エントロピーの一般論から，エントロピーの概要が示され，可逆過程で生成する熱 q_{rev} を温度 T で割った物理量が統計的な起こりやすさを反映していることがわかった．本節では具体的に，いくつかの変化過程について系のエントロピー変化を計算により求める．

5・2・1　相転移に伴うエントロピー変化を計算する

① 融解によるエントロピー変化を求めることができる．
② 蒸発によるエントロピー変化を求めることができる．

相転移過程では，系の温度は一定のまま，外界からの熱の流入あるいは外界への熱の流出によって，固体と液体あるいは液体と気体の成分量が変わる．相転移温度（融点や沸点）における ΔS の計算において，次の条件をもとにしている．

(1) 相転移温度では，系の温度が一定である．
(2) 相転移温度では，熱は可逆的に出入りする．
(3) 定圧力下での相転移なので，出入りする熱は物質のエンタルピー変化に等しい．

すなわち，融解エンタルピー（enthalpy of fusion）を $\Delta_{\mathrm{fus}}H$，蒸発エンタルピー（enthalpy of vaporization）を $\Delta_{\mathrm{vap}}H$ と表すと，融点では $q_{\mathrm{rev}}=\Delta_{\mathrm{fus}}H$，沸点では $q_{\mathrm{rev}}=\Delta_{\mathrm{vap}}H$ とおける．

したがって，融点（melting point），沸点（boiling point）をそれぞれ T_{m}，T_{b} とすると

$$\text{融解によるエントロピー変化：}\Delta_{\mathrm{fus}}S=\frac{\Delta_{\mathrm{fus}}H}{T_{\mathrm{m}}} \tag{5-7}$$

$$\text{蒸発によるエントロピー変化：}\Delta_{\mathrm{vap}}S=\frac{\Delta_{\mathrm{vap}}H}{T_{\mathrm{b}}} \tag{5-8}$$

が得られる．

例題　1 mol の氷の融解による系のエントロピー変化 ΔS を求めよ．氷から水への融解エンタルピー $\Delta_{\mathrm{fus}}H$ は，273.15 K において 6.01 kJ mol^{-1} とする．

解答

氷は 273.15 K で氷から水になる．この過程は可逆過程であることに注意してほしい．外界から系に融解熱 $\Delta_{\mathrm{fus}}H$ が移動するので，系のエントロピー変化 ΔS は

$$\Delta S=\frac{\Delta_{\mathrm{fus}}H}{T_{\mathrm{m}}}=\frac{6.01\times10^{3}}{273.15}=22.0\ \mathrm{J\ K^{-1}}$$

と求められる．

③ 気体の混合過程をミクロな視点から図示することができる．
④ 混合による系のエントロピー変化 ΔS を求めることができる．
⑤ 混合による全エントロピー変化を求めることができる．

5・2・2　気体の混合により系のエントロピーは増大する

2 種類の気体の混合による系のエントロピー変化について考える．それぞれの気体を気体 1 と気体 2 とする．混合前の気体 1 と気体 2 の圧力 p と温度 T は等しく，体積と物質量がそれぞれ V_1，n_1 と V_2，n_2 としよう．これらの気体の混合によるエントロピー変化 ΔS を求めてみよう（図 5・3）．

この場合，それぞれの気体の圧力 p と温度 T は同じで，反応は起こっていないので，混合後も全圧力 p と温度 T は変化しない．

それぞれの気体が理想気体であれば，気体分子同士の相互作用はないので，それぞれの気体が等温膨張したと考えることができる．すなわち，5・1 の等温膨張過程と同様に考えて，気体 1 については体積 V_1 から V_1+V_2 に膨張したときの ΔS_1（図 5・3（b）），気体 2 については体積 V_2 から V_1+V_2 に膨張したときの ΔS_2 が求められる（図 5・3（c））．エントロピー変化 ΔS は状態量であるので，系のエントロピー変化 ΔS は

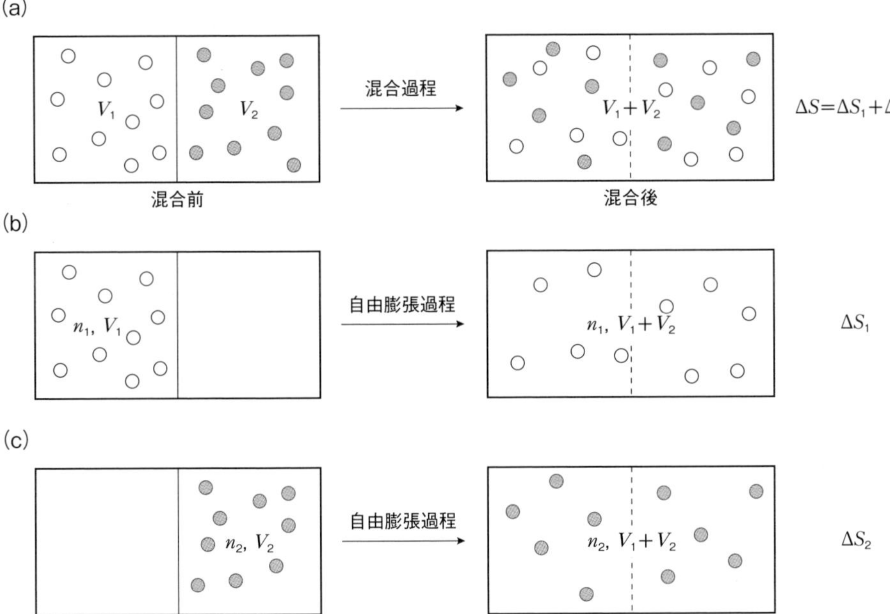

図 5・3　混合によるエントロピー変化．温度 T は一定とする．
混合によるエントロピー変化 ΔS は，気体 1 についてのエントロピー変化 ΔS_1（図（b）），気体 2 についてのエントロピー変化 ΔS_2（図（c））の和になる．

$$\Delta S = \Delta S_1 + \Delta S_2 \tag{5-9}$$

となる．

気体 1 のエントロピー変化は式（5-4）を使うと

$$\Delta S_1 = n_1 R \ln\left(\frac{V_1+V_2}{V_1}\right) \tag{5-10}$$

となる．ここで，理想気体の状態方程式より

$$p(V_1+V_2)=(n_1+n_2)RT$$

であるから

$$\frac{V_1+V_2}{V_1}=\frac{n_1+n_2}{n_1} \tag{5-11}$$

となり，体積比はモル比に置き換えられる．よって

$$\Delta S_1 = n_1 R \ln\left(\frac{V_1+V_2}{V_1}\right) = n_1 R \ln\left(\frac{n_1+n_2}{n_1}\right) \tag{5-12}$$

となる．気体 2 についても同様に考えると，次式で表すことができる．

$$\Delta S_2 = n_2 R \ln\left(\frac{V_1 + V_2}{V_2}\right) = n_2 R \ln\left(\frac{n_1 + n_2}{n_2}\right) \qquad (5\text{–}13)$$

よって，気体の混合による系のエントロピー変化ΔSは

$$\Delta S = \Delta S_1 + \Delta S_2 = n_1 R \ln\left(\frac{n_1 + n_2}{n_1}\right) + n_2 R \ln\left(\frac{n_1 + n_2}{n_2}\right) \quad (5\text{–}14)$$

となる．ここで

$$\frac{V_1 + V_2}{V_1} > 1, \qquad \frac{V_1 + V_2}{V_2} > 1$$

あるいは

$$\frac{n_1 + n_2}{n_1} > 1 \qquad \frac{n_1 + n_2}{n_2} > 1$$

より，系のエントロピー変化$\Delta S_{系}$は正になることがわかる．以上の結果は，自発変化である気体の混合過程において，エントロピーが増大することを示している．

⑥ 定圧条件下での温度変化による系のエントロピー変化ΔSを求めることができる．

5・2・3　温度変化に伴う系のエントロピー変化を求める

定圧条件下において，温度が変化する条件のときの系のエントロピー変化ΔSを求めてみよう．本来，式（5–1）は，ある温度Tにおいて可逆的に出入りする熱q_{rev}に伴うエントロピー変化と定義されている．しかしながら，出入りする熱が無限小とすることで，その積分により有限の温度変化に伴う系のエントロピーを計算することができる．微小量の熱δqが出入りしたときのエントロピーの微小変化量$\mathrm{d}S$は，5・1節の熱力学的エントロピーの式（5–1）から

$$\mathrm{d}S = \frac{\delta q}{T} \qquad (5\text{–}15)$$

となる[*9]．ここで，可逆過程における状態変化を考える．すなわち，系と外界（熱源）との温度差がなく，平衡状態を保ったまま[*10]，熱δqの出入りによって系の温度が変化しないぐらいの微小変化であれば，温度勾配が無視できるので可逆過程と考えてよい．系の温度が$T_1 \rightarrow T_2$と変化するときは，各温度Tにおいて微小量の熱δqが出入りしたと考えると，各温度Tにおいて上式を加えていくことで，系のエントロピー変化ΔSは

＊9　熱qは状態量ではなく，経路に依存するため，微小量もδqとして表し，状態量である微小量の表し方と区別して書く．

＊10　温度差があると，低温部分から高温部分への熱移動が起こらないため，不可逆過程になる．

$$\Delta S=\int_{T_1}^{T_2}\frac{\delta q}{T} \tag{5-16}$$

のように積分の形で表されることになる．ここで，定圧条件下の熱の出入りはエンタルピー変化 ΔH であるから[*11]，定圧熱容量 C_p を用いる．

$$C_p=\left(\frac{\partial H}{\partial T}\right)_p \tag{4-30}$$

式（4-30）の両辺に $\mathrm{d}T$ をかけると

$$\mathrm{d}q_p=\mathrm{d}H=C_p\mathrm{d}T \tag{5-17}$$

となり，微小量の熱 δq を定圧熱容量 C_p で表すことができる．ここで，熱 $\mathrm{d}q_p$[*12] は定圧条件下の微小量の熱という意味なので，微小量のエンタルピー変化 $\mathrm{d}H$ に等しくなる．この関係式を式（5-16）に代入すると，定圧条件下での系のエントロピー変化 ΔS の温度依存性の式が得られる．

$$\Delta S=\int_{T_1}^{T_2}\frac{\mathrm{d}q_p}{T}=\int_{T_1}^{T_2}\frac{C_p}{T}\mathrm{d}T \tag{5-18}$$

とくに温度変化の範囲 T_1～T_2 で定圧熱容量 C_p が一定のとき，C_p を定数として積分の前に出すことができるので，次式のように表すことができる．

$$\begin{aligned}\Delta S&=\int_{T_1}^{T_2}\frac{C_p}{T}\mathrm{d}T=C_p\int_{T_1}^{T_2}\frac{\mathrm{d}T}{T}\\&=C_p\ln\frac{T_2}{T_1}\end{aligned} \tag{5-19}$$

対数関数は単調増加関数なので，温度が上昇するとエントロピー変化 ΔS は増加することがわかる[*13]．

例題　1 mol の 200 K の窒素気体からなる系を定圧下で 400 K まで温度を上げたときの系のエントロピー変化を求めよ．ただし，窒素気体の定圧モル熱容量 $C_{p,\mathrm{mol}}$[*14] を 29.1 $\mathrm{JK^{-1}\,mol^{-1}}$ で一定の値をとるものとする．

解答

1 mol の窒素気体が 200 K から 400 K へ変化することによる系のエントロピー変化 ΔS は，この温度範囲では，窒素気体の定圧モル熱容量 $C_{p,\mathrm{mol}}$ は一定であるので，式（5-19）より

＊11　4・4　エンタルピーの節を参照．

＊12　定圧条件下の $\mathrm{d}q_p$ は状態量であるため，δq とは書かない．

＊13　温度が上昇するとエントロピーが増加するのは，温度が高いほど，とりうる微視的状態の数 W が増えるからである．例えば，絶対零度では最低エネルギーの状態のみになるため，微視的状態の数 W は1通りになるが（5・3・2節を参照），温度が高くなると種々の微視的状態がとれるようになる．

＊14　$C_{p,\mathrm{mol}}$ は 1 mol あたりの定圧熱容量，すなわち定圧モル熱容量を表す．定義より $C_p=n\times C_{p,\mathrm{mol}}$ の関係式が得られる．

$$\Delta S = n \times C_p \int_{T_1}^{T_2} \frac{\mathrm{d}T}{T} = 1 \times 29.1 \times \int_{200}^{400} \frac{\mathrm{d}T}{T}$$
$$= 29.1 \times \ln \frac{400}{200}$$
$$= 20.2 \quad \mathrm{J\,K^{-1}}$$

となる．n は物質量であり，ここでは 1 mol になる．

⑦ 定容条件下での温度変化による系のエントロピー変化 ΔS を求めることができる．
⑧ エントロピー変化が状態量であることを説明することができる．

5・2・4　異なる経路での状態変化を比較する

異なる経路での状態変化について ΔS を求め，エントロピーが途中の経路に依存しない状態量であることを確認してみよう．図 5・4 に示すように n mol の気体からなる系が状態 A（p_1, V_1, T_1）から状態 C（p_2, V_2, T_1）へ等温条件で準静的に変化する可逆膨張過程（過程①）と，定圧条件で状態 A（p_1, V_1, T_1）から状態 B（p_1, V_2, T_2）に変化（過程②）したのち，定容条件で状態 C（p_2, V_2, T_1）に変化する過程（過程③）による系のエントロピー変化 ΔS を比較する．

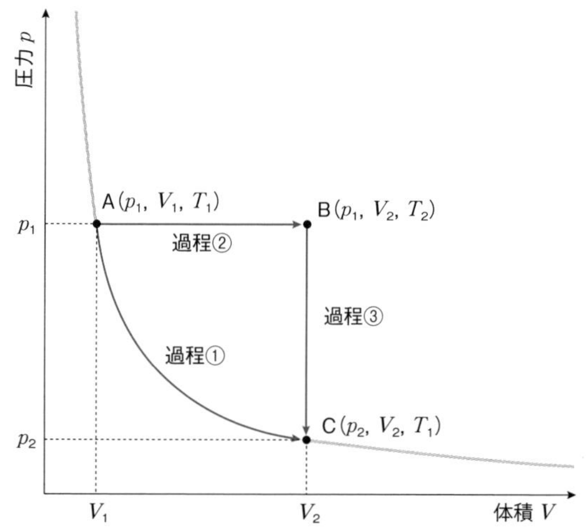

図 5・4　等温可逆過程と 2 段階過程
過程①における系のエントロピー変化 ΔS と過程②+③における系のエントロピー変化 ΔS は一致する．エントロピー変化は経路に依存しない状態量である．

過程①：状態 A（p_1, V_1, T_1）から状態 C（p_2, V_2, T_1）へ等温条件で準静的な変化．

エントロピー変化は，式（5-4）より，次式で表される．

$$\Delta S(1) = nR \ln \frac{V_2}{V_1} \qquad (5\text{-}4)$$

過程②：定圧条件における状態 A（p_1, V_1, T_1）から状態 B（p_1, V_2, T_2）への変化．

エントロピー変化 $\Delta S(2)$ は，式（5-19）より，次式で表される．

$$\Delta S(2) = C_p \ln \frac{T_2}{T_1} \qquad (5\text{-}19)'$$

過程③：定容条件下における，状態B（p_1, V_2, T_2）から状態C（p_2, V_2, T_1）への変化．

定容条件下の熱の出入りは内部エネルギー変化 ΔU に等しいから[*15]，定容熱容量 C_V を用いる．

*15　4・3・4　定容変化の節を参照．

$$C_V = \left(\frac{\partial U}{\partial T}\right)_V \qquad (4\text{-}26)$$

式（4-26）から

$$\mathrm{d}q_V = \mathrm{d}U = C_V \mathrm{d}T \qquad (5\text{-}20)$$

となり，微小量の熱 δq を定容熱容量 C_V で表すことができる．ここで，熱 $\mathrm{d}q_V$ は定容条件下の微小量の熱という意味なので，微小量の内部エネルギー変化 $\mathrm{d}U$ に等しい．この関係式を式（5-16）に代入すると，定容条件下での系のエントロピー変化 $\Delta S(3)$ の温度依存性の式が得られる．

$$\Delta S(3) = \int_{T_2}^{T_1} \frac{\mathrm{d}q_V}{T} = \int_{T_2}^{T_1} \frac{C_V}{T} \mathrm{d}T \qquad (5\text{-}21)$$

とくに温度変化の範囲 $T_1 \sim T_2$ で定容熱容量 C_V が一定のとき，次式のように表すことができる．

$$\Delta S(3) = C_V \ln \frac{T_1}{T_2} \qquad (5\text{-}22)$$ [*16]

*16　温度 T が T_2 から T_1 に変化するときのエントロピー変化なので，対数の真数部分の分数が式（5-19）と逆になっていることに注意．

以上から，定圧条件，定容条件のいずれにしても，温度が上昇するにつれてエントロピーが増大することがわかる．

過程②と③を合わせた系のエントロピー変化 $\Delta S(2,3)$ は，式（5-19）′と式（5-22）の和となる．

$$\begin{aligned}\Delta S(2,3) &= \Delta S(2) + \Delta S(3) \\ &= C_p \ln \frac{T_2}{T_1} + C_V \ln \frac{T_1}{T_2} \qquad (5\text{-}23)\end{aligned}$$

ここで定圧熱容量 C_p と定容熱容量 C_V との関係式（Mayer の関係式）

$$C_p - C_V = nR \tag{4-39}$$

を考慮すると，式（5–23）は以下のように表される．

$$\begin{aligned}\Delta S &= C_p \ln \frac{T_2}{T_1} + (C_p - nR) \ln \frac{T_1}{T_2} \\ &= C_p \ln \frac{T_2}{T_1} + (nR - C_p) \ln \frac{T_2}{T_1} \\ &= nR \ln \frac{T_2}{T_1}\end{aligned} \tag{5-24}$$

さらに，Charlesの法則より，状態A（p_1, V_1, T_1）と状態B（p_1, V_2, T_2）について次の関係が成立する．

$$\frac{T_2}{T_1} = \frac{V_2}{V_1} \tag{5-25}$$

上式を式（5–24）に代入すると

$$\Delta S(2,3) = nR \ln \frac{V_2}{V_1} \tag{5-26}$$

となる．すなわち，過程①におけるエントロピー変化$\Delta S(1)$と，過程②と過程③を経由したエントロピー変化$\Delta S(2,3)$は一致する．よって，エントロピー変化は経路に依存しない状態量であることが示された．

5・3 熱力学第二法則は自然現象の方向を，第三法則はエントロピーの原点を教える

① W. Thomsonの原理を説明することができる．
② R. J. E. Clausiusの原理を説明することができる．
③ エントロピー増大の法則を説明することができる．

5・3・1 熱力学第二法則は自発変化の方向を表す

前節までに，自然現象が進む方向にエントロピー変化ΔSが関わっていることをみてきた．また，いくつかの系についてΔSの値を求める方法について学んだ．自発変化の方向を表す法則は，熱力学第二法則とよばれる．

・自発変化は，孤立系のエントロピーが増大する方向に進む．

すなわち，宇宙は孤立系なので，自発変化により宇宙のエントロピーは最大方向に進み，秩序状態から乱雑状態に向かう*17ことが示唆されている．

また，熱力学第二法則には，別の表現もある．

*17　ここで使われている「乱雑」とは，日常生活で使われている意味よりも幅広い意味を持っていることに注意してほしい．例えば，「高温の物質は，低温の物質に比べて無秩序な熱運動が激しい．すなわち，物質内部における原子・分子間の距離が統一性なく大きな変動を行っている．このような状態は『乱雑さ』が大きい」のように，秩序性が無くなることを意味する．

・低温の物体から高温の物体へ熱がひとりでに移動することはない（Clausius の原理）.

・1つの熱源から熱をうばい，自然界に何の影響も残さず，これをすべて仕事に変えることはできない（Thomson（トムソン）[*18] の原理）.

＊18　W. Thomson，英国の物理学者．のちの Kelvin 卿である．

ここで記述されている原理は，仕事が熱やエネルギーとの間で定量的な互換性があることを表した熱力学第一法則と異なって，自然現象の方向性を示唆している．それには，乱雑さを表すエントロピー変化が重要な指標である．

熱力学第二法則には表現の違いがあるが，これらは同等であることが証明されている．

5・3・2　エントロピーは絶対値が決められる熱力学的基本量である

④ 熱力学第三法則を説明することができる．
⑤ 標準エントロピーを説明することができる．
⑥ 標準生成エントロピーを説明することができる．

エントロピー S は，絶対値が決められる熱力学的基本量である[*19]．任意の温度 T における絶対エントロピー $S(T)$ は，以下のように求められる（図5・5）．

＊19　ここでは，理想気体ではなく，一般的な物質（固体・液体・気体）について考えるため，振動エネルギー準位，回転エネルギー準位への内部エネルギーの分配を考慮することになる．

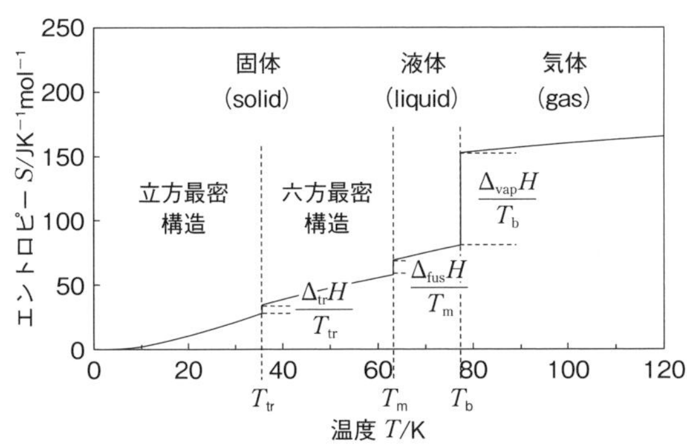

図5・5　窒素のエントロピー S の温度依存性

熱力学第三法則より，温度 $T=0$ K で，$S(0)=0$ である．エントロピー S は絶対値が決められる熱力学的基本量である．温度変化によるエントロピー変化に加えて，融点 T_m（63.15 K），沸点 T_b（77.36 K）のような相転移点で，相転移によるエントロピー変化が加わる．35.6 K では，立方最密構造から六方最密構造への相転移によるエントロピー変化 $\frac{\Delta_{tr}H}{T_{tr}}$ が加わる．ここで T_{tr} は転移温度，$\Delta_{tr}H$ は転移熱である．

温度 $T=0$ K で，欠陥がない完全結晶の状態では，状態数 $W=1$ としてよいから[*20]，統計力学的エントロピーの式（5-2）に代入すると，

$S(0)=0$ となる．これはエントロピーの基準であり，熱力学第三法則とよばれる．

＊20　取りうる組み合わせの数が1通りしかない，ということである．

熱力学第三法則

純粋な物質の完全結晶のエントロピーは絶対零度で 0 である.

この状態から温度を上げていくと，温度変化によるエントロピー変化より，式（5–18）を使うと以下の式となる[*21].

$$S(T) = \int_0^T \frac{C_{p,s}}{T} \mathrm{d}T \tag{5–27}$$

ここで $C_{p,s}$ は固体（solid）の定圧熱容量である．図 5・5 で温度が 0 K から融点 T_m までの範囲のエントロピーである[*22].

温度上昇に伴い，相転移点（融点 T_m）に達すると，5・2・1，氷の融解の例題でふれたように

$$S(T) = \int_0^{T_\mathrm{m}} \frac{C_{p,s}}{T} \mathrm{d}T + \frac{\Delta_\mathrm{fus} H}{T_\mathrm{m}} \tag{5–28}$$

となり，第 2 項に相転移によるエントロピー変化が加わる．ここで $\Delta_\mathrm{fus} H$ は融解エンタルピーである．図 5・5 で温度が融点 T_m のところで急に上昇している部分が融解によるエントロピー変化である.

さらに温度をあげて，液体領域では

$$S(T) = \int_0^{T_\mathrm{m}} \frac{C_{p,s}}{T} \mathrm{d}T + \frac{\Delta_\mathrm{fus} H}{T_\mathrm{m}} + \int_{T_\mathrm{m}}^{T} \frac{C_{p,l}}{T} \mathrm{d}T \tag{5–29}$$

となり，第 3 項に温度変化によるエントロピー変化が加わる．ここで $C_{p,l}$ は液体（liquid）の定圧熱容量である．図 5・5 で温度が融点 T_m から沸点 T_b までの範囲のエントロピーである.

さらに温度を上げると，相転移点（沸点 T_b）で

$$S(T) = \int_0^{T_\mathrm{m}} \frac{C_{p,s}}{T} \mathrm{d}T + \frac{\Delta_\mathrm{fus} H}{T_\mathrm{m}} + \int_{T_\mathrm{m}}^{T_\mathrm{b}} \frac{C_{p,l}}{T} \mathrm{d}T + \frac{\Delta_\mathrm{vap} H}{T_\mathrm{b}} \tag{5–30}$$

となり，第 4 項に相転移によるエントロピー変化が加わる．ここで $\Delta_\mathrm{vap} H$ は蒸発エンタルピーである．図 5・5 で温度が沸点 T_b のところで急に上昇している部分が蒸発によるエントロピー変化である.

さらに温度をあげると

$$S(T) = \int_0^{T_\mathrm{m}} \frac{C_{p,s}}{T} \mathrm{d}T + \frac{\Delta_\mathrm{vap} H}{T_\mathrm{m}} + \int_{T_\mathrm{m}}^{T_\mathrm{b}} \frac{C_{p,l}}{T} \mathrm{d}T + \frac{\Delta_\mathrm{vap} H}{T_\mathrm{b}} + \int_{T_\mathrm{b}}^{T} \frac{C_{p,g}}{T} \mathrm{d}T \tag{5–31}$$

*21　正確には，温度 T が分母にあるため，以下のように極限値の形をとる.

$$S(T) = \lim_{\Delta T \to 0} \int_{\Delta T}^{T} \frac{C_{p,s}}{T} dT$$

式（5–28）以降も同様である．ちなみに，極低温領域では熱振動エネルギーの量子化の影響が現れる．最終的に，熱容量は温度の 3 乗に比例し，0 K に近づくにつれて熱容量が 0 になる（Debye T^3 法則）.

*22　窒素の場合，35.6 K で結晶構造が立方最密構造から六方最密構造へ相転移するため，この現象によるエントロピー変化が加わる（図 5・5 を参照のこと）.

となり，第5項に温度変化によるエントロピー変化が加わる．ここで $C_{p,g}$ は気体（gas）の定圧熱容量である．図5・5で温度が沸点 T_b 以降の範囲のエントロピーである．定圧熱容量 C_p は圧力に依存するため（とくに $C_{p,g}$），1×10^5 Pa（=1 bar）のとき，1 mol あたりの定圧熱容量 C_p を用いた場合のエントロピー $S°$ を標準エントロピー（standard entropy）という．代表的な標準エントロピー $S°$ を表5・2に示した．固体，液体，気体の順に標準エントロピーが大きくなっていることがわかる．また，熱容量は分子の回転運動，振動運動の自由度と関係しており，自由度が増加するにつれて熱容量が大きくなるので*23，多原子分子になるほどエントロピーは大きくなる．

*23「4・5・4　熱容量と分子構造には関係がある」を参照のこと．

表5・2　代表的な物質の標準エントロピー $S°$（298.15 K）

物　質	$S°$/J K^{-1} mol^{-1}
H_2(g)	130.68
He(g)	126.15
N_2(g)	191.61
O_2(g)	205.14
Ne(g)	146.33
Ar(g)	154.84
C(s, graphite)	5.74
C(s, diamond)	2.38
C(g)	158.10
CO(g)	197.67
CO_2(g)	213.74
H_2O(g)	188.83
H_2O(l)	69.91
NO_2(g)	240.06
N_2O_4(g)	304.29
CH_4(g)	186.38
C_6H_6(l)	173.26
CH_3OH(l)	127.19
C_2H_5OH(l)	159.86
NH_3(g)	192.45

標準状態で，ある化合物 1 mol を生成する際のエントロピーは，標準生成エントロピー（standard reaction entropy, $\Delta_f S°$）とよばれ，「ある化合物の標準エントロピーからその化合物を構成する成分元素の単体の標準エントロピーを差し引いたもの」として定義することができる．例えば，物質 $P_xQ_yR_z$ の標準生成エントロピー $\Delta_f S°$ は，物質 $P_xQ_yR_z$，単体 P，Q，および R の標準エントロピーを用いて

$$\Delta_f S° = S°(P_xQ_yR_z) - \{xS°(P) + yS°(Q) + zS°(R)\} \quad (5\text{-}32)$$

と表される．

実際の系では，しばしば欠陥が存在し，また分子の配向に乱雑さがあるので，絶対零度でもエントロピーは0にならない．このエントロピー

を残余エントロピーという.

例題 表5・2を用いて，25℃における水の標準生成エントロピー $\Delta_f S^\circ$ を求めよ.

解答

表5・2より，25℃における水の標準エントロピー S° は，69.91 J K^{-1} mol^{-1} である．また，水素 H_2，酸素 O_2 の標準エントロピー S° はそれぞれ，130.68，205.14 J K^{-1} mol^{-1} である．式（5–32）を用いると，以下の値が得られる.

$$\Delta_f S^\circ = S^\circ(H_2O) - \left\{S^\circ(H_2) + \frac{1}{2}S^\circ(O_2)\right\}$$

$$= 69.91 - \left(130.68 + \frac{1}{2} \times 205.14\right)$$

$$= -163.34\ \mathrm{J\,K^{-1}\,mol^{-1}}$$

標準生成エントロピー $\Delta_f S^\circ$ は負の値となる．これは，気体（水素，酸素）の標準エントロピー S° の方が液体（水）の標準エントロピー S° より大きいことと対応する.

⑦ 反応エントロピーを説明できる.

5・3・3 化学反応に伴うエントロピー変化を反応エントロピーとよぶ

次の化学反応を考えてみよう.

$$\mathrm{aA} + \mathrm{bB} \longrightarrow \mathrm{cC} + \mathrm{dD}$$

この反応の標準反応エントロピー $\Delta_r S^\circ$ は，生成系と反応系の物質の標準エントロピー差として定義される.

$$\Delta_r S^\circ = (\mathrm{c}S^\circ(\mathrm{C}) + \mathrm{d}S^\circ(\mathrm{D})) - (\mathrm{a}S^\circ(\mathrm{A}) + \mathrm{b}S^\circ(\mathrm{B})) \quad (5\text{–}33)$$

すなわち，任意の化学反応に伴うエントロピー変化を，生成系と反応系の物質の標準エントロピー値から計算することができる.

① 外界のエントロピー変化 ΔS_{surr} を求めることができる.
② 外界のエントロピー変化 ΔS_{surr} が状態量であることを説明できる.
③ 全エントロピー変化を求めることができる.
④ 可逆過程の全エントロピー変化を求めることができる.
⑤ 不可逆過程の全エントロピー変化を求めることができる.
⑥ エントロピー増大の法則を説明することができる.

5・4 系と外界を考慮したエントロピー変化を求める

前節までは，ある状態変化に伴う系のエントロピー変化 ΔS を求めることを行ってきた．また，任意の化学反応に伴うエントロピーを求めることも可能となった．しかし，その化学反応や，自然現象が自発的に進むかどうかの判定には，系と外界の間の熱の出入りに留意して，系と外界それぞれのエントロピー変化ΔSについて解析して，全エントロピー変化$\Delta S_{\mathrm{total}}$を求める必要がある．

全エントロピー変化$\Delta S_{\mathrm{total}}$は，系のエントロピー変化$\Delta S$と外界のエントロピー変化$\Delta S_{\mathrm{surr}}$の和と定義される[*24]．

$$\Delta S_{\mathrm{total}} = \Delta S + \Delta S_{\mathrm{surr}} \tag{5-34}$$

外界のエントロピー変化ΔS_{surr}を求めてみよう．外界の熱をq_{surr}とする．また，系と熱源との間では熱平衡状態を保ちながら熱をやりとりするので，外界の温度Tは系の温度Tと等しいとしてよい[*25]．よって，外界のエントロピー変化ΔS_{surr}は，式（5-1）より

$$\Delta S_{\mathrm{surr}} = \frac{q_{\mathrm{surr,rev}}}{T} \tag{5-35}$$

となる．外界は系に対して，熱浴（heat bath）[*26]としてふるまうので，外界の圧力p，体積Vは考えず，温度Tの関数として扱う．系へ熱qが流出しても，系から熱qが流入しても，系と熱浴である外界は熱平衡状態で，温度Tは変わらない．すなわち，熱qは，可逆的あるいは不可逆的に移動するのか，に関係せず，系から熱qがどれだけ流出するかあるいは流入するか，のみに依存する．よって，式（5-35）中のq_{rev}はqとして扱うことができる．

系が熱qを外界からもらうとき，外界は系に熱qを奪われるので，外界の熱q_{surr}は$-q$となる．よって，外界のエントロピー変化ΔS_{surr}は，系の熱qを使って，次式のように表すことができる．

$$\Delta S_{\mathrm{surr}} = \frac{-q}{T} \tag{5-36}$$

熱として実際に出入りした値qを用いるが，外界のエントロピー変化ΔS_{surr}も状態量であることに注意してほしい．

以上から，全エントロピー変化$\Delta S_{\mathrm{total}}$は

$$\begin{aligned}\Delta S_{\mathrm{total}} &= \Delta S + \Delta S_{\mathrm{surr}} \\ &= \frac{q_{\mathrm{rev}}}{T} - \frac{q}{T}\end{aligned} \tag{5-37}$$

となる．

理想気体の等温膨張過程における全エントロピー変化$\Delta S_{\mathrm{total}}$を（a）可逆膨張過程（準静的過程），（b）不可逆膨張過程（自由膨張過程）の場合について比較してみよう（図5・1参照）．ここで，系の温度はT

*24　surrは外界（surroundings）の略である．

*25　もし，外界の温度と系の温度が異なるとき，両者の温度が等しくなるまで，熱qが流れ，最終的に熱平衡状態になる．

*26　恒温槽のように，系と熱の出し入れに関与し，一定で一様な温度に保たれ，仕事をしないようなもの．熱源（heat source）と同意義で使われる．

で一定とし，圧力と体積は p_1，V_1 から p_2，$V_2(>V_1)$ へ膨張したとする．

(a) 可逆膨張過程（準静的過程）

5・1・2 節に示したように，準静的過程を用いて可逆的に圧力と体積を変化させたときの系のエントロピー変化 ΔS は式（5–4）で与えられる．

$$\Delta S = nR\ln\frac{V_2}{V_1} \qquad (5\text{–}4)$$

このとき，外界は系に熱 q を奪われるため，外界の熱 q_{surr} は式（5–3）より

$$q_{\mathrm{surr}} = -q = -nRT\ln\frac{V_2}{V_1} \qquad (5\text{–}38)$$

である．よって，外界のエントロピー変化 ΔS_{surr} は式（5–36）より

$$\Delta S_{\mathrm{surr}} = \frac{-q}{T} = -nR\ln\frac{V_2}{V_1} \qquad (5\text{–}39)$$

となる．図 5・6（a）に示すように，全エントロピー変化 $\Delta S_{\mathrm{total}}$ は

$$\Delta S_{\mathrm{total}} = \Delta S + \Delta S_{\mathrm{surr}} = nR\ln\frac{V_2}{V_1} - nR\ln\frac{V_2}{V_1} = 0 \qquad (5\text{–}40)$$

となる．可逆過程では，全エントロピー変化 $\Delta S_{\mathrm{total}}$ がゼロであることがわかる．

(b) 不可逆膨張過程（自由膨張過程）

4・3・1 節で述べたように，自由膨脹過程では，温度 T の変化がないことから熱 q の出入りがなく，$\Delta U=0$ である．系のエントロピー変化 ΔS は，5・1・2 節で示したように，(a) 可逆膨張過程（準静的過程）と同じく，式（5–4）で与えられる．

$$\Delta S = nR\ln\frac{V_2}{V_1} \qquad (5\text{–}4)$$

熱 q の出入りがないため，外界のエントロピー変化 ΔS_{surr} は式（5–36）より

(a) 可逆（準静的）膨張

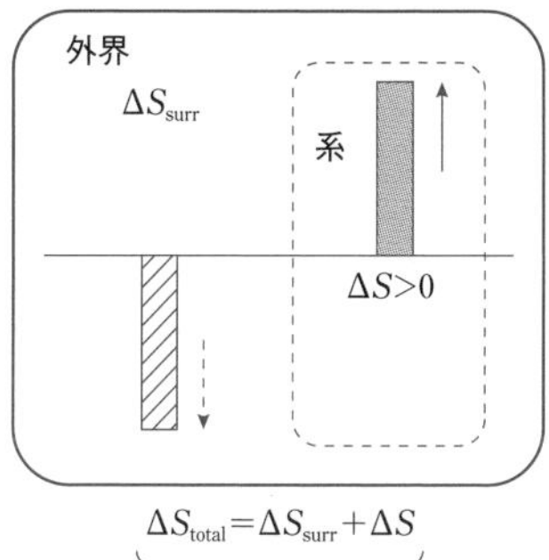

(b) 不可逆（自由）膨張

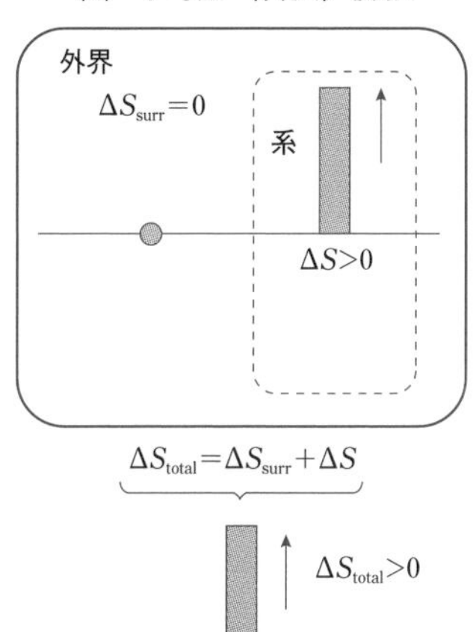

図 5・6　理想気体の等温可逆（準静的）膨張過程（a）と不可逆（自由）膨張過程（b）のエントロピー変化の例

可逆過程では，全エントロピー変化 $\Delta S_{\mathrm{total}}=0$ である．
不可逆過程では，$\Delta S_{\mathrm{total}}>0$ である．

$$\Delta S_{\mathrm{surr}}=\frac{-q}{T}=0 \tag{5-41}$$

となる．図 5・6（b）に示すように，全エントロピー変化 $\Delta S_{\mathrm{total}}$ は

$$\Delta S_{\mathrm{total}}=\Delta S+\Delta S_{\mathrm{surr}}=nR\ln\frac{V_2}{V_1}+0=nR\ln\frac{V_2}{V_1}>0 \tag{5-42}$$

となる．自由膨張は自発変化であり，エントロピーの増大は熱力学第二法則に一致する*27.

*27　自由膨張の場合，外界との熱の出入りがないので，孤立系と考えてよい．

図 5・6 で示したように，可逆膨張過程と自由膨張過程では，系のエントロピー変化 ΔS は両過程とも同じだが，外界のエントロピー変化 ΔS_{surr} が異なるため，不可逆過程では，全エントロピー変化 $\Delta S_{\mathrm{total}}$ が正であることがわかる．

これまで見てきた例から，自発的に起こる反応では，全エントロピー変化 $\Delta S_{\mathrm{total}}$ は正である．式（5–37）より以下の関係式が得られる．これが「エントロピー増大の法則」である．式（5–38）から

$$\begin{aligned}\Delta S_{\mathrm{total}}&=\Delta S+\Delta S_{\mathrm{surr}}>0\\&=\frac{q_{\mathrm{rev}}}{T}-\frac{q}{T}>0\end{aligned} \tag{5-43}$$

が得られる．また，式（5–43）の両辺に T をかけると

$$\Delta S_{\mathrm{total}}\,T=q_{\mathrm{rev}}-q>0 \tag{5-44}$$

の関係が成り立つ*28．これは，自発的に起こる反応では可逆過程での熱 q_{rev} と実際の過程での熱 q の差をとると正になるという意味である．これを Clausius（クラウジウス）の不等式とよぶ*29．エントロピー増大の法則と同じ意味を持つ式である．

さらに，式（5–43）から，たとえ系のエントロピー変化 ΔS または外界のエントロピー変化 ΔS_{surr} のどちらかが負であっても，全エントロピー変化 $\Delta S_{\mathrm{total}}$ が正であれば，自発的に起こることを意味する．

発熱または吸熱過程である化学反応においても，系のエントロピー変化 ΔS，外界のエントロピー変化 ΔS_{surr}，および全エントロピー変化 $\Delta S_{\mathrm{total}}$ を求めることができる．このとき，化学反応による系のエントロピー変化は式（5–33）で表される反応エントロピー $\Delta_{\mathrm{r}}S$ である．系の熱 q は定圧条件下での反応ならばエンタルピー変化 ΔH になるため*30，外界のエントロピー変化 ΔS_{surr} は式（5–36）より

$$\Delta S_{\mathrm{surr}} = \frac{-\Delta H}{T} \tag{5–45}$$

となる．ここで，系のエンタルピー変化 ΔH の符号（発熱過程では負，吸熱過程では正）に注意してほしい．よって，全エントロピー変化 $\Delta S_{\mathrm{total}}$ は

$$\Delta S_{\mathrm{total}} = \Delta S + \frac{-\Delta H}{T} \tag{5–46}$$

と表される．この全エントロピー変化 $\Delta S_{\mathrm{total}}$ が正である過程が，自発的に進行する化学反応である．図 5・7 に示したように，発熱反応でも吸熱反応でも全エントロピー変化 $\Delta S_{\mathrm{total}}$ が正であれば，自発的に進行する．

例題　前述の（a）可逆膨張過程（準静的過程）の逆過程の全エントロピー変化 $\Delta S_{\mathrm{total}}$ を求めよ．

解答

系の温度は T で，逆過程より圧力と体積は p_2，V_2 から p_1，V_1 へ収縮したことになる．このとき，系のエントロピー変化 ΔS は，状態量より，式（5–4）を用いると

$$\Delta S = nR \ln \frac{V_1}{V_2} = -nR \ln \frac{V_2}{V_1}$$

となり，$V_2 > V_1$ より負の値をとることになる．このとき，系の熱 q は式（5–3）を用いると，体積は V_2 から V_1 へ収縮したので

*28　実際の系で起こっている現象は不可逆過程なので，$q = q_{\mathrm{irr}}$ と置くことができる．このとき，$q_{\mathrm{rev}} > q_{\mathrm{irr}}$ となる．

*29　Clausius の不等式について，より詳しくは，「Appendix 4　Clausius は熱力学的エントロピーを発見した」を参照のこと．

*30　4・4 節「新しい状態量であるエンタルピーを導入する」を参照のこと．定容条件下の場合は，系の熱 q は内部エネルギー変化 ΔU になる．

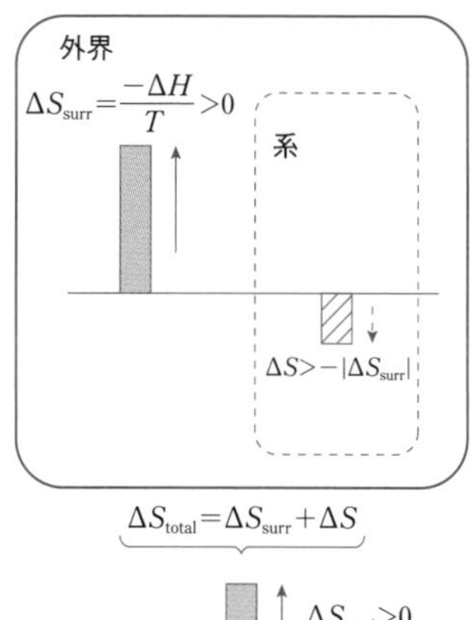

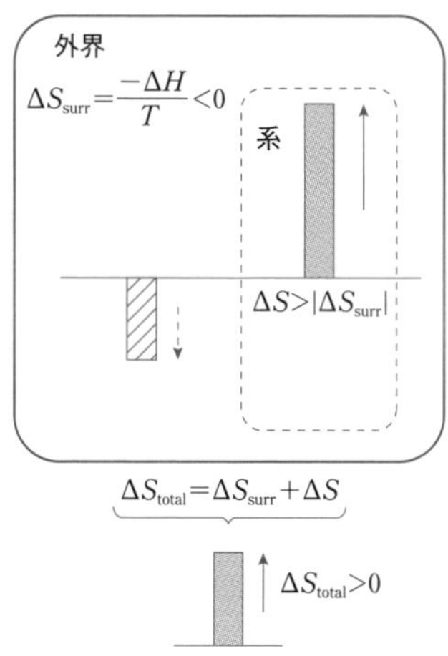

$\Delta S_{total}>0$ ⇒ 自発的に進行

図5・7　自発的に進行する化学反応のエントロピー変化の例.
(a) 発熱反応, (b) 吸熱反応
全エントロピー変化 $\Delta S_{total}>0$ であれば, 自発的に進行する.

$$q=nRT\ln\frac{V_1}{V_2}=-nRT\ln\frac{V_2}{V_1}$$

である. よって, 外界のエントロピー変化 ΔS_{surr} は式 (5–36) より

$$\Delta S_{surr}=\frac{-q}{T}=nR\ln\frac{V_2}{V_1}$$

となる. 全エントロピー変化 ΔS_{total} は

$$\begin{aligned}\Delta S_{total}&=\Delta S+\Delta S_{surr}\\&=-nR\ln\frac{V_2}{V_1}+nR\ln\frac{V_2}{V_1}=0\end{aligned}$$

となる. 系のエントロピー変化 ΔS は負の値となるが, 全エントロピー変化 ΔS_{total} がゼロであり, 可逆過程であることがわかる.

5・5 Gibbs エネルギー変化は自発的変化の方向を決める

① Gibbs エネルギーの導入について説明することができる.
② 自発的に進行する方向と Gibbs エネルギーとの関係を説明することができる.
③ 標準生成 Gibbs エネルギーを説明することができる.
④ 標準反応 Gibbs エネルギーを説明することができる.

前節で, エントロピー増大の法則 (熱力学第二法則) より

$$\Delta S_{total}=\Delta S+\Delta S_{surr}>0 \tag{5–43}$$

が成立する方向が自発的に起こる方向であることがわかった．また，大気圧下のような，定圧条件下で状態変化や反応が行われることが多いため，外界のエントロピー変化 ΔS_{surr} は，系のエンタルピー変化 ΔH を使って表すことができることも示した．

$$\Delta S_{\mathrm{surr}} = \frac{-\Delta H}{T} \tag{5-45}$$

この式を式（5–43）に代入すると

$$\Delta S + \frac{-\Delta H}{T} > 0 \tag{5-47}$$

となり，エントロピー増大の法則を系の熱力学的基本量のみで表すことができる．外界のエントロピー変化を求めることは困難なことが多いので，観測対象となる系の物理量のみで表わされることは，非常に大きな利点である．

式（5–47）の両辺に $-T$ をかけると，

$$\Delta H - \Delta S \cdot T < 0 \tag{5-48}$$

の形に変形できる．ここで新しい熱力学的基本量 G を

$$G = H - TS \tag{5-49}$$

を導入する．G は J. W. Gibbs（ギブズ）によって定義されたエネルギーで Gibbs エネルギー（Gibbs energy）とよばれる．エンタルピー H，温度 T，エントロピー S いずれも状態量であるので，Gibbs エネルギー G も途中の経路に依存しない状態量である．とくに温度一定の条件でのエネルギー変化 ΔG

$$\begin{aligned}\Delta G &= \Delta H - \Delta(TS)\\ &= \Delta H - T\Delta S\end{aligned} \tag{5-50}$$

を Gibbs エネルギー変化という．この Gibbs のエネルギー変化 ΔG にはエンタルピー変化 ΔH とエントロピー変化 ΔS の両方が含まれており，これまでのエネルギー論と統計力学論も含めた重要な式であることがわかる[*31]．

さらに，エントロピー増大の法則から得られた式（5–48）と比較すると，温度，圧力が一定条件下での自発変化過程における Gibbs エネルギー変化 ΔG は

＊31　Gibbs エネルギー G は，エンタルピー H の項が含まれていることからもわかるように，圧力 p に依存する．エンタルピー変化 ΔH が定圧条件下の熱 q であることを思い出してほしい．このことは「第 6 章 物質の相平衡」で扱う．Gibbs エネルギー G 等の自然な変数については，Appendix 5「各熱力学的基本量の間の関係式」後半部分を参照のこと．

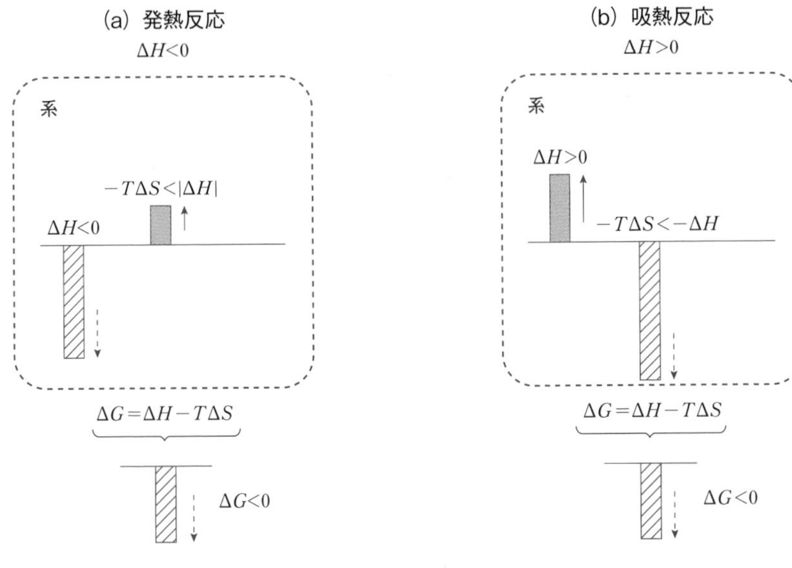

図 5・8　自発的に進行する化学反応の Gibbs エネルギー変化の例.
(a) 発熱反応, (b) 吸熱反応
Gibbs エネルギー変化 $\Delta G<0$ であれば, 自発的に進行する.

$$\Delta G = \Delta H - T\Delta S < 0 \tag{5-51}$$

となる. この式から Gibbs エネルギー変化 ΔG は自発的に起こる方向をきめている重要な状態量であることがわかる. また, 外界のエントロピー変化を知らなくても判別できる点でも重要である. 図 5・8 に自発的に進行する反応の Gibbs エネルギー変化の例を示した. 系が発熱反応でも吸熱反応でも, 外界の物理量を考慮することなく, Gibbs エネルギー変化 ΔG が負であれば, 自発的に進行することがわかる.

この Gibbs エネルギー変化を用いて, 化合物がそれを構成する元素の単体から生成するときの生成 Gibbs エネルギーを定義することができる. とくに, 圧力 1 bar (温度は通常 298.15 K) で化合物 1 mol 生成するときの Gibbs エネルギー変化を標準生成 Gibbs エネルギー (standard Gibbs energy of formation, $\Delta_f G^\circ$) という. 標準生成エンタルピー $\Delta_f H^\circ$ および標準生成エントロピー $\Delta_f S^\circ$ を用いる[*32] と,

$$\Delta_f G^\circ = \Delta_f H^\circ - T\Delta_f S^\circ \tag{5-52}$$

と表すことができる. 代表的な標準生成 Gibbs エネルギー $\Delta_f G^\circ$ を表 5・3 に示した.

化学反応についての Gibbs エネルギー変化は反応の進行方向を示唆する. 次の反応を考えてみよう.

＊32　標準生成エンタルピー $\Delta_f H^\circ$ は, 4・4・3 節, 標準生成エントロピー $\Delta_f S^\circ$ は 5・3・2 節を参照のこと.

表5・3　代表的な物質の標準生成 Gibbs エネルギー $\Delta_f G^\circ$（298.15 K）

物　質	$\Delta_f G^\circ$/kJ mol^{-1}
$H_2(g)$	0
He(g)	0
$N_2(g)$	0
$O_2(g)$	0
Ne(g)	0
Ar(g)	0
C(s, graphite)	0
C(s, diamond)	2.90
C(g)	671.26
CO(g)	−137.17
$CO_2(g)$	−394.36
$H_2O(g)$	−228.57
$H_2O(l)$	−237.13
$NO_2(g)$	51.31
$N_2O_4(g)$	97.89
$CH_4(g)$	−50.33＊
$C_6H_6(l)$	124.50＊
$CH_3OH(l)$	−166.80＊
$C_2H_5OH(l)$	−173.87＊
$NH_3(g)$	−16.45

＊は，表4・4，表5・2から求めた計算値．

$$\mathrm{a\,A} + \mathrm{b\,B} \longrightarrow \mathrm{c\,C} + \mathrm{d\,D}$$

この反応の標準反応 Gibbs エネルギー $\Delta_r G^\circ$ は，生成系と反応系の物質の標準生成 Gibbs エネルギー差として定義される．

$$\Delta_r G^\circ = (\mathrm{c}\Delta_f G^\circ(\mathrm{C}) + \mathrm{d}\Delta_f G^\circ(\mathrm{D})) - (\mathrm{a}\Delta_f G^\circ(\mathrm{A}) + \mathrm{b}\Delta_f G^\circ(\mathrm{B})) \tag{5–53}$$

すなわち，任意の化学反応に伴う標準反応 Gibbs エネルギーが，生成系と反応系の物質の標準生成 Gibbs エネルギーから計算することができる．

例題　表5・2から，25℃ における水の標準生成エントロピー $\Delta_f S^\circ$ は，$-163.34\ \mathrm{J\,K^{-1}\,mol^{-1}}$ と求められる（5・3・2節の例題を参照のこと）．表4・4（標準生成エンタルピー $\Delta_f H^\circ$）を用いて，25℃ における水の標準生成 Gibbs エネルギー $\Delta_f G^\circ$ を求めよ．

解答

表4・4より，25℃ における水の標準生成エンタルピー $\Delta_f H^\circ$ は，$-285.83\ \mathrm{kJ\,mol^{-1}}$ である．式（5–53）を用いると，以下の値が得られる．

$$\begin{aligned}\Delta_f G^\circ &= \Delta_f H^\circ(\mathrm{H_2O}) - T\cdot\Delta_f S^\circ(\mathrm{H_2O}) \\ &= -285.83 - 298.15\times(-163.34)\times10^{-3} \\ &= -237.13\ \mathrm{kJ\ mol^{-1}}\end{aligned}$$

この値は表5・3に示されている値と一致していることがわかる．

演習問題

問1　身のまわりの現象で，発熱・吸熱過程ではないが，一方向にしか進行しない例をあげよ．

問2　図に示すように，等温可逆過程でA（p_1, V_1）からM（p_m, V_m）へ準静的に変化させ，次にMからB（p_2, V_2）へ準静的に変化させたときのそれぞれの過程におけるエントロピー変化と全エントロピー変化を求めよ．AからBまで途中で止まらないで準静的に変化させたときのエントロピー変化と比較せよ．

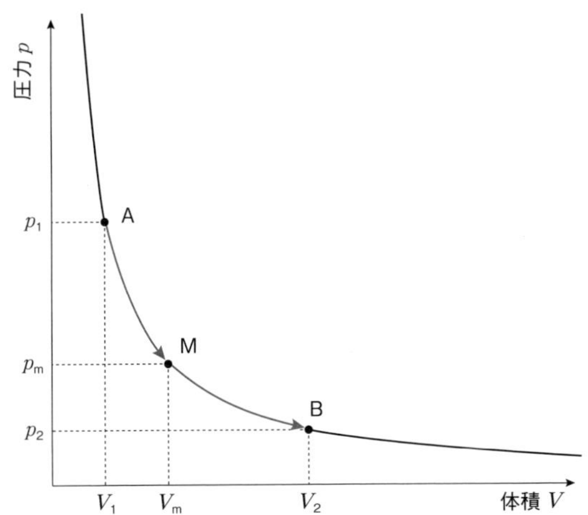

問3　全粒子数が100のとき，容器内のAとBの領域について，以下に示す状態になる確率を求めよ．ただし，AとBは同じ体積であるとする．

(a)　AまたはBの一方の領域が真空になる状態

(b)　A，Bに50個ずつ粒子がある状態

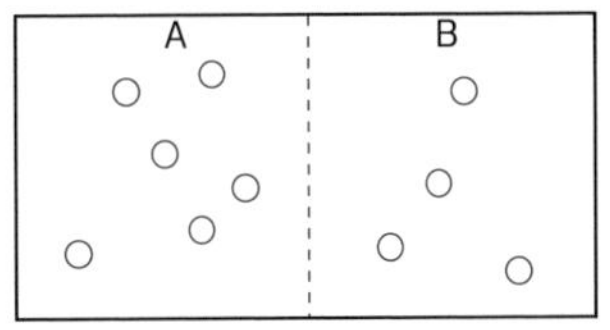

問4　以下の問に答えよ．

(1)　1 mol のエタノールの融解に伴う系のエントロピー変化を求めよ．エタノールの融点は158.6 K であり，融点における融解エンタルピーは5.02 kJ mol^{-1}である．

(2)　1 mol のベンゼンの融解に伴う系のエントロピー変化を求めよ．ベンゼンの融点は278.69 K であり，融点における融解エンタルピーは9.837 kJ mol^{-1}である．

問5　以下の問に答えよ．

(1)　1 mol のエタノールの蒸発に伴う系のエントロピー変化を求めよ．

エタノールの沸点は 1.013×10^5 Pa で 351.7 K であり，沸点における蒸発エンタルピーは 38.6 kJ mol^{-1} である．

(2)　1 mol のベンゼンの蒸発に伴う系のエントロピー変化を求めよ．ベンゼンの沸点は 1.013×10^5 Pa で 353.25 K であり，沸点における蒸発エンタルピーは 30.8 kJ mol^{-1} である．

問 6　圧力 p_1，体積 V_1，温度 T_1 であるヘリウム気体と圧力 p_1，体積 V_2，温度 T_1 であるアルゴン気体を圧力一定で等温で混合させたときのエントロピー変化を求めよ．

問 7　2.5 mol の 150 K の酸素気体からなる系を定圧下で 600 K まで温度を上げたときの系のエントロピー変化を求めよ．ただし，酸素気体の定圧モル熱容量 $C_{p,\,\mathrm{mol}}$ は 29.36 $\mathrm{JK^{-1}\,mol^{-1}}$ であり，この温度領域で一定の値をとるものとする．

問 8

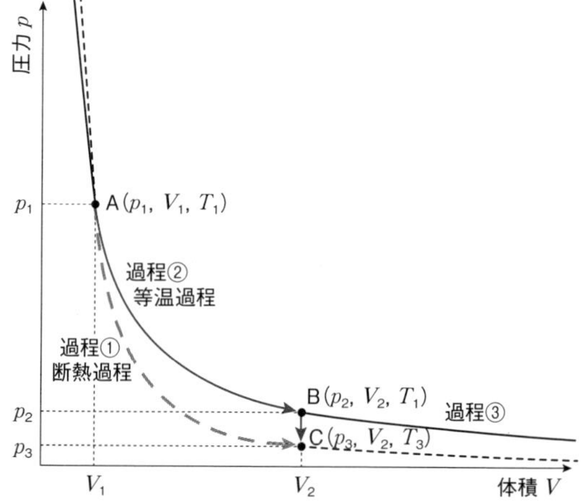

図に示すように n mol の理想気体からなる系が状態 A（p_1, V_1, T_1）から状態 C（p_3, V_2, T_3）へ断熱過程で準静的に変化する膨張過程（過程①）と，等温条件で状態 A（p_1, V_1, T_1）から状態 B（p_2, V_2, T_1）に準静的に変化（過程②）したのち，定容条件で状態 C（p_3, V_2, T_3）に変化する過程（過程③）による系のエントロピー変化 ΔS を比較せよ．

問 9　W. Thomson の原理と R. J. E. Clausius の原理が同じ内容であることを証明せよ．

問 10　固体，液体，気体の順に標準エントロピーが大きくなるのはなぜか．

問 11　表 5・2 の標準エントロピー S° の値を使って，以下の (1)～(3) の物質の標準生成エントロピー $\Delta_f S^\circ$ を求めよ．

(1)　メタン (g)

(2)　ベンゼン (l)

(3)　メタノール (l)

問 12　以下の問に答えよ．

(1)　表 5・2 の標準エントロピー S° の値を使って，エタノール (l)

の酸化反応の標準反応エントロピー $\Delta_r S°$ を求めよ．

$$C_2H_5OH(l) + 3O_2(g) \longrightarrow 2CO_2(g) + 3H_2O(g)$$

(2) 表5・2の標準エントロピー $S°$ の値を使って，以下の反応の標準反応エントロピー $\Delta_r S°$ を求めよ．ただし，硝酸 (l) と亜硝酸 (g) の標準エントロピー $S°$ は，それぞれ 155.60 J K^{-1} mol^{-1}，254.1 J K^{-1} mol^{-1} とする．

$$2NO_2(g) + H_2O(l) \longrightarrow HNO_3(l) + HNO_2(g)$$

(3) 前述の2つの問いで求めた反応エントロピーは，一方が正で他方が負となり，符号が異なる．なぜ異なるのか説明せよ．

問13

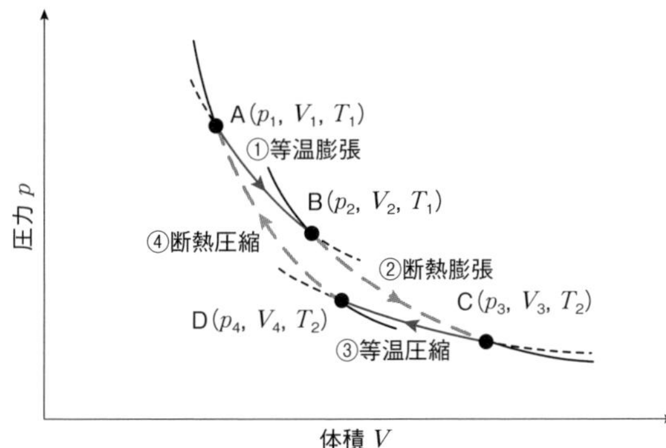

図のように，A の条件から始めて，①等温膨張，②断熱膨張，③等温圧縮，④断熱圧縮を経て A→B→C→D→A と循環する過程を Carnot（カルノー）サイクルという．それぞれの点における圧力，体積，温度の条件は図の通りとする．以下の問いに答えよ．

(1)　B→C と D→A は断熱過程である．断熱過程における圧力 p，温度 T と体積 V の関係式から，次の関係式を求めよ．

$$\frac{V_2}{V_1} = \frac{V_3}{V_4}$$

(2)　Carnot サイクルを A→B→C→D→A と1回循環するときの系のエントロピー変化，外界のエントロピー変化，全エントロピー変化を求めよ．

問14 表4・4と表5・2を使って，以下の (1)〜(3) の物質の標準生成 Gibbs エネルギー $\Delta_f G°$ を計算し，表5・3の値と比較せよ．

(1) メタン (g)
(2) ベンゼン (l)
(3) メタノール (l)

問15 表4・4と表5・2を用いて次の反応の標準反応 Gibbs エネルギー $\Delta_r G°$ を計算せよ．この反応は自発的に進行するだろうか．

$$CO_2(g) + C(s, graphite) \longrightarrow 2CO(g)$$

第 6 章 物質の相平衡（ΔG の応用 1）

物質の相転移は Gibbs エネルギー変化に基づいて理解できる．本章ではまず，純物質に関する相平衡についてモル Gibbs エネルギーの観点から扱う．その後，化学ポテンシャルを導入し，理想溶液，混合溶液の性質，束一的性質といった混合物における物質の性質と相変化を扱い，相図を用いて物質の熱力学的性質を調べる方法を概観する．相転移において，第 3 章から第 5 章で扱っている熱力学関数が，転移が起こるとどのように変化するかについて化学組成変化のない系について扱う．

Gibbs エネルギー $\Delta G = \Delta H - T\Delta S$ → 化学ポテンシャル $\mathrm{d}G = V\mathrm{d}p - S\mathrm{d}T + \sum_i \mu_i \mathrm{d}n_i$

相平衡と状態変化　　活量

・純物質

相と状態図
相転移

相の安定性
モル Gibbs エネルギー

蒸気圧の温度依存性
Clausius-Clapeyron の式

$$\frac{\mathrm{d}p}{\mathrm{d}T} = \frac{p\Delta H_\mathrm{m}}{RT^2}$$

・混合物

混合気体
- Dalton の法則

理想溶液
- Raoult の法則
- Henry の法則

束一的性質
- 沸点上昇
- 凝固点降下
- 浸透圧

混合物の相図
- 気液平衡
- 液液平衡
- 固液平衡

6・1　純物質の三態と状態変化はGibbsエネルギーの観点から説明することができる

純物質の三態と状態変化に関する理解を深めることができる.

6・1・1　状態図は物質の三態のふるまいをまとめたものである

① 状態図に基づいて，物質の三態を説明できる.
② 物質の状態変化に関する用語の定義を説明できる.
③ 水の状態図を図示することができる.

第3章で触れたように，物質は一般に固体・液体・気体の3つの状態（物質の三態）をとることができる．またこれらの状態が全体にわたって一様なものである場合には相（phase）とよばれ，それぞれ固相，液相，気相ともよばれる．圧力や温度を変化させると，それぞれの状態（相）の間で変化する．このことを状態変化（相変化，相転移という場合もある）といい，圧力と温度の関係を図示したものを状態図（state diagram），または相図（phase diagram）という．図6・1（a）は水の状態図である．固体と液体，液体と気体，固体と気体の境界線をそれぞれ，融解曲線，蒸発曲線，昇華曲線という．これら3つの境界線は，ある温度，圧力で交わる．この点は三重点（triple point）といい，固相，液相，気相の3つの状態が共存する．また，ある温度・圧力以上になると，液体と気体の両者を区別することができなくなる状態になり，蒸発曲線が途切れる．この点を臨界点（critical point）といい，この状態を臨界状態（critical state）という．その温度と圧力をそれぞれ臨界温度（critical temperature），臨界圧力（critical pressure）という．臨界温度，臨界圧力を超えた状態では，液相と気相の境界は明確ではなく，曲線を描くことができない．これを超臨界状態（supercritical state）といい，工業的にも利用されている．

固体から液体へ変化することを融解といい，その温度を融点（melting point）という，逆に，液体から固体への相変化を凝固といい，その温度を凝固点（freezing point）という．また液体から気体への相変化を蒸発という．一定圧力下で液体がある温度に達すると液体の表面からの気化のみならず，液体内部に気泡を生じ，液体全体で気化現象が起こる．これを沸騰といい，その温度を沸点（boiling point）という．融点・凝固点や沸点は純物質の場合，一定圧力下において物質固有の一定の値をとることから，物質の同定や純度の評価に用いることもできる．気相にある物質が冷却されて液相になる変化を凝縮（condensation）という．液体への固相から液相を経ずに直接気化する現象を昇華（sublimation）という．現在，気体から直接固体へ相転移する現象に関する名称については，従来のように昇華が一般的に用いられている．しかしながら，昇華は固体→気体→固体の一連の相変化を表した用語であるという意味合いから派生したものであり，気体→固体の相変化に関する用

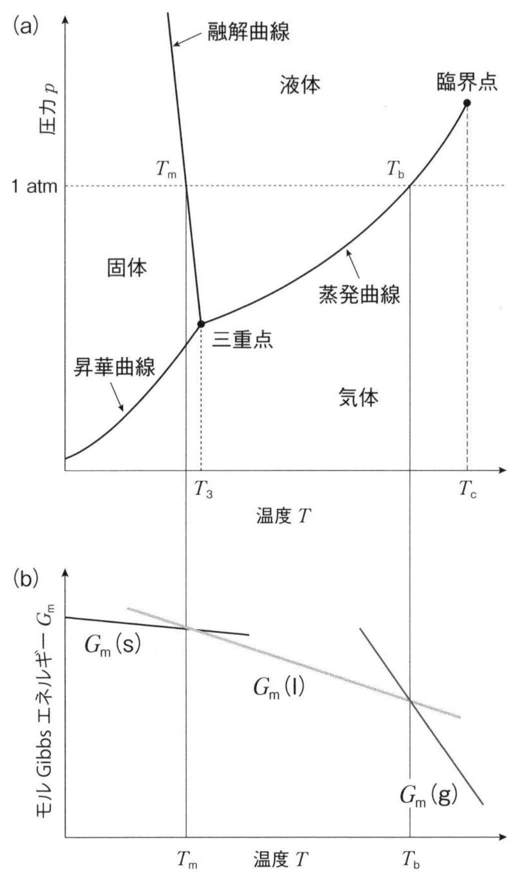

図6・1　水の状態図（相図）とモル Gibbs エネルギー

語については現在，凝華が提案されている．

④ モル Gibbs エネルギーの式を導出できる．
⑤ モル Gibbs エネルギーを言葉で説明できる．
⑥ 式（6–2）を説明できる．
⑦ 図6・2を図示できる．
⑧ 例題の沸点を求めることができる．
⑨ 平衡状態におけるモル Gibbs エネルギーの関係を説明できる．
⑩ 昇華する物質のモル Gibbs エネルギーの温度依存性を図示できる．

6・1・2　相転移と相の安定性は，Gibbs エネルギーの温度依存性から説明される

ここでは，純物質の相転移現象を考える．相図で軸として定義されている圧力や温度の値が Gibbs エネルギーとどのような関係にあるのかを整理する．

相転移現象は，ある相の粒子が別の相の粒子へと変化するものであることは容易に想像できる．そこでまず，基準となる（粒子数（あるいは物質量）に関係しない）モル Gibbs エネルギー（$G_m = G/n$）を導入する．物質量 n の物質が相1（例えば液相）から相2（例えば気相）へ変化したときの Gibbs エネルギーを，それぞれ $G_m(1)$，$G_m(2)$ とすると，Gibbs エネルギー変化は

$$\Delta G = n\mathrm{G_m}(2) - n\mathrm{G_m}(1) = n\{\mathrm{G_m}(2) - \mathrm{G_m}(1)\} \qquad (6\text{–}1)$$

で表される．このとき温度と圧力が一定の条件下で，$\Delta G<0$ の場合，

自発的に相 1 から相 2 へ変化する．

次に圧力ならびに温度の変化にともなうモル Gibbs エネルギー変化を考える．Appendix 4 より

$$\mathrm{d}G_\mathrm{m} = V_\mathrm{m}\mathrm{d}p - S_\mathrm{m}\mathrm{d}T \qquad \text{(A4–14)}$$

である．圧力一定の条件（$\mathrm{d}p=0$）では，上式は

$$\mathrm{d}G_\mathrm{m} = -S_\mathrm{m}\mathrm{d}T \qquad \text{(6–2)}$$

となる．したがって，一定圧力下における G_m の温度依存性の勾配は，S_m を与える．エントロピー値は常に正の値であるから，式（6–2）はその傾きが負となることを示している．

図 6・1（b）は圧力一定として G_m を温度の関数として図示したものである（簡単のため S_m は温度に依存しないと仮定し，直線で近似している）．各相のエントロピーの値を $S_\mathrm{m}(\mathrm{s})$（固相），$S_\mathrm{m}(\mathrm{l})$（液相），$S_\mathrm{m}(\mathrm{g})$（気相）と表せば，構成分子の乱雑さが大きいほどエントロピーの値は大きくなるので，$S_\mathrm{m}(\mathrm{s}) < S_\mathrm{m}(\mathrm{l}) < S_\mathrm{m}(\mathrm{g})$ であることがわかる．つまり温度の増加とともに G_m は小さくなり，その傾きは

$$\left|\frac{\partial G_\mathrm{m}(\mathrm{s})}{\partial T}\right| < \left|\frac{\partial G_\mathrm{m}(\mathrm{l})}{\partial T}\right| < \left|\frac{\partial G_\mathrm{m}(\mathrm{g})}{\partial T}\right| \qquad \text{(6–3)}$$

の順に大きくなることを示している．ここで，$G_\mathrm{m}(\mathrm{s})$，$G_\mathrm{m}(\mathrm{l})$，$G_\mathrm{m}(\mathrm{g})$ はそれぞれ固相，液相および気相の G_m である．

図 6・2 から相の安定性について考えてみる．温度が T_m（融点）以下では，$G_\mathrm{m}(\mathrm{s})$ は $G_\mathrm{m}(\mathrm{l})$，$G_\mathrm{m}(\mathrm{g})$ より小さいので，固相が安定である

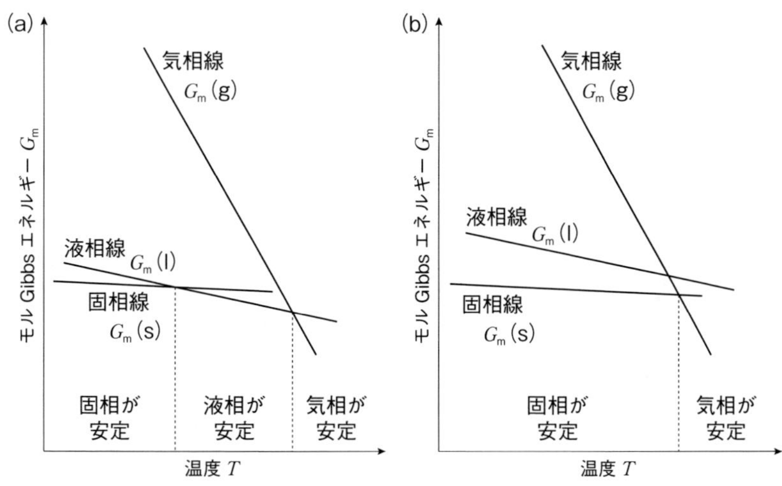

図 6・2　モル Gibbs エネルギーの温度依存性
(a) 一般的な状態変化　(b) 昇華する場合

例 (液体の) 水と水蒸気のモルGibbsエネルギーの温度依存性

実際の値を用いて，G_m の温度依存性から沸点を求めてみる．標準生成エンタルピー（$\Delta_f H°$）と標準生成エントロピー（$\Delta_f S°$）の値を用いて，G_m の温度依存性を考えてみる．

ここで，(液体の) 水の値は，$\Delta_f H° = -285.8\ \mathrm{kJ\ mol^{-1}}$，$\Delta_f S° = 69.94\ \mathrm{J\ K^{-1}\ mol^{-1}}$ であり，水蒸気では，$\Delta_f H° = -241.8\ \mathrm{kJ\ mol^{-1}}$，$\Delta_f S° = 188.7\ \mathrm{JK^{-1}\ mol^{-1}}$ である．これらの値（全て1モルあたりの量である）を式(5-49) $G=H-TS$ に代入し温度の関数としてグラフを描くと図のようになる．これらの式より370.37 Kで交差することがわかり，1 atm下での水の沸点（373 K）に近い値である．370.37 K以下では，$G_m(\mathrm{l}) < G_m(\mathrm{g})$ であるので液相が安定相であり，370.37 K以上では $G_m(\mathrm{l}) > G_m(\mathrm{g})$ となり，気相が安定相となる．また370.37 Kでは $G_m(\mathrm{l}) = G_m(\mathrm{g})$ であるので平衡状態となることがわかる．

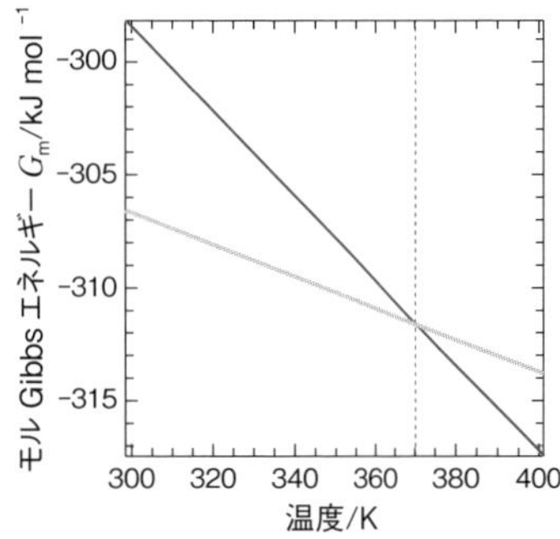

⑪ 蒸気圧を言葉で説明できる．
⑫ 式 (6-5) を導出できる．
⑬ 式 (6-6) を導出できる．
⑭ 式 (6-10) を図示することができる．
⑮ 蒸気圧曲線を図示できる．
⑯ 任意の温度での液体の蒸気圧を求めることができる．

ことがわかる．次に T_m と T_b(沸点) の間では，$G_m(\mathrm{l})$ が最小であり，T_b 以上では $G_m(\mathrm{g})$ が最小となる．最も小さな G_m をもつ相が安定である．また，T_m では $G_m(\mathrm{s}) = G_m(\mathrm{l})$ であるので，固相と液相の平衡状態である．

昇華する物質の場合，図6・2 (b) に示すように $G_m(\mathrm{s})$ と $G_m(\mathrm{l})$ とが交差するより低温側で，$G_m(\mathrm{s})$ と $G_m(\mathrm{g})$ とが交差している．このようにGibbsエネルギーの温度依存性から，物質の状態を理解することができる．

6・1・3 物質の蒸気圧の温度依存性はClausius-Clapeyronの式で表される

一定温度において，液相または固相と平衡にある蒸気相の圧力を蒸気圧（vapor pressure）という．また，温度と蒸気圧との関係は蒸気圧曲線とよばれ，図6・3 (a) に示したように，温度が上昇すると蒸気圧は大きくなる．本節では，相境界の位置（二相が共存できる圧力と温度）に関する式を求める．まず前提として，融点や沸点などの相転移温度において，固相―液相あるいは液相―気相のモルGibbsエネルギーは等しい．例えば，系が気液平衡にある場合，$G_m(\mathrm{l}) = G_m(\mathrm{g})$ が成立する．また相境界を考える上で温度変化に対する圧力の変化（$\mathrm{d}p/\mathrm{d}T$）を考慮する．

相1と相2について，ある圧力および温度で2相が平衡である場合，$\mathrm{d}G_m(1) = \mathrm{d}G_m(2)$ である．このときの各相の G_m の関係より次式のようになる．

$$V_m(1)\,\mathrm{d}p - S_m(1)\,\mathrm{d}T = V_m(2)\,\mathrm{d}p - S_m(2)\,\mathrm{d}T \qquad (6\text{-}4)$$

ここで相転移（1→2）によるモル体積変化およびモルエントロピー変化をそれぞれ ΔV_m，ΔS_m とすると，式 (6-4) は

$$\frac{\mathrm{d}p}{\mathrm{d}T} = \frac{S_m(2) - S_m(1)}{V_m(2) - V_m(1)} = \frac{\Delta S_m}{\Delta V_m} \qquad (6\text{-}5)$$

のように整理できる．またモルエンタルピー変化（相転移にともなって物質1モルが吸収する熱量）ΔH_m は，$\Delta H_m = T\Delta S_m$ であるので

$$\frac{\mathrm{d}p}{\mathrm{d}T} = \frac{\Delta H_m}{T\Delta V_m} \qquad (6\text{-}6)$$

と表される．T は2相が平衡状態で共存できる温度を表す．この式は，Clapeyron（クラペイロン）の式とよばれる．

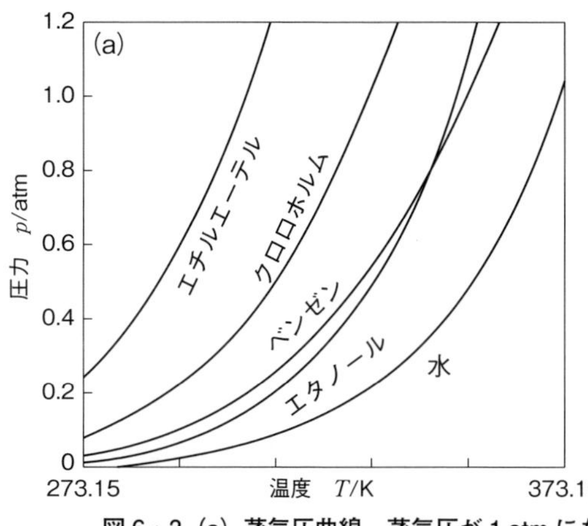

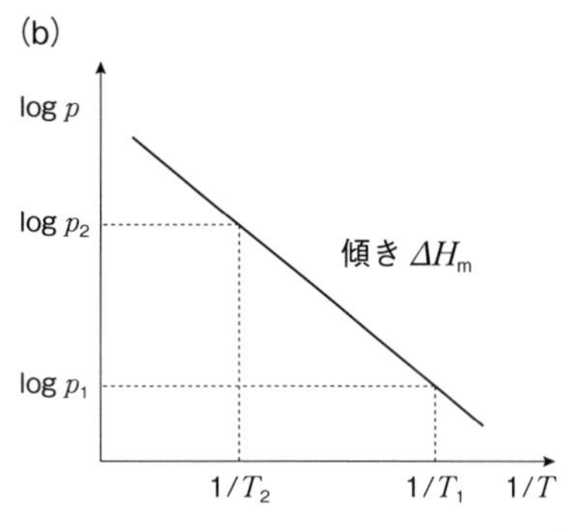

図 6・3（a）蒸気圧曲線．蒸気圧が 1 atm になる温度が，いわゆる標準沸点である．（b）1/T と ln p のプロットから ΔH_m を求めることができる．

次に気液平衡について考える．同一物質の気体のモル体積 $V_m(g)$ と液体のモル体積 $V_m(l)$ を比較すると，$V_m(g) \gg V_m(l)$ なので，$\Delta V_m \simeq V_m(g)$，と近似できる．さらに理想気体の状態方程式（$V_m(g) = RT/p$）を適用すると，式（6–6）は

$$\frac{dp}{dT} = \frac{p\Delta H_m}{RT^2} \tag{6–7}$$

となる．この式は，Clausius-Clapeyron（クラウジウス–クラペイロン）の式とよばれる．蒸気圧曲線の傾きは圧力に比例し，温度の 2 乗に反比例する．さらに次式のように変形できる．

$$\frac{dp}{p} = d\ln p = \frac{\Delta H_m}{RT^2} dT \tag{6–8}$$

ΔH_m が温度に依存しないと仮定し，温度 T で積分すると

$$\ln p = -\frac{\Delta H_m}{RT} + c \tag{6–9}$$

となる（c は積分定数）．したがって，蒸気圧 p の対数を温度 T の逆数に対してプロットすれば直線関係が得られ，その傾きはモルエンタルピー変化 ΔH_m であることが導かれた（図 6・3（b））．また温度 T_1 および T_2 での蒸気圧をそれぞれ，p_1，p_2 とすると

$$\ln\frac{p_1}{p_2} = -\frac{\Delta H_m}{R}\left(\frac{1}{T_1} - \frac{1}{T_2}\right) \tag{6–10}$$

と表すことができる．

混合系における熱力学状態への理解を深めることができる.

6・2 混合系における熱力学状態を考える

化学物質を扱う際に，混合系における熱力学状態を理解することが必要となる．まず，混合系における各組成の圧力（分圧）とモル分率の概念について触れ，希薄溶液における法則を概観する．その後，平衡を理解する上で重要となる化学ポテンシャル（chemical potential）を導入したあと，束一的性質（colligative property）へと展開する．

① Dalton の法則について説明できる.
② 式（6-13）を導出できる.
③ モル分率の定義を説明できる.
④ 式（6-17）を説明することができる.
⑤ 図 6・4 のモデルを説明できる.
⑥ 例題 3，空気中の窒素と酸素のモル分率を求めることができる.

6・2・1 混合気体中の気体の分圧は全圧とモル分率から求めることができる

二種類の気体 A と B が，ある温度で混じっている場合を考える．温度を一定として，等しい体積（V）をもつ容器に，これらの成分の気体が別々に入ったときの圧力をそれぞれ p_A，p_B とおく．これらの気体を同じ体積をもつ容器に混合して入れた場合の圧力を p とすると，次に示す Dalton（ダルトン，ドルトン）の法則が成立する．

$$p = p_A + p_B \qquad (6\text{–}11)$$

ここで，p_A，p_B は分圧とよばれ，p は全圧である．Dalton の法則は，成分気体が理想気体であれば，それぞれに影響を与えることがなく，各成分の気体の分圧の和が全圧になることを示している．この関係を図 6・4 に模式的に示した．それぞれの成分気体は，状態方程式に従うので

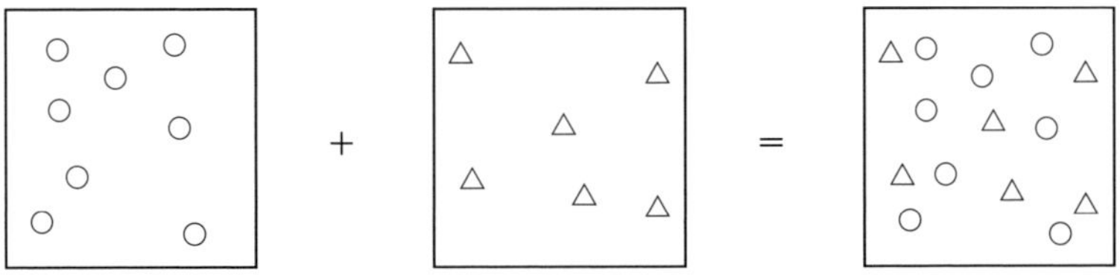

$p_A = \dfrac{n_A}{V} RT$ ＋ $p_B = \dfrac{n_B}{V} RT$ ＝ $p = p_A + p_B = \dfrac{(n_A + n_B)}{V} RT$

図 6・4 Dalton の分圧の法則と混合気体の圧力

$$p_A = \frac{n_A}{V} RT, \quad p_B = \frac{n_B}{V} RT \qquad (6\text{–}12)$$

である．ここで n_A，n_B は容器に含まれるそれぞれの成分気体の物質量である．したがって，式（6–13）のように変形できる．

$$p = (n_A + n_B)\frac{RT}{V} \qquad (6\text{–}13)$$

成分気体 i の分圧を p_i とすると，この気体の分圧は $p_i=n_iRT/V$ であるので，N 種の気体が混合している気体の分圧は次式（6–14）で表される．

$$p=\sum_{i=1}^{N}p_i=p_1+p_2+p_3+\cdots+p_1+\cdots+p_N$$
$$\sum_{i=1}^{N}n_i\frac{RT}{V}=n\frac{RT}{V} \tag{6–14}$$

ここで，$n=\sum_{i=1}^{N}n_i$ とおいた．n は混合気体に含まれる気体分子の全物質量である．

また，混合気体中での気体分子の全物質量（n）と各成分気体の物質量（n_i）から，モル分率（x_i, molar fraction）は次式のように定義される．

$$x_i=\frac{n_i}{n}=\frac{n_i}{\sum_{i=1}^{N}n_i} \tag{6–15}$$

モル分率の総和は1になるので

$$\sum_{i=1}^{N}x_i=\sum_{i=1}^{N}n_i/n=1 \tag{6–16}$$

式（6–14）と式（6–15）を組み合わせると，次式となる．

$$p_i=\frac{n_i}{n}p=x_ip \tag{6–17}$$

式（6–17）は，混合気体中の成分気体の分圧は，全圧にその気体のモル分率をかければ求めることができることを示している．

例 空気が酸素20%と窒素80%で構成されていると仮定する．このときのモル分率を求める．

まず空気が100 g ある場合の物質量の割合を求める．モル分率は割合であるので，仮定する質量は任意で（何でも）よい．この場合の酸素および窒素の物質量は

$$n_{O_2}=\frac{20\ \text{g}}{32.0\ \text{g/mol}}=0.625\ \text{mol}$$

$$n_{N_2}=\frac{80\ \text{g}}{28.0\ \text{g/mol}}=2.857\ \text{mol}$$

である．したがって，モル分率は

$$x_{O_2}=\frac{0.625}{0.625+2.857}=0.179$$

$$x_{N_2}=\frac{2.857}{0.625+2.857}=0.821$$

となる．また，5000 m 上空では，大気圧はおよそ0.50 atm である．構成比が同じであるとした場合，その分圧は式（6–17）より $p_{O_2}=0.179\times0.50=0.09$ atm，$p_{N_2}=0.821\times0.50=0.41$ atm となる．

6・2・2　混合物の各成分の蒸気圧は Raoult の法則にしたがう

⑦ 図6・5を使って Raoult の法則を説明できる．
⑧ 式（6–23）を導出することができる．
⑨ 図6・6を図示することができる．
⑩ 平衡状態の液相と気相の成分のモル分率を求めることができる．

二成分系からなる均一溶液の組成とその蒸気圧との関係について取り上げる．図6・5は，25 ℃におけるベンゼンとトルエンの混合溶液の蒸気圧をベンゼンのモル分率に対して図示したものである．F. Raoult（ラウール）は，溶液の成分であるベンゼンとトルエンのそれぞれの蒸気圧は組成に対してほぼ直線関係を示し，全蒸気圧は両者の分圧の和に等しいと考えることができることを示した．これを Raoult の法則とよび，この関係が厳密に成り立つ溶液を理想溶液という．ベンゼン–トルエン混合系がほぼ理想溶液の性質を示すのは，分子間相互作用が似ているためである．

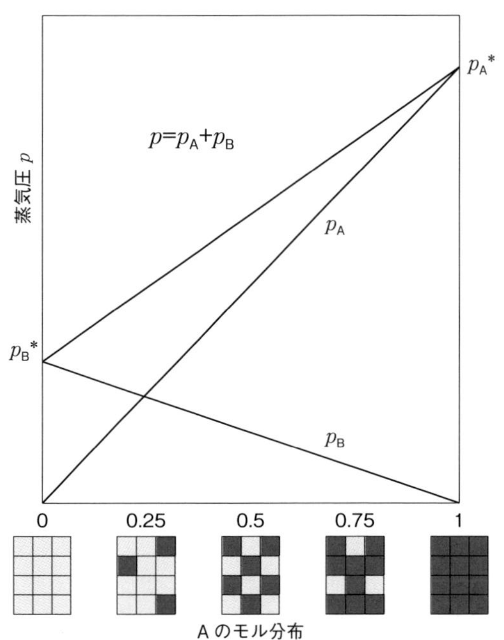

図 6・5　混合系の蒸気圧.
理想溶液をつくる成分の蒸気圧は Raoult の法則にしたがって，全蒸気圧 p は分圧の和（p_A+p_B）になる. A のモル分率を■で示した.

ベンゼンとトルエンの溶液相におけるモル分率をそれぞれ x_A，x_B とおくと，各成分の分圧 p_A，p_B および全蒸気圧 p は以下のように表される.

$$p_A = p_A^* x_A \tag{6-18}$$

$$p_B = p_B^* x_B = p_B^*(1-x_A) \tag{6-19}$$

$$p = p_A + p_B = (p_A^* - p_B^*)x_A + p_B^* \tag{6-20}$$

ここで，p_A^*，p_B^* は，それぞれ純粋なベンゼンおよびトルエンの蒸気圧である. 上式は，溶液のそれぞれの成分の蒸気圧が，溶液組成と関連付けられることを表している.

実際の溶液の性質は理想溶液から外れることが多いが，希薄溶液の領域では溶媒の蒸気圧は Raoult の法則にしたがうので，適用領域を考慮すれば実際の系にも広く用いられる有用な法則である.

次に混合溶液と平衡にある蒸気相の組成がどのようになっているか考えてみよう. 蒸気相におけるトルエンおよびベンゼンのモル分率をそれぞれ y_A，y_B とおくと，Dalton の法則（式（6-17））より

$$y_A = \frac{p_A}{p}, \quad y_B = \frac{p_B}{p} \tag{6-21}$$

となる．全圧pは式（6–20），p_Aの分圧は式（6–18）より与えられるので，式（6–20）に代入すると

$$y_A = \frac{p_A^* x_A}{p_B^* + (p_A^* - p_B^*) x_A}, \quad y_B = 1 - y_A \qquad (6\text{–}22)$$

となる．式（6–21）と式（6–18）より$x_A = py_A/p_A^*$となり，これを式（6–22）に代入することによって全蒸気圧pは，次式（6–23）で表される．

$$p = \frac{p_A^* p_B^*}{p_A^* + (p_B^* - p_A^*) y_A} \qquad (6\text{–}23)$$

上式により，全蒸気圧pは，その温度における溶液成分のそれぞれの純液体の蒸気圧p_A，p_Bと蒸気相のモル分率y_Aとが関連付けられることが示された．Raoultの法則と式（6–23）を用いて，ベンゼン–トルエン混合系の25℃における蒸気圧を溶液および蒸気中のベンゼンの組成に対してプロットすると図6・6にようになる．この図から，任意の蒸気圧pにおけるx_Aとy_Aの値は一致しないことがわかる．つまり，気相と液相でモル分率は異なる．図6・6での蒸気圧pに対するx_Aのプロットを液相線，pに対するy_Aの曲線を気相線という．これを利用することによって分別蒸留できることを後で扱う．

例　2成分AとBからなる理想溶液の全蒸気圧が，ある温度で0.40 atmであった．この温度でそれぞれの液体の蒸気圧が$p_A^* = 0.50$ atm，$p_B^* = 0.30$ atmであったとして，平衡にある気相と液相における各成分のモル分率を求める．

ここではp_Aと，Aのモル分率（x_A）に着目して解くことにする．式（6–20）より，$p = (p_A^* - p_B^*)x_A + p_B^*$なので，$0.40 = (0.50 - 0.30)x_A + 0.30$である．これを解くと液相でのモル分率は$x_A = 0.50$，$x_B = 0.50$である．また，気相におけるモル分率を$y_A$，$y_B$として，$x_A = 0.50$を式（6–22）に代入すると，$y_A = 0.625$，$y_B = 0.375$となる．

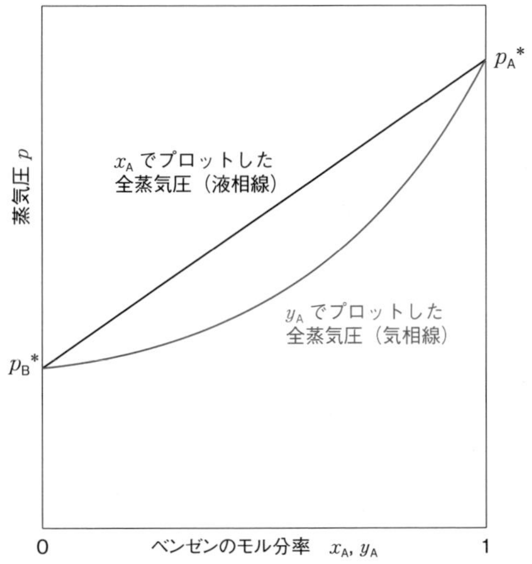

蒸気圧 p

p_A^*

x_Aでプロットした全蒸気圧（液相線）

y_Aでプロットした全蒸気圧（気相線）

p_B^*

0　ベンゼンのモル分率　x_A, y_A　1

図6・6　混合系の蒸気圧（ベンゼン–トルエン系）25℃

x_Aは液相線，y_Aは気相線である．
任意の蒸気圧におけるx_Aとy_Aの値は一致しない．

⑪ Henry の法則について，式（6–24）を説明できる．
⑫ Raoult の法則と Henry の法則の違いを図 6・7 に基づいて説明できる．
⑬ 混合物の蒸気圧のプロットから，Henry 定数を求めることができる．

6・2・3 希薄溶液における揮発性溶質の蒸気圧は Henry の法則で表される

一般に，希薄溶液では，溶媒の性質は Raoult の法則に従うとして扱うことができる．では，溶質の蒸気圧はどうであろうか．図 6・7 は，水とエタノールの二成分系におけるエタノールの蒸気圧（分圧，p_{EtOH}）とエタノールのモル分率（x_{EtOH}）の関係を示したものである．まず，$x_{\mathrm{EtOH}}=0$ では，当然 $p_{\mathrm{EtOH}}=0$ である．また，$x_{\mathrm{EtOH}}=1$ のとき，p_{EtOH} は純エタノールの蒸気圧になる．中間の x_{EtOH} では，p_{EtOH} は理想溶液から外れる．ここで，エタノールが主成分である領域（$x_{\mathrm{EtOH}}=1$ の近傍）では，p_{EtOH} は Raoult の法則にしたがう理想溶液として，図のような直線として表される．しかし，x_{EtOH} が小さい領域では，Raoult の法則から大きく外れる．エタノールが溶質の希薄溶液（$x_{\mathrm{EtOH}}=0$ の近傍）では，傾きの異なる直線で近似できる領域があることに気付く．イギリスの化学者 W. Henry（ヘンリー）は，溶媒 A の理想溶液中での溶質 B の蒸気圧（p_{B}）は，溶質のモル分率（x_{B}）に比例するが，その比例定数は Raoult の法則とは異なり，純物質の溶質の蒸気圧（$p_{\mathrm{B}}{}^{*}$）ではないことを実験的に示した．これを Henry の法則といい，式（6–24）のように表現することができる．

$$p_{\mathrm{B}}=x_{\mathrm{B}}K_{\mathrm{B}} \tag{6–24}$$

ここで，K_{B} は実験的な比例定数であり，溶質—溶媒間の相互作用を反映している．Henry の法則の成立する希薄溶液を理想希薄溶液といい，その成立する領域は，一般に狭い．

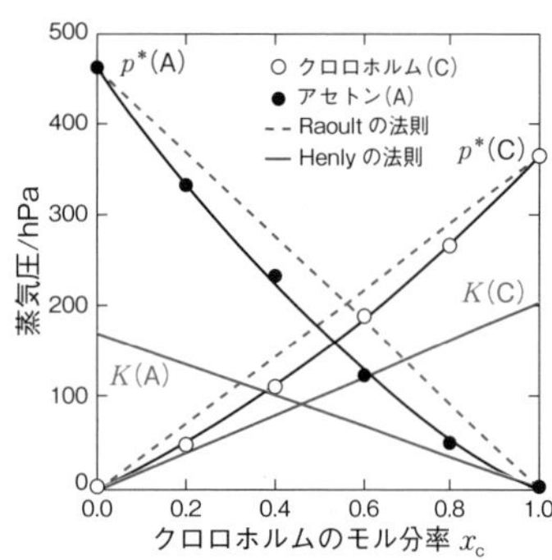

例 Raoult の法則と Henry の法則の検証

アセトン（A）とクロロホルム（C）の混合物の蒸気圧を 35℃ で測定したところ，次のような結果が得られた．

x_{C}	0	0.20	0.40	0.60	0.80	1
p_{C}/hPa	0	47	110	189	267	364
p_{A}/hPa	463	333	233	123	49	0

相対的に量の多い成分については，Raoult の法則が成立し，少ない成分については Henry の法則が成り立つことを確かめる．

まず蒸気分圧をモル分率に対してプロットすると上図のようになる．また，それぞれの Henry 定数（K）は，$x=1$ 近傍（K_{A}）ならびに $x=0$ 近傍（K_{C}）での接線の傾きから $K_{\mathrm{A}}=169$ hPa ならびに $K_{\mathrm{C}}=204$ hPa と求められる．

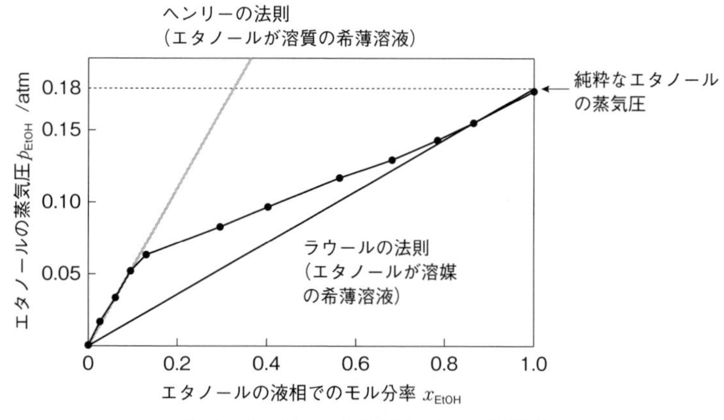

図 6・7　Raoult の法則と Henry の法則
（エタノール水溶液の蒸気圧とモル分率の関係 313 K）

コラム

高校化学で定義されているHenryの法則は，「一定の温度において一定量の溶媒に溶けることができる気体の物質量（溶解度）は，その気体の圧力に比例する」というものであった．両者の関係は，式（6–24）の x_{B} を溶質のモル濃度 $[J]$ に置き換えた次式によって関連づけられる．

$$p = K_{\mathrm{H}}[J] \tag{6-25}$$

ここで p は気体の分圧，K_{H} はHenry定数（単位は表の単位）である．代表的な気体のHenry定数を表6・1に示す．これを用いると，気体の分圧にHenry定数をかけることにより，溶解している気体の量をモル濃度として求めることができる．Henryの法則は，気体の溶解度に関連していることから，潜水病，高山病など酸素や二酸化炭素の分圧が特別な条件にさらされるときに重要である．

表6・1　代表的な気体のHenry定数

		$K_{\mathrm{H}}/(\mathrm{mol\,m^{-3}\,K\,Pa^{-1}})$
二酸化炭素	CO_2	3.99×10^{-1}
水　素	H_2	7.78×10^{-3}
メタン	CH_4	1.48×10^{-2}
窒　素	N_2	6.48×10^{-3}
酸　素	O_2	1.30×10^{-2}

6・2・4　化学ポテンシャルは物質量（粒子数）の変化にともなうGibbsエネルギー変化と捉えることができる

⑭ 化学ポテンシャルの定義を言葉で説明することができる．
⑮ 式（6–28）を言葉で説明することができる．
⑯ モルGibbsエネルギーと化学ポテンシャルとの関連を説明できる．

6・1・3節では純物質のみからなる系の相転移について，モルGibbsエネルギーを用いて扱った．ここでは，混合物における物質量変化をともなう系でのGibbsエネルギー変化を考える．

第5章から扱っているように，温度および圧力が微小変化したときのGibbsエネルギー変化は，式（A4–14）より $\mathrm{d}G = V\mathrm{d}p - S\mathrm{d}T$ である．物質量が変化する開放系ではその組成変化によってもGibbsエネルギーが変化する．物質A, Bが微少量 $\mathrm{d}n$ 変化したときのGibbsエネルギー変化は，μ を比例定数として

$$\mathrm{d}G = V\mathrm{d}p - S\mathrm{d}T + \mu_{\mathrm{A}}\mathrm{d}n_{\mathrm{A}} + \mu_{\mathrm{B}}\mathrm{d}n_{\mathrm{B}} \tag{6-26}$$

と表すことができ，一般に

$$\mathrm{d}G = V\mathrm{d}p - S\mathrm{d}T + \sum_i \mu_i \mathrm{d}n_i \tag{6-27}$$

Appendix 4を参照のこと．

と表現できる．式（6–27）は，しばしば化学熱力学の基本式とよばれる．比例定数 μ_i は化学ポテンシャル（chemical potential）であり，偏微分の形式を用いて表現すると

$$\mu_i=\left(\frac{\partial G}{\partial n_i}\right)_{p,T,n_j}(j\neq i) \tag{6-28}$$

である（部分モル量とよばれる．付録参照）．これは，T，p および，注目している成分以外が一定の条件で，成分 i の微量変化に対する Gibbs エネルギーの変化を表している．このとき，全体の組成の変化は無視できるとしている．すなわち，化学ポテンシャルは，微量の物質量（粒子）を外界から系内に持ち込んだときに生じる Gibbs エネルギーの増分を，1 モルの物質量変化（$dn=1$）に換算したものという意味合いをもつ．いいかえれば，粒子数の変化に対する Gibbs エネルギーの変化と捉えることができる．

式（6–28）は，定温（$dT=0$），定圧（$dp=0$）下で，$dG=\sum_i \mu_i dn_i$ となることから，多成分系の Gibbs エネルギーと化学ポテンシャルについて重要な式が導かれる．

$$G=\sum n_i\mu_i \tag{6-29}$$

本書では，混合系の部分モル Gibbs エネルギーの観点から化学ポテンシャルを導入した．前述の純物質系における相転移においてモル Gibbs エネルギー（$G_m=G/n$）は，化学ポテンシャルに対応する量であると考えることもできる．純物質系では，化学ポテンシャルは 1 モルあたりの Gibbs エネルギー（$G=n\mu$）に同等であるが，混合系では，定温（$dT=0$），定圧（$dp=0$）という条件下で $G=\sum n_i\mu_i$ と表される．

⑰ 理想気体の Gibbs エネルギーと圧力の関係を説明できる．
⑱ 式（6–31）を導出できる．
⑲ 式（6–33）を導出できる．

6・2・5 任意の圧力における化学ポテンシャルは標準化学ポテンシャルを用いて計算できる

第 5 章で理想気体の Gibbs エネルギーは圧力によって変化することを扱った．温度一定条件下で圧力 p_1 から p_2 へ変化したときの Gibbs エネルギーは次式（6–30）で表される．

$$G_m(p_2)=G_m(p_1)+nRT\ln\frac{p_2}{p_1} \tag{6-30}$$

また，$\mu=G_m/n$ より，化学ポテンシャルは

$$\mu(p_2)=\mu(p_1)+RT\ln\frac{p_2}{p_1} \tag{6-31}$$

と表される．ここで，標準状態の圧力を p° とし，そのときの化学ポテンシャルを μ°（標準化学ポテンシャル）とすると圧力 p における化学

ポテンシャルは次式のように表すことができる.

$$\mu = \mu^\circ + RT\ln\frac{p}{p^\circ} \qquad (6\text{–}32)$$

一般に標準圧力として単位圧力 $p^\circ = 1$ atm が用いられるので

$$\mu = \mu^\circ + RT\ln p \qquad (6\text{–}33)$$

と表される.

6・3　束一的性質は溶質分子の濃度（数密度）のみに依存する溶液の性質である

束一的性質の定義と化学ポテンシャルとの関係を定性的に説明できる.

溶質の存在によって変化する，沸点上昇・凝固点降下ならびに浸透圧について考察する．これらは物質（粒子）の種類に依存せず，その濃度のみに依存することから，束一的性質とよばれる．束一的性質は全て，溶質の存在によって液体の化学ポテンシャルが減少することから生じるものである．そこで，まず理想溶液における化学ポテンシャルを定義し，そのあとに束一的性質についてまとめる.

6・3・1　溶液の化学ポテンシャルを求めるためにはその溶液と平衡状態にある気相の化学ポテンシャルを知る必要がある

① 図6・8を参考に純溶媒に関する式（6–34）を導出できる.
② 図6・8を参考に溶液における式（6–35）を導出できる.
③ 式（6–37）を導出できる.
④ 式（6–37）より，溶液および純溶媒の化学ポテンシャルの差を説明できる.
⑤ 図6・9を図示することができる.

6・2では，Raoultの法則に従う溶液を理想溶液と定義した．ここでは，化学ポテンシャルの観点から理想溶液を定義する.

一定温度 T で，純溶媒Aがその蒸気と平衡にあるとき（図6・8），蒸気相Aの化学ポテンシャル（$\mu_A(g)^*$）は，Aの純粋な液体の蒸気圧を $p_A{}^*$ とすると，式（6–34）のように表される.

$$\mu_A(g)^* = \mu_A(g)^\circ + RT\ln(p_A^*/p^\circ) = \mu_A(g)^\circ + RT\ln p_A^* \qquad (6\text{–}34)$$

ここで，$\mu_A(g)^\circ$ は溶媒Aの蒸気の標準化学ポテンシャルである．第2項と第3項の等号は p を単位圧力（$p^\circ = 1$ atm）としているためである．今，平衡状態を想定しているので，蒸気相と液相の化学ポテンシャルは等しい（$\mu_A(g)^* = \mu_A(l)^*$）．つまり式（6–34）は

$$\mu_A(l)^* = \mu_A(g)^\circ + RT\ln p_A^* \qquad (6\text{–}35)$$

となる.

次に，この溶媒Aに別の物質（溶質）Bが存在する理想溶液系につ

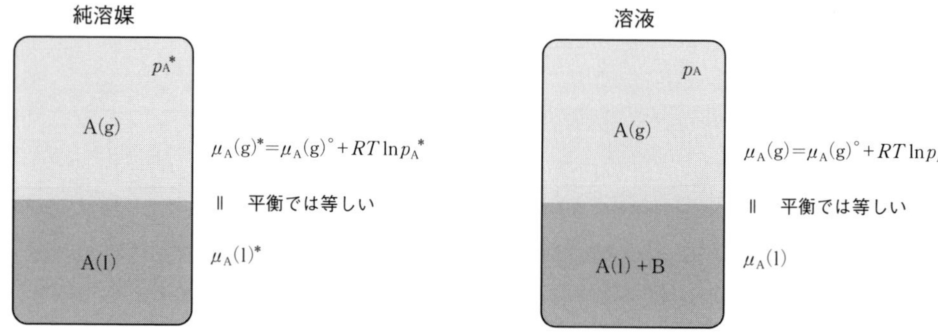

$$
\begin{array}{rl}
 & \mu_A(l) \;=\mu_A(g)^\circ+RT\ln p_A \\
-) & \mu_A(l)^*=\mu_A(g)^\circ+RT\ln p_A^* \\
\hline
 & \mu_A(l)-\mu_A(l)^*=RT\ln\dfrac{p_A}{p_A^*}
\end{array}
$$

図 6・8　気液平衡と化学ポテンシャル

溶液中での化学ポテンシャルと純溶媒中での化学ポテンシャルの気液平衡状態から理想溶液の化学ポテンシャルを求めることができる.

いて考える. このときの A の化学ポテンシャルを $\mu_A(g)$ および $\mu_A(l)$ とする. そのときの溶媒 A の蒸気圧 p_A は, 式 (6–35) と同様に次式で表される.

$$\mu_A(l)=\mu_A(g)^\circ+RT\ln p_A=\mu_A(g) \tag{6–36}$$

式 (6–35) と式 (6–36) を組み合わせると, 気体の標準化学ポテンシャル ($\mu_A(g)^\circ$) が消去され, また, Raoult の法則 ($p_A=x_Ap_A^*$) を用いると

$$\begin{aligned}\mu_A(l)&=\mu_A(l)^*+RT\ln\frac{x_Ap_A^*}{p_A^*}\\&=\mu_A(l)^*+RT\ln x_A\end{aligned} \tag{6–37}$$

となる. 式 (6–37) は理想溶液の定義として用いることもできる.

式 (6–37) は, 溶液の化学ポテンシャルは純溶媒の化学ポテンシャルに比べて, $RT\ln x_A$ 減少することを意味している (モル分率の定義より $x_A<1$ となるので, $\ln x_A$ は負である). これは混合によるエントロピーの増大によって安定になったものと考えることができる. このように溶質の性質とは無関係に希薄溶液の溶媒が Raoult の法則に従い, その化学ポテンシャルが式 (6–37) で記述できることは, 溶液の性質を取り扱うための基礎となる. 式 (6–37) において, 溶質に関する項は含まれない. もし溶質が不揮発性であって, 溶液が凝固するときに固溶体を形成しないならば, 系の気相や固相には溶質が存在しないので, これら気相

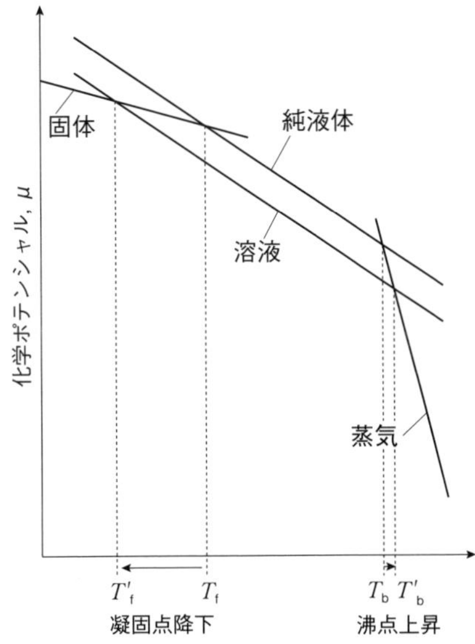

図6・9　溶質が存在することによる化学ポテンシャルの変化

溶質の存在下での溶媒の化学ポテンシャル．液体の化学ポテンシャルの低下は，沸点よりも凝固点の方に大きな影響をもつ．それは線が交差する角度が違うからである．

や固相の化学ポテンシャルに対して何の影響も及ぼさない．溶質が存在することによる化学ポテンシャルの変化を図6・9に示した．理想希薄溶液では，溶液の化学ポテンシャルが変化するのみであり，固体と気体（蒸気）の化学ポテンシャルは溶質の影響を受けない．つまり，図6・9に示したように，固体と液体の交差温度（平衡点）は低下し，気体と液体のそれは上昇する．これが，凝固点降下と沸点上昇に対応する．定量的な議論は次節で扱う．

6・3・2　実在する溶液での有効的な濃度は活量として表される

> ⑥ 活量の定義を説明できる．
> ⑦ 式（6-39）を説明することができる．
> ⑧ 純液体，純固体の活量は1であることを説明できる．

ここまで理想溶液を想定して，その化学ポテンシャルを扱ってきた．しかしながら実在する溶液は，気体同様，系内の分子間相互作用を無視できない．溶液中ではさらに多くの相互作用が存在する．例えば，溶液中にイオンのような電荷を有する粒子が存在する場合，そのクーロン力による引力を無視することができず，粒子数のみで濃度を定義することが難しいことは容易に想像できる．そこで，濃度［A］（あるいはモル分率 x_A）の溶液の有効的な濃度（熱力学的濃度）a_A は，分子間相互作用を補正係数として式（6-38）のように定義される．

$$a_A = \gamma_A[A] \qquad a_A = \gamma_A x_A \tag{6-38}$$

ここで，補正係数γ_Aを活量係数といい，a_Aは［A］あるいはx_Aの活量（activity）という．活量を用いると，実在溶液の化学ポテンシャルを次式のように表現することが可能となる．

$$\mu_A = \mu_A^* + RT \ln a_A \tag{6-39}$$

表6・2　活量と標準状態の取り決め

物　質	標準状態	活量，a
固　体	純固体，1 bar	1
液　体	純液体，1 bar	1
気　体	純気体，1 bar	$p/p°$
溶　質	モル濃度，1 mol dm^{-3}	$[J]/c°$

$p°$=1 bar（=10^5 Pa），$c°$=1 mol dm^{-3}，
活量はすべて無次元である．

活量と標準状態に対する取り決めや関係を表6・2にまとめた．活量は，混合物中でその物質が占める粒子数の割合（モル分率）ということができる．純液体（溶媒）では，$\mu_A = \mu_A°$であるので，式（6-39）の右辺$RT \ln a_A = 0$であり，したがって$a_A = 1$となる．また，純固体では，反応前後で，系中の濃度が変化しない（モル分率に影響を与えない）程度多く存在することから，活量は1とみなすことができる．

溶媒は純液体に近づくほどRaoultの法則に従うので，$x_A \to 1$につれて$\gamma_A \to 1$となる，つまり$a_A = x_A$として扱うことができる．また，溶質は希薄になるほどHenryの法則に従うので，［A］→0につれて$\gamma_A \to 1$となるので，$a_A =$［A］として扱うことができる．

⑨ 式（6-44）を導出することができる．
⑩ 式（6-48）を導出することができる．
⑪ 式（6-51）を導出することができる．
⑫ 式（6-53）を導出することができる．

6・3・3　化学ポテンシャルから沸点上昇・凝固点降下の式を導くことができる

溶媒Aに溶質Bがわずかに溶解している溶液（理想溶液）における沸点上昇（erevation boiling point）について考える．ここでは，1 atm（単位圧力）での現象について扱う．ここで，純溶媒の沸点を$T_b{}^*$とし，溶質Bは不揮発性で，気相にはAのみが存在しているものとする．蒸気相と液相のAの化学ポテンシャルをそれぞれ$\mu_A(g)$，$\mu_A(l)$（純液体の化学ポテンシャルは$\mu_A{}^*(g)$，$\mu_A{}^*(l)$）としたとき，両者の化学ポテンシャルは等しくなる．

$$\mu_A^*(g, T_b^*) = \mu_A^*(l, T_b^*) \tag{6-40}$$

溶質Bが存在することにより，Aのモル分率は1から$x_A(=1-x_B)$に低下し，このときの沸点をT_bとする．この条件下でも蒸気相と液体は平衡にあるので

$$\mu_A^*(g, T_b) = \mu_A(l, x_A, T_b) \tag{6-41}$$

である．溶媒の化学ポテンシャルは，式（6-37）を使って

$$\mu_A(l, x_A, T_b) = \mu_A^*(l, T_b) + RT_b \ln x_A \tag{6-42}$$

と書ける．式（6-41）と（6-42）より

$$\ln x_A = \frac{\mu_A^*(g, T_b) - \mu_A^*(l, T_b)}{RT_b} \tag{6-43}$$

となる．そして，純物質の化学ポテンシャルはモル Gibbs エネルギーに等しいので

$$\begin{aligned} \ln x_A &= \frac{G_m^*(g, T_b) - G_m^*(l, T_b)}{RT_b} \\ &= \frac{\Delta_{vap} G(T_b)}{RT_b} \end{aligned} \tag{6-44}$$

と書くことができる．ここで，$\Delta_{vap}G$ は蒸発 Gibbs エネルギーである．$x_A=1$（つまり $\ln x_A=0$）の純溶媒では，沸点は $T_b{}^*$ であるので

$$0 = \frac{\Delta_{vap} G(T_b^*)}{RT_b^*} \tag{6-45}$$

と書ける．純溶媒と希薄溶液のときでの沸点の差を求めたいので，式（6-44）と（6・45）の差をとれば

$$\ln x_A = \frac{\Delta_{vap} G(T_b)}{RT_b} - \frac{\Delta_{vap} G(T_b^*)}{RT_b^*} \tag{6-46}$$

である．ここで，ΔH と ΔS に温度依存性がないとして，$\Delta G = \Delta H - T\Delta S$ の関係を適用すると

$$\ln x_A = \frac{\Delta_{vap} H}{R}\left(\frac{1}{T_b} - \frac{1}{T_b^*}\right) \tag{6-47}$$

と整理できる．ここで希薄溶液（$x_B \ll 1$）であるので，$\ln x_A = \ln(1-x_B) \approx -x_B$ の関係を利用して近似すると

$$x_B = -\frac{\Delta_{vap} H}{R}\left(\frac{1}{T_b} - \frac{1}{T_b^*}\right) = \frac{\Delta_{vap} H}{R}\left(\frac{T_b - T_b^*}{T_b^* T_b}\right) \tag{6-48}$$

となる．ここで，沸点上昇度は $\Delta T_b = T_b - T_b{}^*$ である．また沸点の差は小さいことから，$T_b{}^* T_b$ を $T_b{}^{*2}$ で置き換えると

$$x_B = \frac{\Delta_{vap} H}{R}\left(\frac{\Delta T_b}{T_b^{*2}}\right) \tag{6-49}$$

が得られ，式を変形すると

$$\Delta T_b = \frac{RT_b^{*2}}{\Delta_{vap} H} \times x_B \tag{6-50}$$

を得る．この式より沸点上昇度は溶質の濃度と溶媒の性質に依存することがわかる．ここで，モル分率 x_B を重量モル濃度（m）へ変換して整理すると

$$\Delta T_b = \frac{RT_b^{*2} M_A}{\Delta_{vap} H} m = K_b m \tag{6-51}$$

となり，沸点上昇度は溶質のモル濃度に比例する．ここで，M_A は溶媒 A の分子量であり，K_b はモル沸点上昇定数とよばれ溶媒固有の定数である．表 6・3 に代表的な溶媒のモル沸点上昇定数を示した．これらの溶媒を用いて，既知量の溶質の溶けた溶液について沸点上昇を測定すれば，式（6-51）より溶質の分子量を求めることができる．

表 6・3　沸点上昇定数と凝固点降下定数

溶媒	K_b/ (K kg mol^{-1})	K_f/ (K kg mol^{-1})
酢酸	3.07	3.90
ベンゼン	2.53	5.12
ショウノウ		40
二硫化炭素	2.37	3.8
四塩化炭素	4.95	30
ナフタレン	5.8	6.94
フェノール	3.04	7.27
水	0.51	1.86

凝固点降下（ΔT_f）についても，沸点上昇と同様に扱うことができる．ここでは，液相の化学ポテンシャルと固相の溶媒の化学ポテンシャルが等しいとおく．

$$\mu_A^*(s, T_f) = \mu_A(l, x_A, T_f) \tag{6-52}$$

ここでの計算と沸点上昇の計算との違いは，蒸気ではなく固体の化学ポテンシャルを用いることである．計算結果は

$$\Delta T_f = \frac{RT_f^{*2} M_A}{\Delta_{fus} H} m = K_f m \tag{6-53}$$

となる．ここで凝固点降下度 ΔT_f は $\Delta T_f = T_f^* - T_f$，$\Delta_{fus} H$ は溶媒の融解エンタルピー，K_f は凝固点降下定数である*．沸点上昇と同様，凝固点降下を測定して溶質の分子量を決定することができる（凝固点降下法）．

コラム

Gibbs エネルギーの基礎方程式から Gibbs-Helmholtz 式が導かれる

Gibbs エネルギーの基礎方程式

$$dG = Vdp - SdT$$

から，一定圧力の条件下 $dp = 0$ では

$$dG = -SdT$$

これを，Gibbs エネルギーの基礎方程式 $G=H-TS$ に代入すると

$$G=H+T\left(\frac{\partial G}{\partial T}\right)_p$$

となる．両辺を T^2 で割ると

$$\frac{G}{T^2}=\frac{H}{T^2}+\frac{1}{T}\left(\frac{\partial G}{\partial T}\right)_p \quad (1)$$

また，圧力一定の条件下での（G/T）の T による微分は

$$\frac{\partial(G/T)_p}{\partial T}=-\frac{G}{T^2}+\frac{1}{T}\left(\frac{\partial G}{\partial T}\right)_p \quad (2)$$

であるので，式1を代入すると次式が導かれる．

$$\frac{\partial(G/T)_p}{\partial T}=-\frac{H}{T^2}$$

上式は，Gibbs-Helmholtz 式とよばれる．そして，次の関係式が得られる．

$$\frac{\partial(\Delta G/T)_p}{\partial T}=-\frac{\Delta H}{T^2}$$

これらの式は，Gibbs エネルギーの温度依存性とエンタルピー変化とを関係づけている．本文中の沸点上昇や凝固点降下も Gibbs-Helmholtz 式から求めることができる．実際には式（6–44）の両辺を温度で偏微分したものを整理する際に利用する．沸点上昇は温度 T から T^* の間の定積分によって式（6–47）が求められる．この関係式は化学平衡の温度依存性においても重要である．

例　凝固点降下を利用した不凍液．-10℃ でも凍らない不凍液をつくりたい．エチレングリコール（$(CH_2OH)_2$）（分子量：62.0）を水 1 kg に何 g 以上加えたらよいか．

式（6–53）を使う．水の K_f は 1.853 K kg mol^{-1} である．水の凝固点は 0 ℃ なので，$\Delta T_f=10$ にするために必要なエチレングリコールの重量モル濃度 m は，$10=1.853\,m$，$m=5.397$ mol/kg である．したがって，エチレングリコールの分子量より，$5.39\times 76.2=0.3346$ kg（334.6 g）必要である．

6・3・4　浸透圧は理想気体の状態方程式と同じ形をした式で表される

⑬ 浸透圧について，図6・10を用いて説明することができる．
⑭ 式（6–58）を導出することができる．

図6・10に示すように半透膜（溶媒は通すが溶質は通さない膜）を張った管に溶液を入れ，純溶媒の入った容器中に入れてはじめに両方の液面を同じ高さにしておくと，徐々に管の液面が上昇してくる．これは，半透膜を通って溶媒分子が溶液中に移動するためであり，この現象を浸

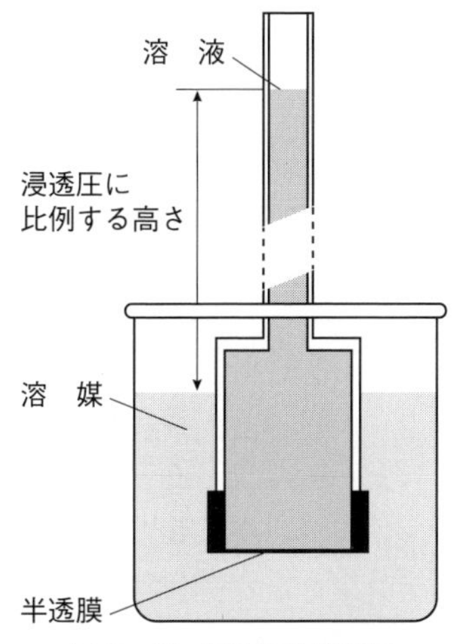

図6・10　浸透圧の説明図

この簡略化した浸透圧の装置では，静水圧の差を生じるのに十分なだけ A が溶液の方へ通過した後，膜の両側で A が平衡になる．

透という．管の液面がある高さに到達すると，半透膜を通って入ってくる溶媒の速さと出ていく速さが等しくなり平衡状態になる．この溶媒の流入を止めるために溶液側にかけなければならない力（溶液と純溶媒の液面の高さの差に相当する余分の圧力）を浸透圧（osmotic pressure）という．

浸透圧の熱力学的扱いは，溶液系（A＋B）と純溶媒系（A）とが異なった圧力下で等しい化学ポテンシャルにあることから出発すると，式（6–54）のように表現できる．

$$\mu^*(T, p+\Pi) + RT\ln x_A = \mu^*(T, p) \tag{6–54}$$

ここでは化学ポテンシャルに対する圧力の影響を評価しているので，$d\mu^* = V_m dp$ で示される．ここで V_m は溶媒 A のモル体積（1 mol あたりの体積）である．さらに，圧力は p から $p+\Pi$ まで変化することに対応するので

$$\int_p^{p+\Pi} d\mu = \int_p^{p+\Pi} V_m dp \tag{6–55}$$

を計算すればよい．式（6–55）の左辺を積分し，式（6–54）を代入すると

$$-RT\ln x_A = \int_p^{p+\Pi} V_m dp \tag{6–56}$$

となる．ここで，左辺に $\ln x_A = \ln(1-x_B) \approx -x_B$ の近似を用い，右辺の V_m は圧力に依存しないと仮定（液体では圧力変化にともなう体積変化は非常に小さい（無視できる））すると

$$RTx_B = \Pi V_m \tag{6–57}$$

と表すことができる．希薄条件であるので $x_B = n_B/(n_A+n_B) \approx n_B/n_A$，また，$V = n_A V_m$（全体の体積は，モル体積の物質量に比例）と近似できる．これらを式（6–57）に代入して最終的に

$$\Pi V = n_B RT \tag{6–58}$$

となる．浸透圧は理想気体の状態方程式と似た形で表現される．

浸透現象は，化学ポテンシャルの差を物質輸送のエネルギーとして利用できるという観点からも興味深い（言葉のとおり化学 “ポテンシャル” である）．「青菜に塩」という言葉があるように，実際に細胞膜では体液の輸送，透析が起こっている．浸透現象の理解は，物質の能動輸送

を低エネルギーで行うための観点から重要である．

6・4 混合物の相図を使うとある温度での物質の状態や混合割合がわかる

混合物の相図の重要性を説明することができる．

混合物では，その組成（モル分率）と温度との関係は，純物質のそれと比べて複雑である．また，化学では，混合物から純物質を分離精製することは，最も基本的な操作であり，相図を理解することによってそれらを最適化することが可能となる．ここでは，最も基本的な，気液平衡，液液平衡，固液平衡をとりあげる．特に気液平衡は，蒸留（分留）の原理にもつながる．これらを理解することによって，より複雑な材料（複合材料等）に関する相図へのアプローチも容易になるであろう．

6・4・1 気–液組成図から蒸留の原理を知ることができる

① 気液平衡とはどのような状態か説明できる．
② 沸点–組成図を図示することができる．
③ 沸点–組成図の見方を説明することができる．
④ 分別蒸留の原理について，図6・12に基づいて説明できる．

混合物液体から純粋な液体を得るために用いる操作の1つとして，蒸留がある．ここでは，蒸留によって純物質が得られるための原理について，気液平衡の観点から概説する．

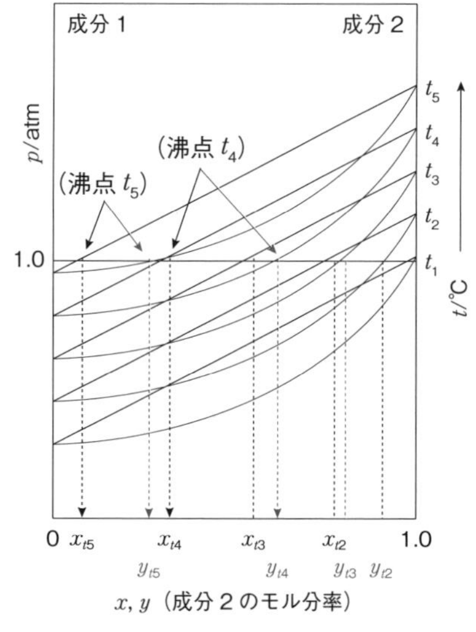

(a) 蒸気圧の温度・組成変化
(1atm での組成 x, y を調べる)

(b) 温度－組成図（圧力一定）

図6・11　(a) 混合系の蒸気圧の組成に対する温度依存性，(b) 沸点–組成図

これは一定圧力下での液相の組成と沸点の関係を表す液相線と，気相の組成と凝縮温度の関係を表す気相線をあわせたものである．

蒸留を説明するためには，組成図を温度一定の条件から，圧力一定の条件に変更したときの組成図（温度–組成図　temperature-composition diagram）が必要となる．まず，図6・11（a）に混合系での溶液と蒸気の組成に対する蒸気圧の温度依存性を示している．6・1・3節でみたように蒸気圧は温度の増加にともなって大きくなるので，温度の増加とともに蒸気圧曲線は上側に移動している．図6・11（b）は，一定圧力下に固定したときに（図6・11（a）では1 atmの直線と蒸気圧組成の交点），液体と蒸気が平衡にある温度をモル分率に対してプロットしたもので，温度–組成図とよばれる．図6・11（b）では，液相領域が下部になることに注意する（圧力–温度曲線では，気相（蒸気）が下部になる）．

温度–組成図から蒸留の原理を理解することができる．図6・12（a）に基づいてベンゼン–トルエン系での分別蒸留を考える．ベンゼンのモル分率がx_1の混合物を加熱すると，ベンゼンの純物質での沸点（a点）

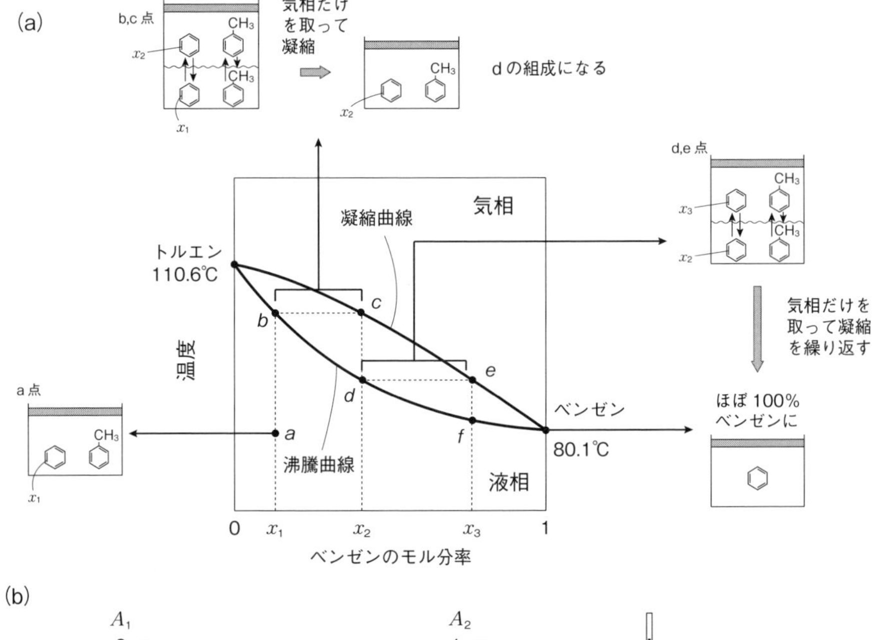

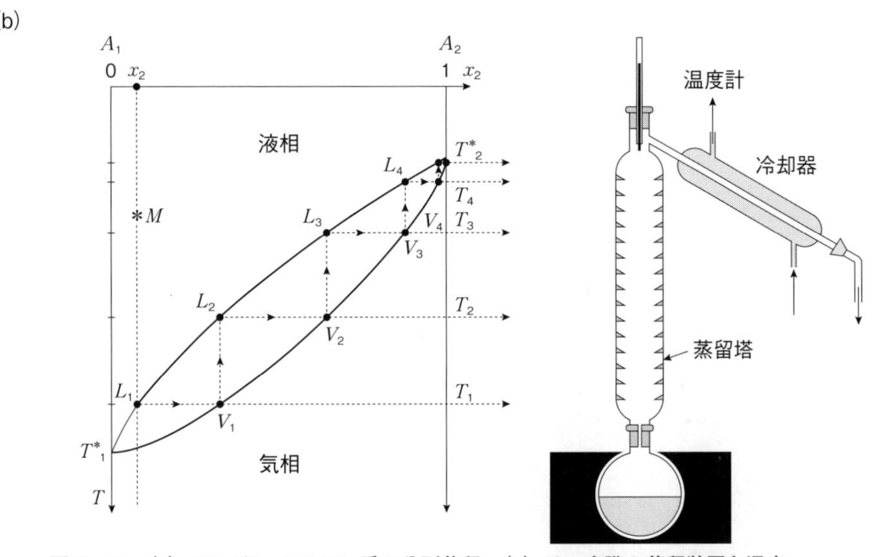

図6・12（a）ベンゼン–トルエン系の分別蒸留．（b）は，実際の蒸留装置と温度． 蒸留塔の下部の温度が最も高く，冷却器の付近では，ベンゼンのモル分率は理想的に1となる．

では沸騰せず，b 点での温度に達してようやく沸騰する．ここで，液体の組成と蒸気の組成について考える．液体の組成は b 点であるが，蒸気の組成は c 点になる．すなわちこの蒸気は，元々の組成（b 点）に比べてベンゼンのモル分率が多いことを意味する．これは，ベンゼンの沸点が低いことからも理解できる．続いて，c 点の蒸気が外気等によって冷やされ，d 点に到達すると，液体への凝縮と沸騰が起こる，今度の蒸気の組成は e 点となり，ベンゼンのモル分率が増加する．これを数回繰り返すことにより，最終的にベンゼンのみとなり，それを冷却管へ導くことによって純粋なベンゼンを回収することができる．

図 6・12（b）では実際の枝つきフラスコで生じている現象を模式的に示している．蒸留において枝つきフラスコなどを用いる理由は，温度−組成図で説明されるプロセスを経るためであるということがわかる．蒸留による精製は，化学実験における基本操作の 1 つであるが，工業的にも重要であり石油（原油）の精製は同様の原理によって精留塔で行われている．

理想混合物の場合は上述のような説明でできるが，実際には共沸混合物とよばれる混合物しか単離できない場合もある．例としてエタノールと水の混合物の温度−組成図を図 6・13 に示している．温度−組成図の沸点曲線の極小は点 M（エタノールのモル分率が 0.9 から 0.96）のあたりに位置し，どんなに沸騰−凝縮を繰り替えしても 1（純粋なエタノール）には到達しないことがわかる．したがって 96% 以上のエタノールを蒸留のみによって得ることは原理的に不可能である．

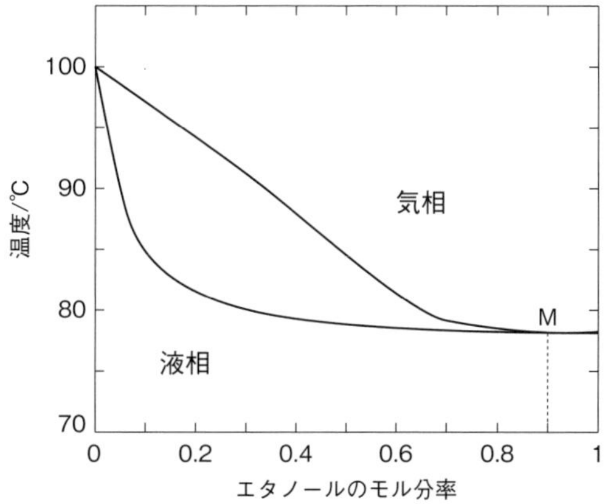

図 6・13　エタノール−水混合物の温度−組成図（1 atm 下）

M は共沸混合物

⑤ 液液平衡とはどのような状態か説明できる.
⑥ 図6・14の温度–組成図の見方を説明することができる.

6・4・2　液体どうしの混合状態は温度や組成によって変化する

液体と液体が2相に分離した状態であっても，お互いに一方が他方にわずかに溶解している（液液平衡）．高温領域（相境界線より上側）では，2相は混合しており相境界は存在しない．温度の低下とともに2相へ分離する．しかし，分離した際は，はじめのモル分率とは異なりそのモル分率が変化する．変化分は，それぞれ他方の相へ溶解した量（相互溶解度）に対応する．これは気液平衡と同様である．具体例として図6・14には，水とフェノールの相互溶解度曲線を示している．図中の点aのモル分率の混合物において，温度T_cでは，それらは相互に溶解するため1相である．温度の低下とともに相分離が起こり，フェノールの密度は水の密度より大きいので，上層は水にフェノールが飽和した溶液，下層はフェノールに水が溶解した溶液となる．ここで温度T_1のときの水とフェノールの組成比を求める．図のように温度T_1で水平な連結線をとる．上層の成分のモル分率はx_1であり，下層の成分のモル分率はx_2である．点aから相境界までの距離をそれぞれmとnとする．「てこの規則」より，この温度条件下でのフェノールと水の組成（質量）比は，$n:m$（逆比）となる．

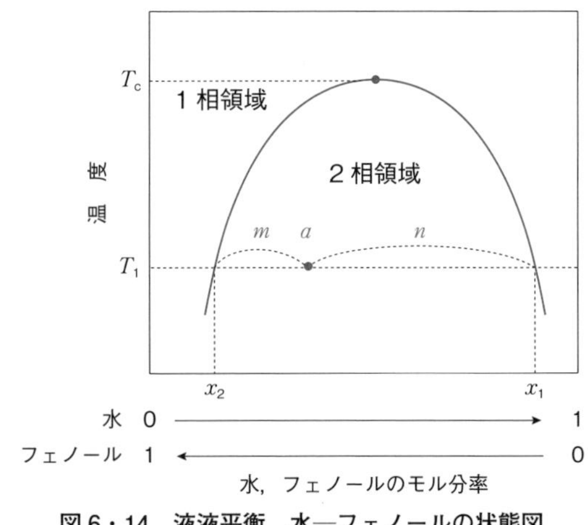

図6・14　液液平衡　水—フェノールの状態図

⑦ 固液平衡とはどのような状態か説明できる.
⑧ 図6・15の温度–組成図の見方を説明することができる.

6・4・3　固体どうしの混合状態は固–液組成図によって表現できる

ここでは固液平衡について考える．6・3・3節で凝固点降下について扱ったように，純物質に他の物質が溶解することによって凝固点（融点）は低下する．異種固体の均一混合物（固溶体という）の固液平衡も同様に凝固点が降下する．ハンダなどの合金で凝固点降下の起こる原因である．

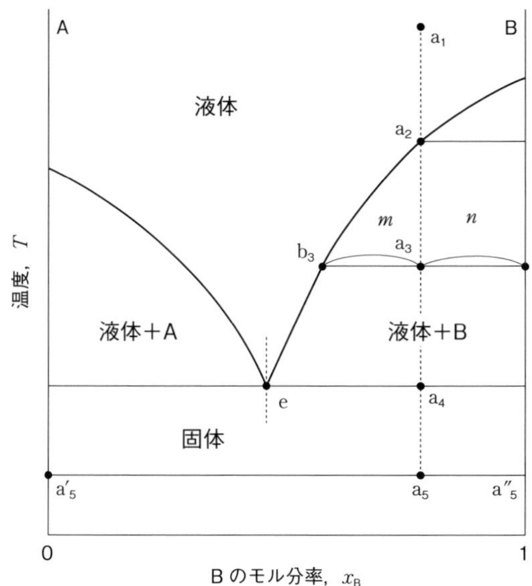

図6・15　固液平衡の温度−組成図

典型的な固溶体の状態図の例を図6・15に示す．この状態図において，AとBの混合物において，溶液状態では均一であるが，固体になるとAとBが別々に固化し，均一ではない．いま，点 a_1 にある系の温度低下にともなう挙動を考える．まず $a_1 \rightarrow a_2$ では，1成分液体相は「液体＋B」という2相領域へ入る．純粋なBの固体が液体から析出しはじめ，液体中はAが富むような状態である．さらに温度が低下し，$a_2 \rightarrow a_3$ の状態に達すると，液相は b_3 の状態となる（Bが析出するので液相中のAのモル分率が上昇）．てこの規則より，液相：固相＝$n : m$ となる（この場合では1:1である）．さらに温度が低下し $a_3 \rightarrow a_4$ に到達するとさらに液相中のAの割合が増加，その組成はeとなる．この液体は凝固すると純粋なBと純粋なAの2相系となる．また，点eの組成を共融混合物という．この組成の液体を冷却した場合，液体は1つの温度で凝固し，前述の例のようにAまたはBの固体が析出することはない．また点eはこの混合系での最低融点になる．

例　冬期間，道路の融雪のために塩（塩化カルシウムが一般的）を散布し，融点をさげることがある．ここではNaClと氷による寒剤の状態図を考える．

これは非理想型溶液であるにもかかわらず比較的簡単な状態図を示す．0℃の氷の入った容器にNaClを加えると凝固点は0℃より低いので一部は溶けて，水溶液と氷の平衡状態（H_2O＋Liq.）が生じる．第5章で説明したように，水に対するNaClの溶解熱は吸熱的であるので，系の温度は下がり，凝固点降下する．NaClの質量パーセント（wt%）と凝固点との関係は以下の表の通りである．

wt%	0	0.05	0.10	0.15	0.20	0.23	0.25
T/℃	0	−3	−6.6	−11	−16	−21.2	−7.3

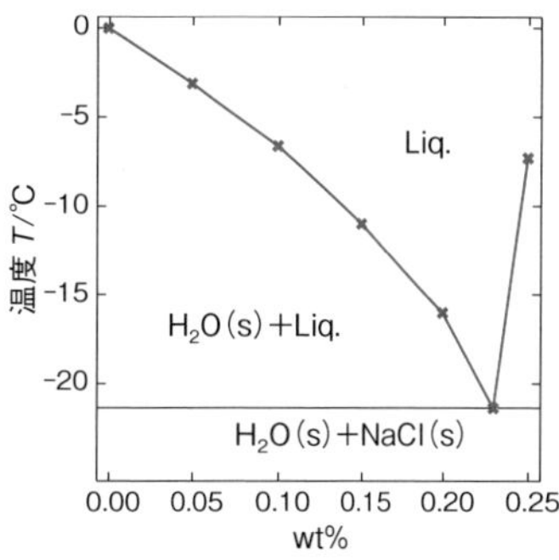

図　水−食塩の状態図

これをプロットすると上図のようになる．室温付近でのNaClの飽和濃度とも一致する．すなわち，溶解度も化学ポテンシャルの概念を使って考えることができるということを示している．

演習問題

問1　以下の水の状態図に基づいて，次の文章の空欄に適当な語句を入れよ．

3本の実線で区切られた3つの領域I，II，IIIにおいて安定な状態はそれぞれ〔　〕，水，〔　〕であり，曲線ab上では〔　〕と水が共存し，曲線ac上では水と〔　〕が共存する．氷，水，水蒸気全てが共存できる領域は図の〔　〕であり，〔　〕とよばれる．点cは〔　〕とよばれ，この点より温度と圧力が高くなると互いの区別がつかなくなる．この状態を〔　〕という．

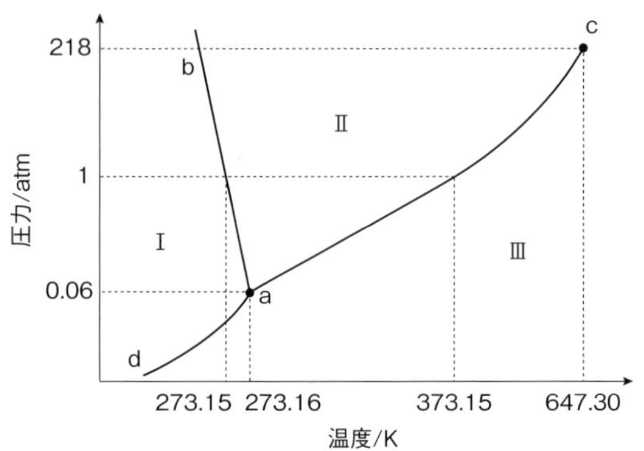

問 2　二酸化炭素の状態図について，水のそれとは異なる特徴を Clapeyron の式を用いて説明せよ．

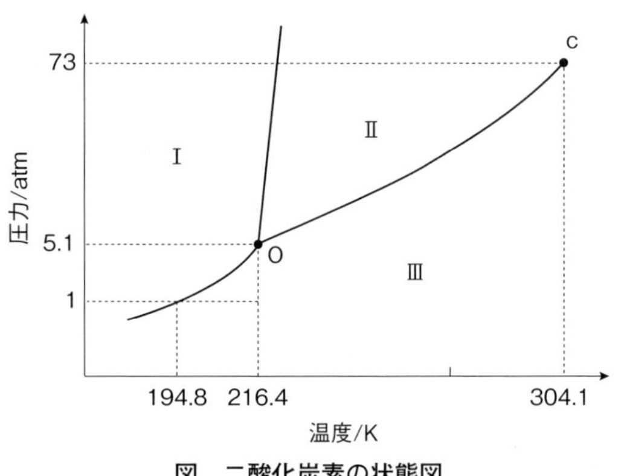

図　二酸化炭素の状態図

問 3　以下の図は物質の状態変化について表したものである．空欄に適当な語句を入れよ．

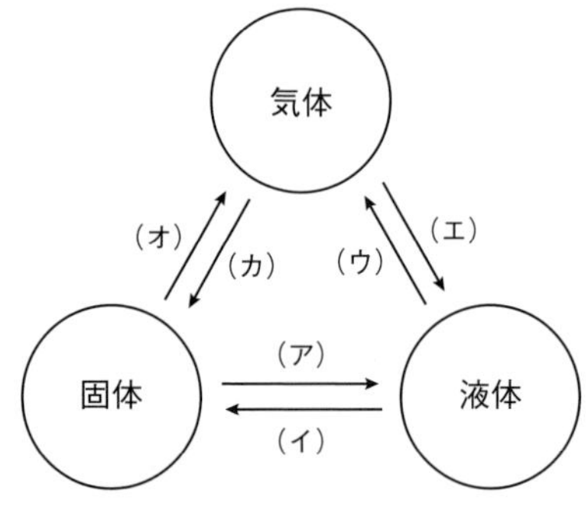

問 4　図 6・2 において，融点および沸点の場所を示せ．また，この図を使って相変化の起こる理由を説明せよ．

問 5　常温（25 ℃），大気圧下で，昇華する物質のモル Gibbs エネルギーと温度との関係を図示し，液体を経由しない理由を説明せよ．

問 6　水，エタノール，ジエチルエーテルの蒸気圧曲線について，(1) いずれの物質でも温度が上がると蒸気圧が高くなる理由について述べよ．

(2) 一定温度での蒸気圧を比べるとジエチルエーテル＞エタノール＞水の順に低くなる．この理由を説明せよ．

問 7 Clausius-Clapeyron の式から，温度 T_1 および T_2 での蒸気圧をそれぞれ，p_1，p_2 として

$$p_1 = p_2 e^{-\chi},\quad \chi = \frac{\Delta H_\mathrm{m}}{R}\left(\frac{1}{T_1} - \frac{1}{T_2}\right)$$

を導出せよ．

問 8 問 7 で導出した式を用いて，1.00 atm（101 kPa）での水の沸点（100 ℃）における水の蒸発エンタルピーは 40.66 kJ mol^{-1} である．80 ℃ のときの蒸気圧（p_1）を求めよ．

問 9 1.00 g の乾燥空気を，窒素 0.76 g と酸素 0.24 g の混合気体とする．全圧が 0.52 atm のとき各成分の分圧を計算せよ．

問 10 トルエン（t）とベンゼン（b）の混合系において，ベンゼンのモル分率を 0 から 1 まで 0.1 きざみで変化させたときの液相（x_b）および気相（y_b）成分の蒸気圧を図示せよ．25 ℃ での純ベンゼンの蒸気圧を 94.6 Torr，純トルエンの蒸気圧を 29.1 Torr とする．

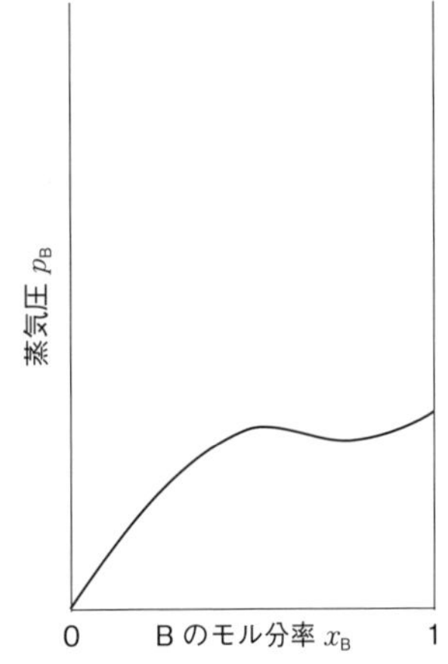

問 11 左図はある溶液中での溶質 B のモル分率 x_B と蒸気圧 p_B との関係を表したものである．Henry の法則と Raoult の法則が成り立つ場合の x_B と p_B の関係を図に示せ．また蒸気圧が $p_\mathrm{B}{}^*$ および K_B となる位置を図中に示せ．

問 12 式（6–47）から式（6–48）を導出せよ．ただし，蒸発エンタルピーと蒸発エントロピーは温度に依存しないものとする．

問 13 式（6–50）でのモル分率 x_B を質量モル濃度（m）へ変換せよ．ここで，A と B の分子量を M_A，M_B とする．

問 14 凝固点降下度を示す式（6–53）を導出せよ．

問 15 式（6–58）で示される浸透圧は，溶質のモル濃度 C を使って $\Pi = CRT$ と表現することができ，これは van't Hoff の式とよばれる．これを導出せよ．

問 16 (1) 下表のデータを用いて，全圧 760 mmHg におけるベンゼン（A）–トルエン（B）系の温度–組成図を図示せよ．x_A，y_A はそれぞれ混合液体中のベンゼンのモル分率，平衡状態にある蒸気中のベンゼンのモル分率である．
(2) 組成 $z_\mathrm{A} = 0.40$ の溶液の沸点を求めよ．またこの沸点における初留の液体中のベンゼンのモル分率を求めよ．

t/℃	111	106	102	98	92	90	87	85	83	80
x_A	0.0	0.10	0.20	0.30	0.50	0.60	0.70	0.80	0.90	1.00
y_A	0.0	0.21	0.37	0.51	0.71	0.79	0.86	0.91	0.96	1.00

第 7 章　化学平衡 （ΔG の応用 2）

第 6 章では，熱力学の物質の相転移への応用について扱った．特に ΔG の化学への応用例として比較的単純なものである．本章では，化学ポテンシャルおよび Gibbs エネルギーを化学反応へ適用する．まず，化学反応と平衡定数，Le Chatelier の原理について復習する．その後，反応進行度の概念を導入し，化学ポテンシャルや Gibbs エネルギーとの関係を整理し，平衡定数と関連づける．最後に平衡定数に対する温度および圧力の依存性について整理する．化学平衡は，相平衡とは異なり，変化（反応）の前後で化学種の増減を伴う．また，与えられた条件のもとで，どのように物質が変化していくのか，どの方向へ進行するのかを予測することに用いることができる．

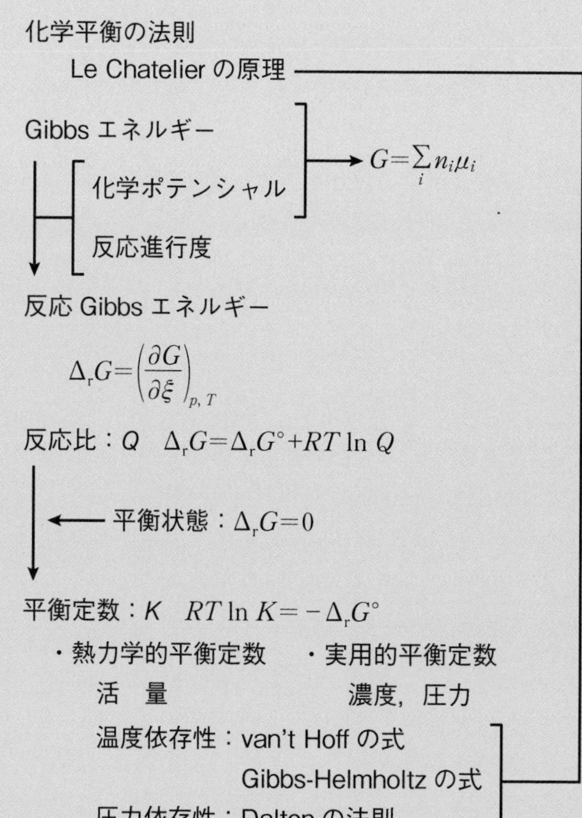

7・1　平衡定数を用いると化学反応の進む向きを予測できる

化学反応式に基づいて，平衡定数を定義することができる．

7・1・1　化学反応式から平衡定数を導く

① 一般的な化学式から，平衡定数を定義することができる．
② ルシャトリエの原理を説明できる．
③ 系の変化に伴う平衡の移動を説明できる．

いったん，Gibbsエネルギーの考え方から離れて，化学反応と平衡について復習する．定温定圧下で，水素 H_2 とヨウ素 I_2 の混合気体を容器内に入れると，ヨウ化水素を生成する．

$$H_2 + I_2 \longrightarrow 2HI$$

逆に，定温定圧下でヨウ化水素のみを容器に入れると，その一部は分解され H_2 と I_2 を生じる．

$$2HI \longrightarrow H_2 + I_2$$

すなわちこれらの反応は，可逆的に起こる化学反応であり，どちらの状態から出発しても最終的には，ある割合で存在する状態になる．いいかえると見かけ上どちらにも反応が進んでいないような状態であり，これを化学平衡（chemical equilibrium）という．第9章で扱う反応速度の考え方に基づくと，反応系から生成系に向かう正反応の速度と生成系から反応系に向かう逆反応の速度が等しい状態である．（図7・1）

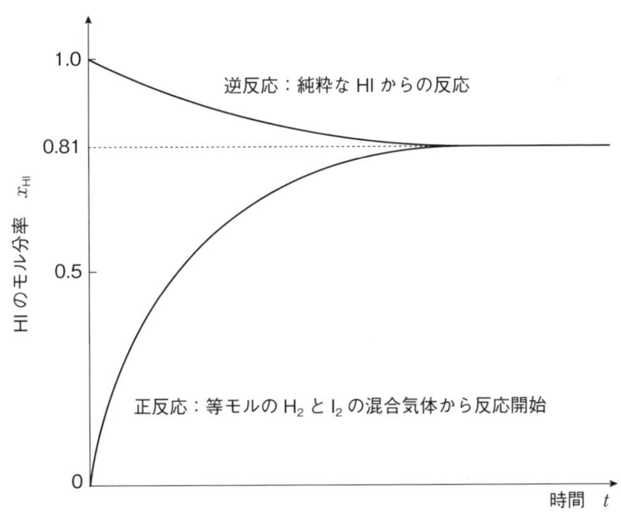

図7・1　$H_2+I_2 \rightarrow 2HI$ 系におけるHI量の反応時間依存性（反応は600 K）

均一な液相中で物質A, B, C, Dが式（7-1）の一般式で示される状態では平衡にあるとき，これらの濃度をそれぞれ［A］，［B］，［C］，［D］で表せば，平衡定数（equilibrium constant）は式（7-2）によって定義される．

$$aA + bB \rightleftharpoons cC + dD \qquad (7\text{-}1)$$

$$K=\frac{[C]^c[D]^d}{[A]^a[B]^b} \qquad (7\text{–}2)$$

ここで，a, b, c, d は化学量論係数である．van't Hoff は温度一定の場合，平衡定数 K は一定であることを明らかにした．これを化学平衡（質量作用）の法則（law of mass action）とよぶ．後述のように，濃度を用いて標記していることから，濃度平衡定数（K_c）ともよばれる．

化学平衡状態にある系に対して，温度，濃度，圧力などの条件に変化を与えると，その平衡はくずれ，反応はどちらかに進行し，新たな条件に従った平衡状態へ移動する．これを Le Chatelier（ルシャトリエ）（あるいは平衡移動）の原理という．「平衡にある系の条件を変えると，その影響を打ち消す方向に平衡が移動する」．例えば，式（7–1）において，平衡に達している状態に，さらに A を加えたとすると，反応が右側へ進行し新たな平衡状態に移動する．また，D を反応系から除去すれば，その平衡は右側へ移動する．

④ 式（7–3）を説明できる．
⑤ 反応進行度の定義を説明できる．
⑥ A と B の平衡反応における物質量変化を説明できる．
⑦ 反応 Gibbs エネルギーの定義（式（7–8））を説明できる．
⑧ 式（7–8）の意味について図 7・2 を用いて説明できる．
⑨ 式（7–10）を導出することができる．
⑩ 図 7・3 を説明できる．

7・1・2 化学反応は Gibbs エネルギーが極小となるように進行する

次に，熱力学的な観点から化学平衡を考える．これまで扱ってきたように，ある温度，ある圧力下での熱力学的に安定な状態は，Gibbs エネルギーを最小にする状態として定まる．この考え方は一般的なものであり，ここでは化学反応の進行，つまり物質量変化のともなう系での Gibbs エネルギー変化について考えてみる．そのためには，反応混合物の Gibbs エネルギーを計算し，G を極小にする組成を求めればよい．式（7–1）の反応について，定温定圧下（$dp=0, dT=0$）で A と B がわずかに減少し，それにともない C と D がわずかに増加する場合，反応系の Gibbs エネルギーの変化量は，第 6 章の式（6–27）を使って次式のように表される．

$$dG=\sum \mu_i dn_i=\mu_A dn_A+\mu_B dn_B+\mu_C dn_C+\mu_D dn_D \qquad (7\text{–}3)$$

各物質量の変化量 dn_i は式（7–1）の化学量論係数に比例するので，次の関係式が成り立つ．

$$-\frac{dn_A}{a}=-\frac{dn_B}{b}=\frac{dn_C}{c}=\frac{dn_D}{d} \qquad (7\text{–}4)$$

ここで，反応物 A の反応開始時の物質量を n_{A0}，ある時間経過した後の A の物質量を n_A とする．このとき，反応進行度（extent of reaction）

という量を次式のように定義できる．

$$\xi = \frac{(n_{A_0} - n_A)}{a} \tag{7-5}$$

ここでξ（グザイ）は反応進行度といい，次元は物質量（単位：mol）である．反応開始時ξはゼロであり，反応の進行とともに大きくなる（表7・1）．反応開始前の各反応物の物質量が反応式（7–1）の係数と同じとき（$n_{A0}=a, n_{B0}=b$のとき），正反応が完全に進行するとξ=0となる．

表7・1　反応進行度と反応系と生成系の濃度

反応段階	ξ	反応系	生成系
反応開始前	0	$[A]_0+[B]_0$	0
平衡へ向かう途中	0〜1*	$[A]+[B]$	$[C]+[D]$
反応終了後（平衡状態）	0〜1*	$[A]_e+[B]_e$	$[C]_e+[D]_e$

＊反応開始前の各反応物の物質量が，反応式の係数と同じ場合．
　反応開始前の各反応物の物質量によってξは1よりも大きくなる場合もある．

式（7–4）と（7–5）より

$$-\frac{dn_A}{a} = -\frac{dn_B}{b} = \frac{dn_C}{c} = \frac{dn_D}{d} = d\xi \tag{7-6}$$

$$dn_A = -a d\xi,\ dn_B = -b d\xi,\ dn_C = c d\xi,\ dn_D = d d\xi \tag{7-7}$$

を得る．

反応進行度について，A ⇌ Bという反応を例に挙げて具体的に説明する．Aの無限小量$d\xi$がBに変化したとすると，Aは，$dn_A = -d\xi$，Bは$dn_B = +d\xi$となる．反応進行度が$\Delta\xi$だけ変化すると，Aの量は，n_{A0}から$n_{A0}-\Delta\xi$へと変化し，Bの量はn_{B0}から$n_{B0}+\Delta\xi$へと変化する（正反応を＋としている）．例えば，2.0 molのAから反応を開始し，$\Delta\xi = +1.5$ molの場合，Aの物質量は，2.0 mol − 1.5 mol = 0.5 mol，Bは0 mol + 1.5 mol = 1.5 molと求められる．

例 反応進行度
3A→2Bの反応において，反応開始時にAが2.5 mol存在する．$\Delta\xi$ = +0.5 molのとき，AとBの物質量を求めよ．
　係数に注意する．
　Aは，3×0.5 mol減少するので，2.5 mol − 1.5 mol = 1.0 mol.
　Bは，2×0.5 mol = 1.0 mol増加する．

ここで，反応Gibbsエネルギー（$\Delta_r G$）を定義する．これは，Gibbsエネルギーを反応進行度に対してプロットしたグラフの勾配で定義される（図7・2）．

$$\Delta_r G = \left(\frac{\partial G}{\partial \xi}\right)_{p,T} \tag{7-8}$$

ここで式（7–8）は勾配を示しているので，Δは差ではなく，導関数を表していることに触れておく．いま，反応が$d\xi$だけ進行したとすると，対応するGibbsエネルギーの変化は

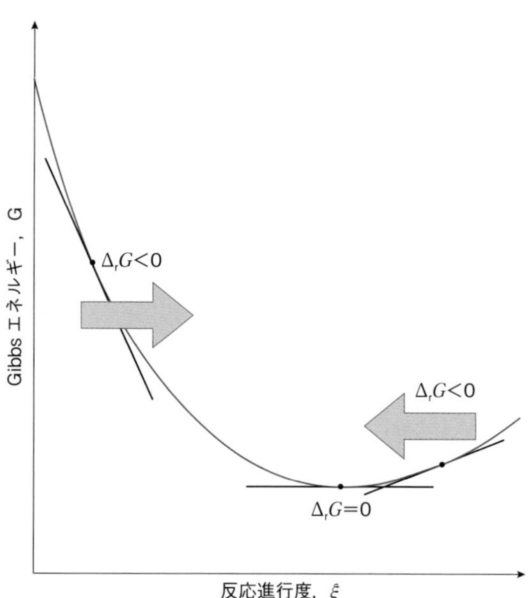

図 7・2　反応進行度と Gibbs エネルギー

矢印は $\Delta_r G=0$（すなわち平衡状態）へ反応が進行することを意味している．

$$dG=\mu_A dn_A+\mu_B dn_B=-\mu_A d\xi+\mu_B d\xi=(\mu_B-\mu_A)d\xi \quad (7\text{–}9)$$

である．この式を整理する（両辺を $d\xi$ でわる）と

$$\left(\frac{\partial G}{\partial \xi}\right)_{p,T}=\mu_B-\mu_A, \quad \therefore \Delta_r G=\mu_B-\mu_A \quad (7\text{–}10)$$

となる．したがって，$\Delta_r G$ は反応混合物の組成における反応系と生成系の化学ポテンシャルの差と解釈することができる．

化学ポテンシャルは組成（粒子数）に依存する量なので，Gibbs エネルギーを反応進行度に対してプロットしたグラフの勾配は，反応が進むにつれて変化する．反応は G が減少する方向に進む．式（7–10）より，もし $\mu_A>\mu_B$（$\Delta_r G<0$）ならば A→B の（正）反応が自発的に進行する．また $\mu_A<\mu_B$（$\Delta_r G>0$）であれば，B→A の逆反応が自発的に進行する．また，$\Delta_r G=0$ のとき勾配はゼロであるので，どちら向きの反応も進行しない．つまり平衡状態である．また平衡状態とは化学ポテンシャルが等しいときである．ここで，$\Delta_r G<0$ の反応を発エルゴン反応（exergonic reaction，仕事をつくるという意味），$\Delta_r G>0$ の反応を吸エルゴン反応（endergonic reaction，仕事を消費するという意味）という．これらについて図 7・3 にまとめた．

自然界は系のエネルギーが安定になる方向に進行している．我々は，化学反応で系の（熱）エネルギー（エンタルピー）が安定になる発熱反

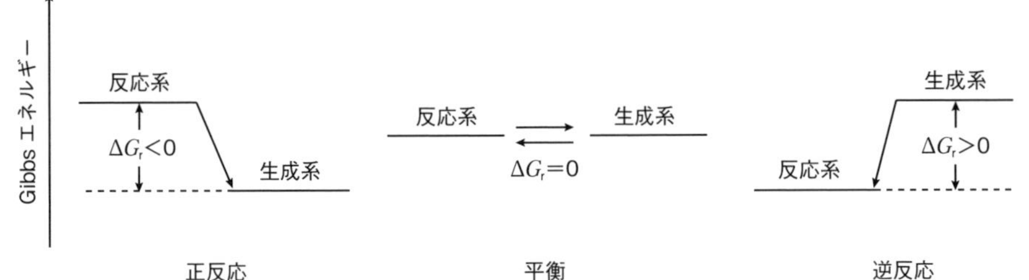

図7・3　反応の自発変化の方向と Gibbs エネルギー

応と，不安定になる吸熱反応があることを知っている．吸熱反応は，反応前に比べて，（熱）エネルギー的に不安定になるにもかかわらず自発的に反応が進行することになってしまう．この点について，熱量（エンタルピー）の変化のみでなく，これまで扱ってきたようにエントロピー変化も含んで（考慮して）いる Gibbs エネルギーの変化として考えれば矛盾しない．

7・2　Gibbs エネルギーや化学ポテンシャルは化学平衡と関係する

混合系における熱力学状態への理解を深めることができる．

7・2・1　化学変化にともなう組成変化は化学ポテンシャルと結びつけられる

① Gibbs エネルギー変化は，式 (7–11) で示されることを説明できる．
② 化学ポテンシャルの定義から式 (7–12) を導出することができる．

ここでは，化学変化にともなう組成変化と化学ポテンシャルとの関係についてまとめる．化学変化にともなって（微小時間のうちに）温度が $\mathrm{d}T$，圧力が $\mathrm{d}p$ だけ変化したときの Gibbs エネルギーは，$\mathrm{d}G=V\mathrm{d}p-S\mathrm{d}T$（式（A4–14））で定義される．この式だけでは，物質量の変化を考慮していないため，ここに新たに組成変化の項を加える．ここでは，7・1・2と同様に A⇄B を考える．反応によって，温度，圧力に加えて各成分の物質量が $\mathrm{d}n_\mathrm{A}$，$\mathrm{d}n_\mathrm{B}$ だけ変化すると，Gibbs エネルギー変化は，次式のように p, T および組成の関数で与えられる．

$$\mathrm{d}G=V\mathrm{d}p-S\mathrm{d}T+\left(\frac{\partial G}{\partial n_\mathrm{A}}\right)_{T,p,n_\mathrm{B}}\mathrm{d}n_\mathrm{A}+\left(\frac{\partial G}{\partial n_\mathrm{B}}\right)_{T,p,n_\mathrm{A}}\mathrm{d}n_\mathrm{B} \quad (7\text{–}11)$$

第6章の式（6–27）より，Gibbs エネルギーの変化は次式（7–12）で表される．

$$\mathrm{d}G=V\mathrm{d}p-S\mathrm{d}T+\mu_\mathrm{A}\mathrm{d}n_\mathrm{A}+\mu_\mathrm{B}\mathrm{d}n_\mathrm{B} \quad (7\text{–}12)$$

以上を用いることによって，定温（$\mathrm{d}T=0$），定圧（$\mathrm{d}p=0$）での他成分系（i 成分）における化学ポテンシャルと Gibbs エネルギーは，式（6–29）の $G=\sum_i n_i\mu_i$ によって関係づけられる（式（7–3）と同様になる）．

③ 式（7–14）を導出できる．
④ 式（7–18）を導出できる．
⑤ 反応比と平衡定数との関係を説明できる．

例 ヨウ化水素 HI の生成反応は

$$\frac{1}{2}H_2(g)+\frac{1}{2}I_2(g)\rightarrow HI(g)$$

であり，25 ℃ での標準反応 Gibbs エネルギーは，+1.7 kJ mol^{-1} である．このときの平衡定数 K を求めよ．

式（7–11）より

$$\ln K=-\frac{1.70\times10^3\ \mathrm{JK^{-1}mol^{-1}}}{8.3145\ \mathrm{JK^{-1}mol^{-1}}\times298.15\ \mathrm{K}}=-0.685$$

$$K=e^{-0.685}=0.50$$

と求められる．この反応は $\Delta_r G$ の値が正であり，かつ $K<1$ であるので逆反応が自発的に進行する．

7・2・2 平衡状態では反応 Gibbs エネルギー差はゼロとなる

前節で A $\rightleftharpoons$ B の反応を熱力学的に扱った．これを化学平衡に適用する．6・2・5で扱った理想気体の化学ポテンシャル（式 (6–34)）と式 (7–10) より

$$\begin{aligned}\Delta_r G&=\mu_B-\mu_A\\&=\mu_B^\circ+RT\ln p_B-(\mu_A^\circ+RT\ln p_A)\\&=\mu_B^\circ-\mu_A^\circ+RT\ln\frac{p_B}{p_A}\end{aligned}\tag{7–13}$$

と書くことができる．

ここで，標準反応 Gibbs エネルギー（$\Delta_r G^\circ=\mu_B^\circ-\mu_A^\circ$）と分圧の比（$p_B/p_A$）を Q で表すと

$$\Delta_r G=\Delta_r G^\circ+RT\ln Q\tag{7–14}$$

となる．ここで Q は反応比（あるいは反応商，reaction quotient）と呼ばれる．平衡状態では，$\Delta_r G=0$ で，このとき Q は平衡定数 K として定義され，次式のように表すことができる．

$$\begin{aligned}RT\ln K&=-\Delta_r G^\circ\\K&=\frac{p_B}{p_A}\end{aligned}\tag{7–15}$$

一方，$\Delta_r G^\circ>0$ のときは，$Q<1$ となるので，平衡状態では A の分圧の方が多いことになる．また，$\Delta_r G^\circ<0$ のときは $Q>1$ であるので，B の分圧の方が多いことになる．

次に，反応にともなって量論係数が変わる系を扱い一般化する．式 (7–1) の反応前後における物質量変化について，図 7・4 にまとめてある．7・2・1で扱ったように，反応進行度 ξ は，物質 A, B がそれぞれ a mol，b mol 減少し，C, D がそれぞれ c mol，d mol 生成したときに，反応進行度が 1 mol 増加したということになる．これは「反応が 1 回起こった」と考えることもできる．また，$\Delta_r G$ は反応が 1 回進むときの Gibbs エネルギーと捉えることができるので

$$\frac{dG}{d\xi}=\Delta_r G=(c\mu_C+d\mu_D)-(a\mu_A+b\mu_B)\tag{7–16}$$

となる．式 (7–9) と同様に（理想気体の化学ポテンシャルより）

例

1. $2NO_2\rightleftharpoons N_2O_4$ について，$\Delta_r G$ と各物質の化学ポテンシャル μ を用いてその反応比 Q を求めよ．

$$\begin{aligned}\Delta_r G&=\mu_{N_2O_4}-2\mu_{2NO_2}\\&=\left(\mu_{N_2O_4}^\circ+RT\ln\frac{p_{N_2O_4}}{p^\circ}\right)\\&\quad-2\left(\mu_{NO_2}^\circ+RT\ln\frac{p_{NO_2}}{p^\circ}\right)\\&=\mu_{N_2O_4}^\circ-2\mu_{NO_2}^\circ\\&\quad+RT\left(\ln\frac{p_{N_2O_4}}{p^\circ}+2\ln\frac{p_{NO_2}}{p^\circ}\right)\end{aligned}$$

変形して

$$\Delta_r G=\Delta_r G^\circ+RT\ln Q$$

とまとめられる．ここで，$\Delta_r G^\circ=\mu_{N_2O_4}^\circ-2\mu_{NO_2}^\circ$，また

$$Q=\frac{\left(\frac{p_{N_2O_4}}{p^\circ}\right)}{\left(\frac{p_{NO_2}}{p^\circ}\right)^2}$$

である．p° は単位圧力であるので

$$Q=\frac{p_{N_2O_4}}{p_{NO_2}^2}$$

に変形できる．

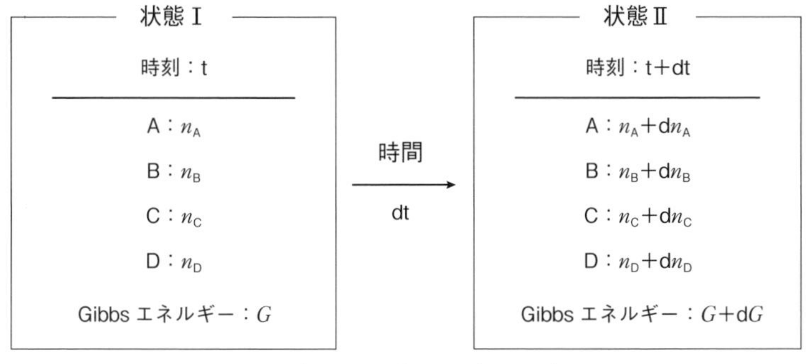

$$d\xi = -\frac{dn_A}{a} = -\frac{dn_B}{b} = \frac{dn_C}{c} = \frac{dn_D}{d}$$

図7・4　反応前後における物質量変化

2. 1の反応について 25℃（298.15 K）の標準反応 Gibbs エネルギーより，平衡定数を求めよ．
必要な $\Delta_f G°$ 値は
N_2O_4(g): 97.79 kJ mol^{-1},
NO_2(g): 51.30 kJ mol^{-1} である．
$\Delta_r G°$ =（生成物の $\Delta_f G°$ の総和）—（反応物の $\Delta_f G°$ の総和）より
$\Delta_r G° = 97.79\ \text{kJ mol}^{-1} - 2\times 51.30\ \text{kJ mol}^{-1}$
$= -4.81\ \text{kJ mol}^{-1}$
である．式（7–11）より
$4.81\times 10^3\ \text{JK}^{-1}\text{mol}^{-1}$
$= 8.3145\ \text{JK}^{-1}\text{mol}^{-1}\times 298.15\ \text{K}\times \ln K$
$K = 6.96$
となる．

$$\Delta_r G = c\mu_C^\circ + d\mu_D^\circ - (a\mu_A^\circ + b\mu_B^\circ) + RT\{c\ln p_C^\circ + d\ln p_D^\circ - (a\ln p_A^\circ + b\ln p_B^\circ)\} \tag{7–17}$$

となることがわかる．以上より

$$\Delta_r G = \Delta_r G^\circ + RT\ln\frac{p_C^c p_D^d}{p_A^a p_B^b} \tag{7–18}$$

と書くことができ

$$Q = \frac{p_C^c p_D^d}{p_A^a p_B^b} \tag{7–19}$$

である．平衡条件（$\Delta_r G=0$）において $Q=K_p$ と定義され，圧平衡定数とよばれる．

7・2・3　熱力学的平衡定数は活量を使って表す

⑥ 活量の考え方を用いて式（7–20）を導出できる．
⑦ 式（7–21）を導出できる．

第6章において，溶液中での実効的な濃度に対応する活量を導入した．ここで，化学ポテンシャルは式（6–39）と同様に次式（7–20）で表される．

$$\mu_A = \mu_A^\circ + RT\ln a_A \tag{7–20}$$

したがって，反応比 Q は生成物の活量と反応物の活量の比で表すこともできる．

これまでと同様，平衡すなわち $\Delta_r G=0$ の場合，$Q=K$ である．溶液中でのの反応式について，式（7–15）と同様に扱うと，平衡定数は次のように表すことができる．

例 2A＋3B→C＋2D の反応の Q について活量を用いると

$$Q = a_A^{-2}a_B^{-3}a_C a_D^2 = \frac{a_C a_D^2}{a_A^2 a_B^3}$$

と表される．

例 不均一平衡

$CaCO_3(s) \rightleftharpoons CaO(s) + CO_2(g)$

の K は

$$K = \frac{a_{CaO(s)}a_{CO_2(g)}}{a_{CaCO_3(s)}} = a_{CO_2}$$

である．二酸化炭素を理想気体として扱い，また固体の活量は1であることから，平衡定数は

$$K \approx p_{CO_2}/p^\circ$$

と書くことができる．

$$\mu_B^* - \mu_A^* + RT\ln K = 0, \quad K = \frac{a_B}{a_A}$$
$$\therefore \quad K = \frac{a_B}{a_A} \qquad (7\text{–}21)$$

このときの平衡定数は熱力学的平衡定数と呼ばれる．

活量と基準状態については表7・2にまとめてある．化学平衡定数の式に含まれる純液体，固体などの活量を1とする．

表7・2　活量と基準状態

物　質	活　量	表　記
気　体	$a_x = p_x/p^\circ$	$a_x = p_x$
希薄溶液の溶質	$a_x = c_x/c^\circ$	$a_x = c_x$
液体（溶媒）と固体	$a_x = 1$	$a_x = 1$

⑧ 式（7–22）を導出できる．
⑨ 圧平衡定数と濃度平衡定数との関係を説明できる．
⑩ 圧平衡定数から濃度平衡定数を求めることができる．
⑪ 平衡に達したときの化学種の濃度を求めることができる．

7・2・4　平衡定数は濃度を使って表すと実用的である

前節で圧平衡定数について取り扱った．ここでは平衡定数を濃度で表す．7・2・2と同様 $aA + bB \rightleftharpoons cC + dD$ について，$[J] = n_J/V$ を用いて変形すると次式のように表される．

$$K = \frac{(RT[C]/p^\circ)^c(RT[D]/p^\circ)^d}{(RT[A]/p^\circ)^a(RT[B]/p^\circ)^b} = \left(\frac{RT}{p^\circ}\right)^{(c+d)-(a+b)}\frac{[C]^c[D]^d}{[A]^a[B]^b} \qquad (7\text{–}22)$$

ここで

$$K_C = \frac{[C]^c[D]^d}{[A]^a[B]^b} \qquad (7\text{–}23)$$

とする．これは濃度平衡定数とよばれる．$(c+d)-(a+b) = \Delta n$，$p^\circ = 1$ bar とすると，K と K_C は

$$K = (RT)^{\Delta n}K_C \qquad (7\text{–}24)$$

の関係で結びつけられる．$\Delta n = 0$ の場合は $K = K_C$ となる．また，Δn が変化する系では K と K_C は必ずしも同じにはならない．

実際にアンモニア合成の気相反応をモル濃度で表し，その平衡定数を K_C とすると

$$K_C = \frac{[NH_3]^2}{[N_2][H_2]^3} \qquad (7\text{–}25)$$

と表される．この反応の Δn は，$2-(1+3) = -2$ である．したがっ

例 溶解平衡

塩化銀（AgCl）は，難溶性の塩として知られており，水中では，次式のような溶解平衡が成立している．

$$AgCl \rightleftharpoons Ag^+ + Cl^-$$

ここで，この平衡定数 K は濃度を用いて表すと

$$K = \frac{[Ag^+][Cl^-]}{[AgCl]}$$

となる．一方活量を用いて表すと，固体の活量は1であることから

$$K = a_{AgCl(s)}^{-1}a_{Ag^+}a_{Cl^-} = a_{Ag^+}a_{Cl^-}$$

となる．

近似的に濃度を使って反応物（左辺）のみで K を表すことができる．

$$K = [Ag^+][Cl^-]$$

このときの K を溶解度積という．

て式（7-24）より

$$K = \left(\frac{RT}{p^\circ}\right)^{-2} K_C \tag{7-26}$$

となる．

これまでは，比較的簡単な系における平衡濃度を扱ってきた．より複雑な化学反応での平衡時におけるすべての化学種の濃度を決定するためには以下のような手順を用いる．

ここでは，（1）水素と窒素からアンモニアを合成する反応と（2）ヨウ化水素の分解反応を例にあげる．

（1）一定体積の反応容器中に 1.00 bar の N_2 と 3.00 bar の H_2 を混合し触媒存在下で以下の反応により NH_3 を合成した．平衡定数 $K = 977$ として，これら3種類の気体の平衡分圧を求めよ．

$$N_2(g) + 3H_2(g) \rightleftharpoons 2NH_3(g)$$

手 順

① 表をつくる

反応式に基づいて，次のような平衡表をつくる．

	N_2	+	$3H_2$	$\rightleftharpoons$	$2NH_3$
初期組成					
変化量					
平衡組成					

② 1行目にはモル濃度や分圧の初期値を書く．ここで，活量1の固体や液体は無視する．

③ 2行目には平衡に到達するときの濃度や分圧の変化量を書く．任意の物質の変化量を x として他の変化量は化学反応式から求める．増加を＋，減少を－とする．

④ 3行目に，1行目と x を使った平衡組成での濃度を書く（正の値になるはずである）

	N_2	+	$3H_2$	$\rightleftharpoons$	$2NH_3$
初期組成 / bar	1.00		3.00		0
変化量 / bar	$-x$		$-3x$		$+2x$
平衡組成 / bar	$1.00-x$		$3.00-3x$		$2x$

⑤ 3行目の値を K の式に代入し，方程式を解く．

反応式より平衡定数は平衡分圧を用いて

例 アンモニア合成の反応において，298K で $K = 5.8 \times 10^5$ である．この温度での K_C を求めよ．

ここで，p は単位圧力（bar，気体定数の単位に注意 1 bar $= 10^5$ Pa）なので

$K_c = 5.8 \times 10^5 \times (8.314 \times 10^{-2}\ \mathrm{bar\ K^{-1}} \times 298\ \mathrm{K/1\ bar})^2 = 3.6 \times 10^8$

である．

$$K = \frac{{p_{NH_3}}^2}{p_{N_2}{p_{H_2}}^3}$$

で表される．この式に表の平衡組成と K の値（977）を代入して，x について解く．

$$K = \frac{2x^2}{(1.00-x)(3.00-3x)^3} = \frac{4x^2}{27(1.00-x)^4} = 977$$

（x の二次方程式として計算できるように変形すると解きやすい）このとき，$x=1.12$ および 0.895 が得られる．ここで，平衡組成で $p_{N_2}=(1.00-x)<0$ になることはないので，適する解としては $x=0.895$ である．3 行目の x に代入して，それぞれの分圧は，$p_{N_2}=0.10$ bar，$p_{H_2}=0.32$ bar，$p_{NH_3}=1.8$ bar と求められる．

（2）ヨウ化水素（HI）の分解反応は次式で表され（平衡定数 K_p），ある温度での解離度を α とする．

$$HI \rightleftharpoons \frac{1}{2}H_2 + \frac{1}{2}I_2$$

反応開始時に HI が a mol あったとして，（1）と同様に表を作成する．

	HI	$\rightleftharpoons$	$\frac{1}{2}H_2$	+	$\frac{1}{2}I_2$
初期組成 / mol	a		0		0
変化量 / mol	$-\alpha a$		$(\alpha a)/2$		$(\alpha a)/2$
平衡組成 / mol	$a(1-\alpha)$		$(\alpha a)/2$		$(\alpha a)/2$

平衡状態では次式が成り立つ．

$$K_p = \frac{\alpha}{2(1-\alpha)}$$

温度 600 K での平衡定数は $K_p=0.12$ であることから，この温度での平衡状態における H_2 および I_2 のモル分率は，それぞれ

$$\frac{\alpha}{2} = \frac{K_p}{(1+2K_p)} = 0.097$$

となる．また HI のモル分率は 0.81 である．

7・2・5　熱力学的平衡定数と活量から実際の平衡定数を求めることができる

⑫ 活量と濃度との関係を説明できる．

これまでに扱ってきた平衡定数は，熱力学的な観点に基づいている．また，熱力学的データから算出して得られた平衡定数は，活量を用いたものであることに注意する必要がある．ここで，実際の反応系で扱われる物質のモル分率や重量モル濃度などとの関係をまとめる．

第６章で扱ったように，活量と濃度は，$a_J = \gamma_J x_J$ または $a_J = \gamma_J m_J / m^\circ$ の関係で結びつけられる．したがって，$a\mathrm{A} + b\mathrm{B} \rightleftarrows c\mathrm{C} + d\mathrm{D}$ の反応において，全てが溶質であると仮定すると

$$K = \frac{a_C a_D}{a_A a_B} = \frac{\gamma_C \gamma_D}{\gamma_A \gamma_B} \times \frac{m_C m_D}{m_A m_B} = K_\gamma K_m \qquad (7\text{–}27)$$

となる．活量係数が１に近い系であれば，$K_\gamma = 1$ なので $K = K_m$ とおくことができ，実際にこの近似を用いて化学平衡を記述していることを念頭に置く必要がある．

7・3　化学平衡は温度や圧力に依存する

Le Chatelier の原理から化学平衡に対する圧力，温度依存性を説明できる．

Le Chatelier の原理から，温度や圧力の変化によって，その平衡が移動することは容易に想像できる．ここでは，熱力学的な考察に基づいて化学平衡の温度依存性と圧力依存性について考える．

7・3・1　平衡定数の温度依存性は van't Hoff の式で与えられる

① Gibbs エネルギーの温度依存性について，式（7–28）を説明できる．
② 図７・５を説明できる．
③ 式（7–30）を導出できる．
④ 式（7–31）の関係を図示することができる．
⑤ 平衡定数の温度依存性から標準エンタルピーを求めることができる．

Le Chatelier の原理から，反応系の温度が上昇した場合，発熱反応では平衡は反応物側に移動し，吸熱反応では生成物側へ移動することが知られている．ここで，平衡定数の温度依存性を扱う前に，自発変化の方向に対する温度の効果を考える．Gibbs エネルギーは，これまで扱ってきたように $\Delta G = \Delta H - T\Delta S$ で表される．ΔH および ΔS の値は，広い温度範囲で一定であると近似できる．この場合，$\Delta G = 0$ となる温度を

表７・３　反応の Gibbs エネルギーに対する温度の影響

	低温領域（$T < Tc$）	高温領域（$T > Tc$）
$\Delta H < 0,\ \Delta S < 0$	$\Delta G < 0$	$\Delta G < 0$
$\Delta H > 0,\ \Delta S > 0$	$\Delta G < 0$	$\Delta G < 0$
$\Delta H < 0,\ \Delta S > 0$	$\Delta G < 0$	
$\Delta H > 0,\ \Delta S < 0$	$\Delta G < 0$	

T_c とおくと，$T_c = \Delta H/\Delta S$ となる．したがって，ΔG は次式のように書くことができる．

$$\Delta G = (T_c - T)\Delta S \qquad (7\text{–}28)$$

この関係から，ΔG の符号について，表7・3に示す関係が得られる．また，その温度依存性を4つの ΔH および ΔS のパターンに分けてプロットすると，図7・5のように表すことができる．

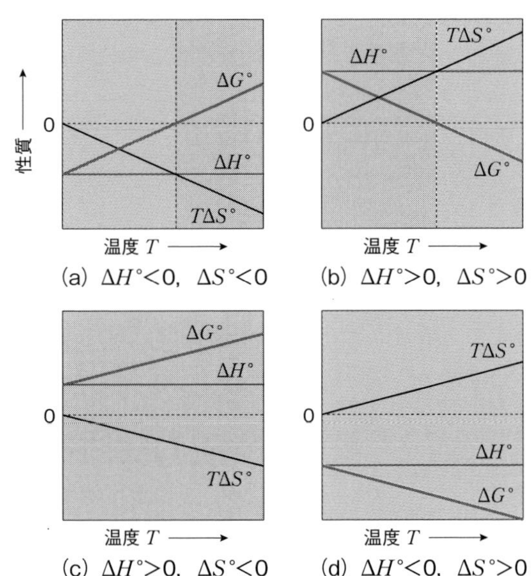

図7・5　反応 Gibbs エネルギーに対する温度の影響

背面の赤色部分は，生成系へ反応が進行する温度領域（$\Delta G<0$）であり，灰色は自発変化の起こらない温度領域（$\Delta G>0$）である．

平衡定数そのものの温度依存性については，第6章のコラムで扱った Gibbs-Helmholtz 式を用いて説明することができる．Gibbs-Helmholtz 式より，Gibbs エネルギー変化の温度依存性とエンタルピー変化との関係は式（7–29）で表すことができる．

$$\left[\frac{\partial}{\partial T}\left(\frac{\Delta G}{T}\right)\right]_p = -\frac{\Delta H}{T^2} \qquad (7\text{–}29)$$

ここで，式（7–15）と式（7–29）より

$$\left(\frac{\partial \ln K}{\partial T}\right)_p = \frac{\Delta H°}{RT^2} \qquad (7\text{–}30)$$

が導かれる．これは van't Hoff の式とよばれる．式（7–30）を積分すると

例　CO_2 と H_2 から CO と H_2O が生成する反応の平衡定数の温度依存性

T/K	K_p
298	1.01×10^5
400	6.76×10^4
500	7.60×10^3
600	3.69×10^2
700	0.111
800	0.248
1,000	0.729
1,200	1.44

表は，CO_2 と H_2 から CO と H_2O が生成する反応の平衡定数の温度依存性である．これらの値を用いて，反応の標準エンタルピー（$\Delta_r H$）を求めよ．

方法：平衡定数の対数値を $1/T$ に対してプロットする．

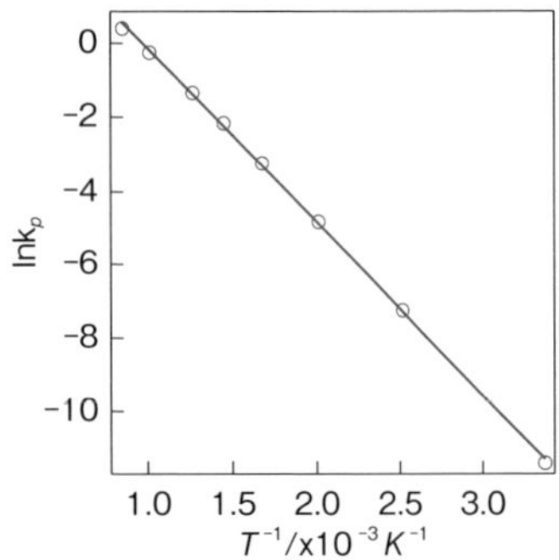

$$CO_2(g) + H_2(g) \longrightarrow CO(g) + H_2O(g)$$

解答：図に示したように，横軸を $1/T$，たて軸を $\ln K_p$ としてプロットする．近似直線の傾きは，$-\Delta_r H/R$ となる．（たて軸を $\log K_p$ とすれば，傾きは $-\Delta_r H/2.303\,R$ である．）この近似直線の傾きは，-4695 であるので，$\Delta_r H = 39.0\ \mathrm{kJ\ mol^{-1}}$ が得られる．この反応は吸熱反応であることがわかる．

$$\ln K = -\frac{\Delta H^\circ}{RT} + \text{const} \qquad (7\text{–}31)$$

となる．平衡定数の対数値を $1/T$ に対してプロットすれば直線関係が得られ，その勾配から反応の標準エンタルピー（$\Delta_r H$）が得られることを示している．

7・3・2　平衡定数の圧力依存性は Dalton の法則で説明できる

⑥ 式（7–32）を言葉で説明することができる．
⑦ 系の圧力変化について Dalton の法則に基づいて説明することができる．

平衡定数自体は圧力の影響は受けない．なぜならば，化学反応において平衡組成が必ずしも圧力に依存しないからである．しかしながら，圧力はしばしば反応に及ぼす一因となる．ここでは，理想気体の平衡 $A \rightleftharpoons 2B$ について考える．この平衡定数は

$$K = \frac{p_B{}^2}{p_A} \qquad (7\text{–}32)$$

となる．この式は，p_A が増加したとき，K を一定にするためには，p_B の2乗だけ増加すればよいことを示している．しかしながら，実際には，その圧力増加を最小にするためには，粒子数を減少させる方向に平衡が移動する．これは，系全体の圧力 p は，A および B の分圧（$p_i = n_i RT/V$）の和（Dalton の法則）であることから説明できる．

演習問題

問1　次の文の空欄に最も適した用語を入れよ．
化学平衡は，温度や圧力，濃度のような条件が変化したときに，この影響を〔　　〕方向に移動する．例えば反応系の温度を上昇させると系は〔　　〕方向に反応は進みやすくなり〔　　〕反応が進行する．このような現象を〔　　〕の法則という．

問2　アンモニアを生成する化学反応 $N_2 + 3H_2 \rightarrow 2NH_3$ が初期量（N_2: 10 mol, H_2: 30 mol）から進行した．N_2 が 4.0 mol 反応したときの反応進行度 ξ を求めよ．

問3　次の反応について化学平衡の式で表せ．
(1) $Ca(OH)_2(s) \rightleftharpoons Ca^{2+}(aq) + 2OH^-(aq)$
(2) $O_2(g) \rightleftharpoons O_2(aq)$（水中の溶存酸素）

問4　反応 $2SO_2(g) + O_2(g) \rightleftharpoons 2SO_3(g)$ について，圧平衡定数 K は 400 ℃ で 3.1×10^4 である．濃度平衡定数（K_C）を求めよ．

問 5　次の平衡反応について問いに答えよ．

$$N_2O_4(g) \xrightleftharpoons{K_p} 2NO_2(g)$$

ただし次の値を用いよ．

	ΔH_f°/kJ mol^{-1}	S°/J K^{-1} mol^{-1}
$N_2O_4(g)$	9.16	304.29
$NO_2(g)$	33.18	240.06

(1) N_2O_4 の解離度を α とおいて，全圧を p としたときの平衡定数 K_p を求めよ．

(2) 全圧を上げたとき，α と K_p の関係から平衡がどちらに移動するかを述べよ．

(3) 温度を上げたとき，平衡がどちらに移動するか，反応のエンタルピー変化から述べよ．

(4) 298 K における $\Delta_r S$，$\Delta_r G$ および K_p を求めよ．

(5) 298 K，1 atm における α を求めよ．また 298 K において，$\alpha = 0.5$ となる圧力はいくらか．

問 6　炭酸カルシウムの解離反応 $CaCO_3(s) \rightleftharpoons CaO(s) + CO_2(g)$ の解離圧は次のように変化する．

温度 /℃	600	700	800	1000	1100
p_{CO_2}/atm	0.00242	0.0292	0.220	3.871	11.50

(1) この反応における各温度での K_p の値を求めよ．

(2) $CaCO_3$ の解離熱（ΔH）についてグラフを使って求めよ．

(3) 900℃ における K_p をグラフから読み取り，この温度における $\Delta_r G$ および $\Delta_r S$ を求めよ．

	ΔH_f°/kJ mol^{-1}	ΔG_f°/kJ mol^{-1}
$CO_2(g)$	−393.51	−394.36
$CO(g)$	−110.53	−137.17
$O_2(g)$	0	0

問 7　以下の化学平衡の温度依存性について次の問いに答えよ．

(1) 温度を上げると，$N_2O_4(g) \rightleftharpoons 2NO_2(g)$ の平衡組成はどう変わるか．

(2) 温度を下げると，$2CO(g) + O_2(g) \rightleftharpoons 2CO_2(g)$ の平衡組成はどう変わるか．

問 8　以下の平衡は，加圧するとどちらに移動するか．

(1) $N_2O_4(g) \rightleftharpoons 2NO_2(g)$

(2) $H_2(g) + I_2(g) \rightleftharpoons 2HI(g)$

第8章 化学エネルギーと電気エネルギー

化学反応に関与する電子を直接取り出し，そのエネルギーを利用して仕事を行わせるのが電池（battery）である．エネルギーの効率的利用や環境面から重要な技術であり，様々な型の電池が開発されている．化学エネルギーが直接電気エネルギーに変換され，このとき電池が行うことのできる最大仕事は Gibbs エネルギー（ΔG）で決まる．電池の起電力（electromotive force）は ΔG に比例し，また，電池の電極電位（electrode potential）は，関与する反応の平衡定数と関連づけられること（Nernst の式）を学ぶ．

電子のエネルギー
- 位置エネルギーと電気的エネルギー
- Faraday 定数
- 電極反応は酸化還元反応
- Daniell 電池
- イオン化傾向
- 酸化数

Gibbs エネルギーと電気的仕事量 → 化学電池の代表例
- イオンの標準生成 Gibbs エネルギー（$\Delta_f G^\circ$）
- 半電池反応
- 電気的仕事
- 起電力

標準生成 Gibbs エネルギーと標準電極電位
- Nernst 式

化学電池の代表例
- 鉛蓄電池
- リチウムイオン電池
- レドックスフロー電池
- 燃料電池

8・1 電気化学の基本は電子の動きにある

① 電子のエネルギーについて，位置エネルギーと比較して説明できる．
② 電荷の移動に伴うエネルギー変化の計算ができる．
③ Faraday 定数の定義を説明できる．

*1 1クーロン（C）は1アンペア（A）の電流が1秒流れたときの電荷である．

8・1・1 電子のエネルギーは電位に依存する

電子は負電荷をもつので，電位差のある場所の間ではエネルギー差を生ずる．図8・1に示すように，位置エネルギーと対応すると理解しやすい．質量 m グラム（g）の物体は重力の影響により，mg ニュートン（N）の力を受ける．このとき，高低差が h（m）であれば位置エネルギー mgh ジュール（J）をもつ．一方，電荷量 Q クーロン（C）[*1] をもつ電子が電位差 E ボルト（V）の位置にあるとき，その電気化学的エネルギーは QE ジュール（J）である．

$$\begin{aligned} \text{エネルギー(J)} &= \text{力}(mg/\mathrm{N}) \times \text{距離}(h/\mathrm{m}) \\ &= \text{電荷量}(Q/\mathrm{C}) \times \text{電位差}(E/\mathrm{V}) \qquad (8\text{–}1) \end{aligned}$$

負電荷をもつ電子は，負の電位にあるほど不安定，すなわち高いエネルギーをもつ．したがって，電子が自発的に移動する方向は，負電位から正電位の方向である．すなわち，1 C の電荷が 1 V の負電位から正電位へ移動すると，1 J のエネルギーを放出する．

電気化学における基本量に Faraday（ファラデー）定数（F）がある．これは電子の電気素量（elementary electric charge）e に Avogadro 定数 N_A をかけたもので，1 mol あたりの電荷量と理解できる．

$$\begin{aligned} \text{Faraday 定数 } F &= e \times N_A \\ &= 1.6022 \times 10^{-19}\ \mathrm{C} \times 6.022 \times 10^{23}\ \mathrm{mol^{-1}} \\ &= 96485\ \mathrm{C\ mol^{-1}} \simeq 96500\ \mathrm{C\ mol^{-1}} \qquad (8\text{–}2) \end{aligned}$$

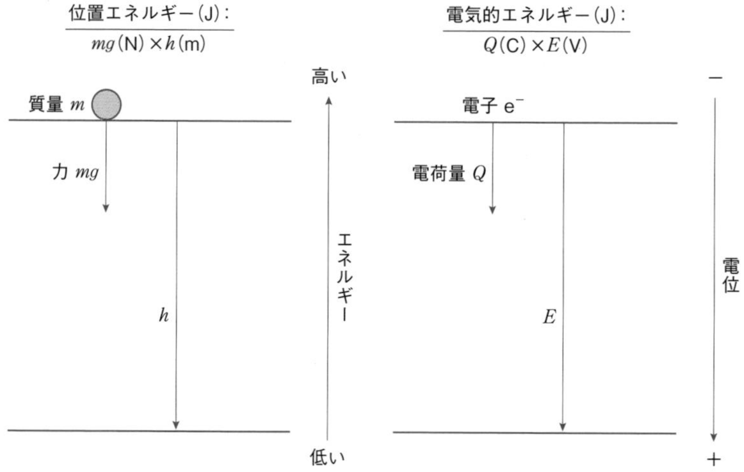

図8・1 位置エネルギーと電気的エネルギー

8・1・2　電極反応は酸化還元反応である

④ Daniell 電池の原理を説明できる.
⑤ Daniell 電池の負極および正極での半電池反応を書くことができる.
⑥ 電極における酸化・還元反応について説明できる.
⑦ 酸化数の定義を説明でき，計算ができる.

電池の原理を理解するために，簡単な電池である銅—亜鉛電池（Daniell ダニエル電池）を例に示す．電池を書き表すときは，相間の界面を縦線，セパレータを ‖ で示す．Daniell 電池の場合，

$$\mathrm{Zn(s)|ZnSO_4(aq)\|CuSO_4(aq)|Cu(s)}$$

と表す．アノード（負極）を左側に，カソード（正極）を右側に記す．図8・2の模式図に示すように，アノード側には硫酸亜鉛水溶液に亜鉛の板を浸してあり，カソード側には硫酸銅水溶液に銅板が浸されている．両極の間は多孔質の隔壁*2 で仕切って，2相の溶液が混じり合わないようにしてある．亜鉛は溶液に溶けてイオンになり易く，このとき電子を放出する．一方，溶液中の銅イオンは電子を得て金属銅となる傾向を持つ．それぞれの極での反応は半電池（half-cell）反応とよばれ，次のように表される．

*2　隔壁には，イオンが通過できるような微細孔をもつ素材が用いられる．また，アノードとカソードとの接触を防ぐ働きがある．

半電池反応

アノード（負極）：酸化反応　$\mathrm{Zn \longrightarrow Zn^{2+} + 2e^-}$

カソード（正極）：還元反応　$\mathrm{Cu^{2+} + 2e^- \longrightarrow Cu}$

全体　$\mathrm{Zn + Cu^{2+} \longrightarrow Zn^{2+} + Cu}$　(8–3)

アノード（anode）では電子を放出する反応，すなわち酸化反応が起き，カソード（cathode）では電子を受け取る反応，還元反応が起きている*3.

*3　広義には，酸化とはある化学種が電子を失うことで，還元とはある化学種に電子が付加すると定義されている．通常，酸化と還元は対になって起こる．

この反応により，外部回路ではアノードからカソードへ電子が流れ

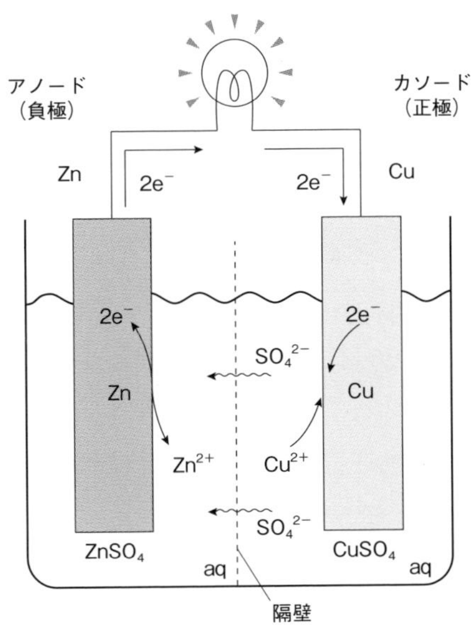

図8・2　銅–亜鉛電池（Daniell 電池）

(電流はカソードからアノードへ流れ)，電池として働く（図 8・2）．逆に，外から電気エネルギーを加えて酸化還元反応を行うのが電気分解である．

金属が液体と接触して陽イオンになろうとする性質をイオン化傾向（ionization tendency）[*4] という．水に対するイオン化傾向をイオン化列（ionization series）とよんで，イオン化傾向の大きい方から，次のような順番となる．

Li, K, Ca, Na, Mg, Al, Zn, Fe(II), Cd, Co, Ni, Sn, Pb, Fe(III), (H_2), Cu, Hg, Ag, Pt, Au

イオン化傾向は，実験ではなく，理論的に求められた標準電極電位（8・2 節）を物差しにして並べたものであり，実際にはイオン濃度が変われば序列が変わるものもある．

イオン化傾向から電池の電極反応や電子の流れる方向を理解することができる．Daniell 電池では，電極に亜鉛（Zn）と銅（Cu）を用いているので，次の反応が自然に起きる．イオン化傾向の大きい Zn（アノード）が溶け出してイオンになり，生じた電子が導線を通じて Cu（カソード）へ移動する．電解質[*5] 中の Cu^{2+} が銅板の表面で電子を受け取り Cu が析出する．

＊4　イオン化傾向は溶液中において陽イオンになろうとする性質であるのに対し，イオン化エネルギー（1・6・1 節）は真空中において原子からの電子の放出に必要なエネルギーである．

＊5　電解質とは，水などに溶けて溶液がイオン伝導性を示す物質をいう．電離度の大小によって強電解質と弱電解質に区別される．
なお，固体の状態で，イオンが主な担体として電気伝導を行う物質を固体電解質とよぶ．

コラム　電池の基本的過程は次のように要約される

(1) アノードの表面で金属イオンが溶け出し，電極内に電子が生ずる．電子は導線で繋がれたカソードに移り，その表面で還元反応が起きる．
(2) アノードの表面近傍の溶液相には正電荷をもつ金属イオンが増え，カソード付近では電解質の陰イオンがたまる．
(3) アノード近傍の金属イオンは正極に向かい，還元反応のために減少した電解質の正電荷を補う．また，電解質陰イオンはアノードに移動し，酸化反応よって生じた金属イオンの正電荷の偏りを打ち消す．
これらの一連の過程により，回路が完成し，電流が連続的に流れる．

コラム　酸化数は原子やイオンの酸化の程度を示す

酸化数（oxidation number）は原子やイオンの間での電子の授受の様子を表す概念であり，次のように定義される．

(1) イオンの酸化数は，そのイオンの価数に等しい．例 Na^+Cl^-; Na^+ は +1，Cl^- は −1．

(2) 単体中の原子の酸化数は 0 とする．

(3) 共有結合性化合物では，共有電子対を電気陰性度の大きいものに割り当て，各原子に残る電荷から求める（例，図に示すように H_2O では，O は −2，H は +1，H_2O_2 では，O は −1，H は +1）．

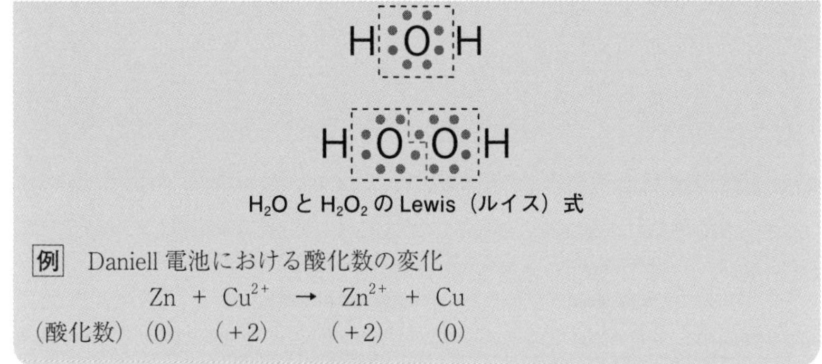

H_2O と H_2O_2 の Lewis（ルイス）式

例　Daniell 電池における酸化数の変化

$$\begin{array}{lccccccc} & \mathrm{Zn} & + & \mathrm{Cu^{2+}} & \rightarrow & \mathrm{Zn^{2+}} & + & \mathrm{Cu} \\ \text{（酸化数）} & (0) & & (+2) & & (+2) & & (0) \end{array}$$

8・2　Gibbs エネルギーから電気的仕事や標準電極電位が導かれる

8・2・1　Gibbs エネルギーとは有効に使えるエネルギーである

① Gibbs エネルギーが有効に使えるエネルギーであることの意味を，燃料電池をもとに説明できる．
② イオンの標準 Gibbs エネルギーの基準について，電荷をもたない物質と比較して説明できる．
③ 標準水素電極について説明できる．
④ 図8・4を使って，いくつかの反応の自発的方向を示すことができる．

物質変化に伴う Gibbs エネルギー（ΔG）が，取り出すことのできる電気的エネルギーと密接に関連している．Gibbs エネルギーの基本式（5-50）は次のように表される．

$$\Delta G = \Delta H - T\Delta S \qquad (5\text{-}50)$$

水素燃料電池（8・3・4）での反応を例にして，図8・3に上式の関係を模式的に表した．上式の第2項は反応前後におけるエントロピー変化であり，粒子の集合状態の変化に伴うエネルギー変化であり，反応に有効に使えないエネルギーであるため，束縛エネルギーともよばれる．エンタルピー変化（ΔH）からエントロピー項（$T\Delta S$）を除いた部分，すなわち ΔG が有効に使うことのできるエネルギーである．

水素燃料電池では，水素と酸素とから水が生成する反応の化学エネル

$\Delta H = \Delta G + T\Delta S$

反応系：$H_2(g) + (1/2)O_2(g)$

ΔH

ΔG

$\Delta_r G^\circ = -237.13\ \mathrm{kJ\ mol^{-1}}$

$T\Delta S$

$\Delta_r H^\circ = -285.83\ \mathrm{kJ\ mol^{-1}}$

生成系：$H_2O(l)$

図8・3　有効に使えるエネルギー（ΔG）と有効に使えないエネルギー（$T\Delta S$）；水素燃料電池の例

ギーを電気的エネルギーとして取り出す．表4・4および，表5・3より，次の $\Delta_f H^\circ$，$\Delta_f G^\circ$ 値が得られる．

$$H_2(g) + (1/2)O_2(g) \longrightarrow H_2O(l)$$

標準生成エンタルピー　$\Delta_f H^\circ = -285.83\ \mathrm{kJ\ mol^{-1}}$

標準生成 Gibbs エネルギー　$\Delta_f G^\circ = -237.13\ \mathrm{kJ\ mol^{-1}}$　(25℃)

電気的エネルギーに変換可能なのは $\Delta_f G^\circ$ であるので，理論的には，$\Delta_f H^\circ$ の 83% に相当するエネルギーが利用できる限界であると上式から見積もられる．また，温度が高い条件では式 (5–50) の第2項 $(-T\Delta S)$ が増大するので変換効率が減少することが予測できる．

第4章や5章で示されたように，化合物の熱力学的な量は元素を基準に定義された．しかし，イオンの場合，溶液中で1種類のイオンだけを含む系をつくることはできないので，同じような定義を用いることができない．したがって，イオンの標準生成 Gibbs エネルギー $\Delta_f G^\circ$ の絶対値を求めることはできない．イオン種については，水溶液中の水素イオン H^+ の $\Delta_f G^\circ$ を0として定義している．

$$2H^+ + 2e^- \rightleftharpoons H_2 \qquad \Delta_f G^\circ = 0\ \mathrm{kJ\ mol^{-1}} \tag{8-4}$$

化学便覧には，多くのイオン種について水素イオンを基準とした値が示されている．図8・4に，いくつかのイオンについて $\Delta_f G^\circ$ の例を示した．この図から，標準状態において水溶液中で化学反応がどちらに進行

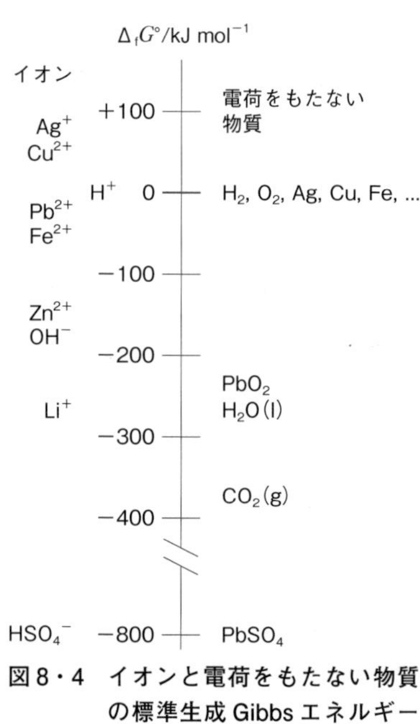

図8・4　イオンと電荷をもたない物質の標準生成 Gibbs エネルギー ($\Delta_f G^\circ$)

するかを知ることができる．たとえば，AgやCuでは，イオン種が単体より大きな$\Delta_f G^\circ$をもつ．すなわち，その$\Delta_f G^\circ$は正であり，イオン化反応は自発的に進まない．

$$\mathrm{Ag} \longrightarrow \mathrm{Ag}^+ + \mathrm{e}^-$$
$$\Delta_f G^\circ(\mathrm{Ag}^+) > 0$$

銅についても，同様のことがいえる．

一方，鉄では，次の反応が自発的に進行することを図は示している．

$$\mathrm{Fe} \longrightarrow \mathrm{Fe}^{2+} + 2\mathrm{e}^-$$
$$\Delta_f G^\circ(\mathrm{Fe}^{2+}) < 0$$

これから，鉄が酸性水溶液中で電子を放出してイオンになる反応は，自発的に進むことが容易に推測できる．

イオンと化合物とでは基準点が異なることに違和感を覚えるかと思うが，大事な点は相対的な値である．

コラム　標準水素電極を基準として電極電位が示される

実際の電極電位を決定するには，基準となる電極が必要である．基準電極として，標準水素電極（normal hydrogen electrode; NHE または standard hydrogen electrode; SHE）が一般的である．酸性水溶液に白金電極を浸し，水素H_2（1 atm）を吹き込むと，その表面で式（8-3）の平衡反応が起きる．白金電極は，表面が白金の微粒子（白金黒）で覆われ表面積を大きくしてある．

水素電極では，水素ボンベを必要とするので不便であり，実際の電気化学計測装置やpHメーターなどでは，基準電極として，主に銀—塩化銀（Ag-AgCl）電極が使われている．

$$\mathrm{AgCl} + \mathrm{e}^- \rightleftharpoons \mathrm{Ag} + \mathrm{Cl}^-$$

通常，電解液として飽和KCl水溶液が用いられ，標準水素電極NHEに対して，+0.199 Vの電極電位をもち，NHE基準に換算される．

歴史的にはカロメル電極（SCE; saturated calomel electrode）が使われ，古い論文などではSCE基準で表したものがある．

8・2・2　電気的仕事はGibbsエネルギー変化に等しい

⑤ 電池が行うことができる最大の電気的仕事について説明できる．
⑥ 電池の起電力Eが式（8-9）で表される過程を示すことができる．

電池が行うことのできる最大の電気的仕事は，流れる電気量（Q）と生じた電位差（E）の積で表される．このとき，外界に対して仕事を行うのでマイナス符号がつけられる．

$$w = -QE \qquad (8\text{-}5)$$

電池の反応1 molでの電気量Qは

$$Q = nN_A e \quad (8\text{–}6)$$

である．ここで，n は反応 1 mol 当たり移動する電子の物質量で，N_A は Avogadro 定数，e は電気素量である．電子 1 mol の持つ電荷量は Faraday 定数 $F = N_A e$ であるから，電位差 E における最大の電気的仕事は，次式で表される．

$$w = -nFE \quad (8\text{–}7)$$

電池が無限小の電流を流す条件，すなわち熱力学的な可逆的条件で，温度，圧力一定なら，電気的仕事 w は Gibbs エネルギー変化に等しいとおける．

$$\Delta G = w = -nFE \quad (8\text{–}8)$$

上式は，ΔG 値から電極間の電位差，すなわち起電力 E が求められることを示している．

したがって，最大起電力は，式（8–8）を変形して，次式で表される．

$$E = -\frac{\Delta G}{nF} \quad (8\text{–}9)$$

例題　Daniell 電池の最大起電力は 1.10 V である．これから，式（8–3）の Gibbs エネルギー変化 $\Delta_r G$ を求めよ．

解答

式（8–8）より

$\Delta G = -nFE = -(2\ \text{mol}) \times (9.65 \times 10^4\ \text{C mol}^{-1}) \times (1.10\ \text{V})$

$= -2.12 \times 10^5\ \text{CV}$

$\therefore \Delta G = -212\ \text{kJ}$

⑦ 標準電極電位 $E°$ の定義を説明できる．
⑧ Nernst の式を説明できる．

8・2・3　標準生成 Gibbs エネルギーから標準電極電位が導かれる

前節で得られた関係式（8–9）は，イオンについての標準生成 Gibbs エネルギー（$\Delta_f G°$）が決まれば，標準電極電位（$E°$; standard electrode potential）が導かれることを示唆している．

$$E° = -\frac{\Delta_f G°}{nF} \quad (8\text{–}10)$$

表 8・1 に代表的な系についての $E°$ 値を示す[*6]．上式から得られる

＊6　本書では，標準水素電極を基準電極として扱っている．このため，正式には $E°$ 値に *vs.* NHE, または *vs.* SHE と付記すべきであるが，省略している．

E° 値は，あくまで $\Delta_f G^\circ$ 値から誘導される理想値であり，現実のものではない．しかし，非常に有用であるために，『化学便覧』には多くの系についての E° 値が掲載されている．

電池反応から，E° の本質について考えてみよう．下記の簡単な電池反応についての平衡を考える．

$$\mathrm{Ox} + \mathrm{e}^- \rightleftarrows \mathrm{Red}$$

この平衡系における Gibbs エネルギーは，第7章より次式で表される．

$$\Delta G = \Delta G^\circ + RT \ln \frac{a_{\mathrm{Red}}}{a_{\mathrm{Ox}}} \qquad (8\text{-}11)$$

ここで，a_{Red}，a_{Ox} は，それぞれの活量である．金属中の電子の活量は1とする．式（8–7）と式（8–8）から

$$-nFE = -nFE^\circ + RT\ln(a_{\mathrm{Red}}/a_{\mathrm{Ox}}) \qquad (8\text{-}12)$$

となるので，電池の起電力は次式で表される．

$$E = E^\circ - \frac{RT}{nF} \ln \frac{a_{\mathrm{Red}}}{a_{\mathrm{Ox}}} \qquad (8\text{-}13)$$

一般的な電池反応

$$a\mathrm{A} + b\mathrm{B} \rightleftarrows c\mathrm{C} + d\mathrm{D} \qquad (8\text{-}14)$$

では

$$E = E^\circ - \frac{RT}{nF} \ln \frac{{a_{\mathrm{C}}}^c {a_{\mathrm{D}}}^d}{{a_{\mathrm{A}}}^a {a_{\mathrm{B}}}^b} \qquad (8\text{-}15)$$

式（8–13），式（8–15）は Nernst（ネルンスト）の式とよばれる．

電池の反応が平衡状態にあるような場合は，電流は流れず，起電力はゼロである．すなわち，式（8–15）において，$E=0$ であるので

$$E^\circ = \frac{RT}{nF} \ln K \qquad (8\text{-}16)$$

とおける．ここで，K は電池の反応の平衡定数である．

$$K = \frac{{a_{\mathrm{C}}}^c {a_{\mathrm{D}}}^d}{{a_{\mathrm{A}}}^a {a_{\mathrm{B}}}^b} \qquad (8\text{-}17)$$

したがって，E° は平衡定数 K からも求められ，逆に E° 値から K が導

表8・1　標準電極電位 $E°/\mathrm{V}$ (298.15 K)

電極反応	$E°/\mathrm{V}$	
$Li^+ + e^- \rightleftarrows Li$	−3.045	還元体：強い還元力 ↑
$K^+ + e^- \rightleftarrows K$	−2.925	
$Na^+ + e^- \rightleftarrows Na$	−2.714	
$Mg^{2+} + 2e^- \rightleftarrows Mg$	−2.36	
$Zn^{2+} + 2e^- \rightleftarrows Zn$	−0.763	
$Fe^{2+} + 2e^- \rightleftarrows Fe$	−0.44	
$Sn^{2+} + 2e^- \rightleftarrows Sn$	−0.138	
$Pb^{2+} + 2e^- \rightleftarrows Pb$	−0.126	
$2H^+ + 2e^- \rightleftarrows H_2$	0.0	
$Cu^{2+} + 2e^- \rightleftarrows Cu$	0.337	酸化体：強い酸化力 ↓
$I_2(s) + 2e^- \rightleftarrows 2I^-$	0.536	
$Fe^{3+} + e^- \rightleftarrows Fe^{2+}$	0.771	
$Hg_2^{2+} + 2e^- \rightleftarrows 2Hg$	0.796	
$Ag^+ + e^- \rightleftarrows Ag$	0.799	
$Br_2(l) + 2e^- \rightleftarrows 2Br^-$	1.065	
$O_2 + 4H^+ + 4e^- \rightleftarrows 2H_2O$	1.229	
$Cl_2(g) + 2e^- \rightleftarrows 2Cl^-$	1.358	

かれることが明らかである．

活量は，6・3・2節（表6・2）で述べた取り決めにしたがう．固体電極では $a=1$ とし，溶液中のイオンについては，その濃度 $[C\,\mathrm{mol\,dm^{-3}}]$ を基準濃度（$C°=1\,\mathrm{mol\,dm^{-3}}$）で割ったものとみなし，$a=[C]/C°$ とする．

表8・1より，Daniell 電池の理論的起電力を求めてみよう．

$$\text{アノード（負極）}\quad Zn \longrightarrow Zn^{2+} + 2e^- \qquad E° = -0.763\ \mathrm{V}$$

$$\text{カソード（正極）}\quad Cu^{2+} + 2e^- \longrightarrow Cu \qquad E° = +0.337\ \mathrm{V}$$

したがって，Daniell 電池の理論的起電力は

$$\Delta E° = E°_{\mathrm{cathode}} - E°_{\mathrm{anode}} = +0.337 - (-0.763) = 1.100\ \mathrm{V}$$

となる．

上式では，Zn から放出される電子と銅イオンが獲得する電子は，同じ e^- の記号であっても，電子のエネルギーが異なることに注意しよう．この関係を図8・5に示した．アノードにおいて Zn から放出される電子の電位は，カソードに比べて負側（高エネルギー）にあり，カソードの正の電位方向に自発的に流れる．

標準電極電位 $E°$ は，電池反応式における物質すべての活量が1のときの値であり，活量の代わりに濃度・分圧を使用する場合には，圧力 1 atm，濃度 1 mol の条件である．$E°$ は，粒子間に相互作用のないと仮定し，また，現実の濃度・分圧とはかけ離れた仮想状態における理想値であるが，対象とする電池反応の最大起電力を見積もることができるので，たいへん有用である．

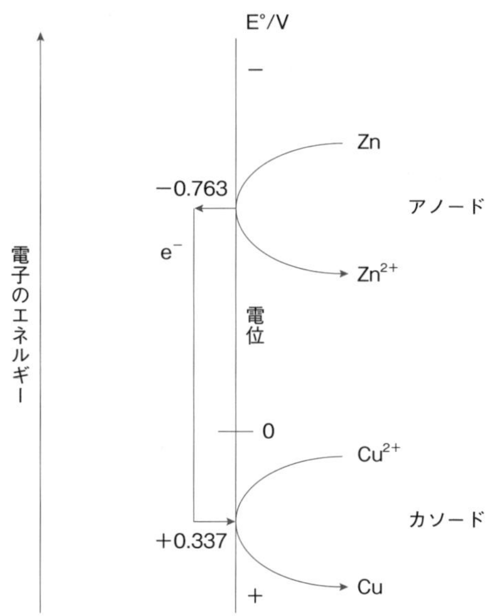

図8・5　Daniell電池における電子の自発的移動方向

エネルギーには，仕事への変換を考えた際に，質の高いものと低いものがある．

・質の高いエネルギー：運動エネルギー，位置エネルギー，電気エネルギー

・質の低いエネルギー：熱エネルギー

電気エネルギーは質が高いことと，使用時に環境に悪影響を及ぼすような排気物質を出さないことから，応用分野が拡大している．

8・3　化学電池には様々な型がある

一次電池と二次電池について説明できる．

カソードとアノードとの組み合わせで様々な電池ができ，それぞれの特徴を生かして実用化されている．電極（electrode）は電解質を含んだ溶液や媒体を介して電荷やイオンの交換を行う．この電子やイオン媒体を電解質（electrolyte）とよぶ．

電池には，内部の物質を使いきると一回で使用できなくなる一次電池（primary battery）と，充電により繰り返し使用できる二次電池（sec-

表8・2　代表的な化学電池

一次電池	二次電池	燃料電池
マンガン乾電池	鉛蓄電池	水素燃料電池
アルカリマンガン乾電池	リチウムイオン電池	
リチウム電池	ニッケル・カドミウム電池	
酸化銀電池	ニッケル・水素電池	
空気電池	レドックスフロー電池	

ondary battery)，および燃料電池（fuel cell）がある（表8・2）．なお，太陽光を利用する太陽電池は物理電池である．

① 図8・6を使って，鉛蓄電池の原理を説明できる．

8・3・1 鉛蓄電池は充電可能な電池として広く使われている

鉛蓄電池（lead storage battery）は19世紀に発明され，重いことと重金属を使用しているのが欠点であるが，安価で信頼性が高いために自動車用などに広く使われている．充電可能な電池であり，歴史的に長らく使われている二次電池である．鉛蓄電池は図8・6に示すように鉛と酸化鉛を電極として，電解液に希硫酸を用いている．

$$(-)\mathrm{Pb}|\mathrm{H_2SO_4}\ _{\mathrm{aq}}|\mathrm{PbO_2}(+)$$

電解溶液中では，硫酸イオンは99% 以上が HSO_4^- として存在し，放電時には，負極の Pb と正極の PbO_2 から，電子の授受を行って Pb^{2+} として溶け出して $PbSO_4$ となって析出する．

放電時の電極反応

カソード　$\mathrm{Pb} + \mathrm{HSO_4^-} \longrightarrow \mathrm{PbSO_4} + \mathrm{H^+} + 2\mathrm{e^-}$　　$E° = -0.30\ \mathrm{V}$

アノード　$\mathrm{PbO_2} + 3\mathrm{H^+} + \mathrm{HSO_4^-} + 2\mathrm{e^-} \longrightarrow \mathrm{PbSO_4} + 2\mathrm{H_2O}$　　$E° = +1.63\ \mathrm{V}$

上式から，鉛蓄電池の理論的起電力として，$+1.63-(-0.30)=1.93\ \mathrm{V}$ が導かれる[*7]．

*7　自動車には，通常6個の鉛蓄電池が直列にして使用され，公称12 V としている．

充電時には逆反応が起き，鉛蓄電池の放電・充電反応は次式のように表される．

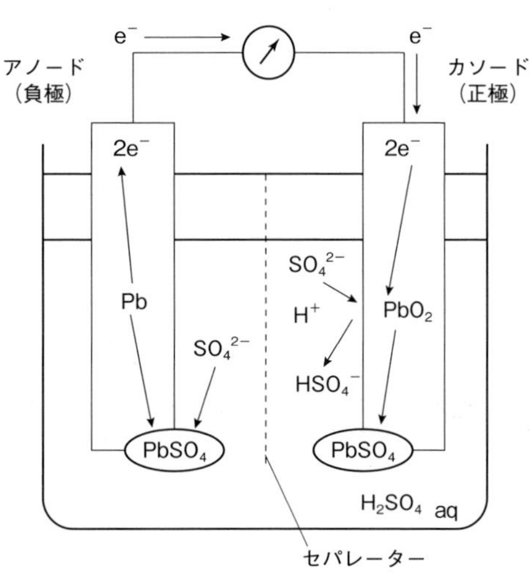

図8・6　鉛蓄電池の原理

$$\mathrm{Pb + PbO_2 + 2H^+ + 2HSO_4^-} \underset{\text{充電}}{\overset{\text{放電}}{\rightleftarrows}} \mathrm{2PbSO_4 + 2H_2O}$$

このときの電極における Pb の酸化数は，表8・3で示される．

表8・3　鉛蓄電池の放電・蓄電における Pb の酸化数の変化

		Pb 酸化数	放　電		充　電
カソード	PbO_2	+4	還元 ↓	（正極）	↑ 酸化
	$PbSO_4$	+2			
アノード	Pb	0	酸化 ↑	（負極）	↓ 還元

8・3・2　リチウムイオン電池は軽量で起電力が高い

② 図8・7を使って，リチウムイオン電池の原理を説明できる．

小型軽量二次電池であるリチウムイオン電池（lithium ion battery）*8 では，リチウムイオン（Li^+）が電荷を運搬する役割を果たし，起電力（3.6 V）が大きい特徴をもつ．また，電解液に水溶液を使わないので，低温での利用に適しており，携帯電子機器などの電源として広く利用されている．電気自動車の電源としてもその利用範囲を大幅に拡大している．さらに太陽電池や風力発電などの再生可能エネルギーの電力貯蔵電池としても使われている．図8・7にリチウムイオン電池の動作原理を示した．

*8　リチウムイオン電池は化学電池の一つではあるが，電池の中で起きている現象は化学反応ではなく，リチウムイオンの離脱と挿入反応である．

放電時の電極での反応

アノード　$\mathrm{Li}_x\mathrm{C} \longrightarrow \mathrm{C} + x\mathrm{Li}^+ + x\,\mathrm{e}^-$

カソード　$\mathrm{Li}_{(1-x)}\mathrm{CoO_2} + x\mathrm{Li}^+ + x\,\mathrm{e}^- \longrightarrow \mathrm{LiCoO_2}$

全体　$\mathrm{Li}_x\mathrm{C} + \mathrm{Li}_{(1-x)}\mathrm{CoO_2} \underset{\text{充電}}{\overset{\text{放電}}{\rightleftarrows}} \mathrm{C} + \mathrm{LiCoO_2}$

ここで，充電時にはカソードのコバルト酸リチウムから Li^+ が溶け出して，電解質を経てセパレーターの細孔を通ってアノードの黒鉛層間に吸

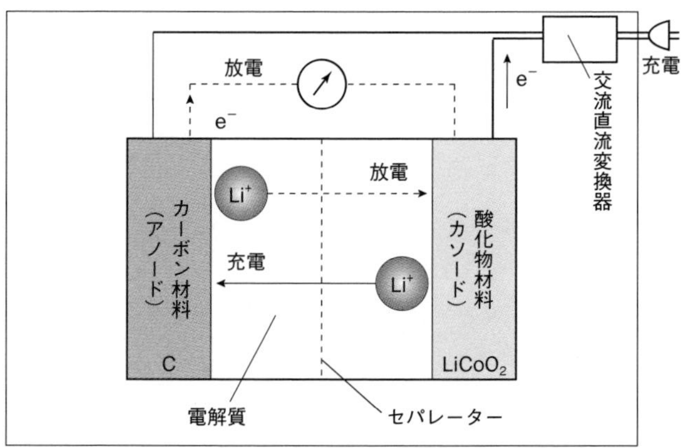

図8・7　リチウムイオン電池の動作原理（実線：充電，点線：放電）

収され，蓄えられる．アノードの LixC は，電極である黒鉛層間に Li^+ が包摂された状態を表している．放電時には，アノードの炭素中に蓄えられた Li イオンが，電解質中に溶け出してカソードに移動する．このとき，外部回路に接続した導線に電子が流れる．

正極材料として使用される Co は資源に限界があるために，鉄など別の遷移金属を使う型（リン酸鉄リチウム，$LiFePO_4$）も開発されて，用途を広げている．金属リチウムを使わないので安全性が高い特徴をもつ．

③ 電力貯蔵電池の必要性について説明できる．
④ 図 8・7 を使って，バナジウムを用いたレドックスフロー電池の原理を説明できる．

8・3・3　電力貯蔵電池は酸化還元反応のエネルギーを蓄える

地球環境のためにも，これから太陽光発電や風力発電などの再生可能エネルギーの利用をますます増やすことが望まれているが，これらのエネルギーは変動が大きいことから，そのまま電力システムに直接送ると電圧変動や周波数変動を引き起こす問題がある．このために電力貯蔵電池にいったん貯蔵して必要に応じて電力を取り出すシステムが必要とされる．また，停電事故時の対応など，目的に応じてさまざまな電力貯蔵電池があり，リチウムイオン電池なども使われている．

大型の電力貯蔵電池として期待されているレドックスフロー電池を紹介しよう．レドックスフロー電池はイオンの還元（reduction）と酸化（oxidation）反応により価数の変化を行い，イオンとして貯蔵するシステムである．図 8・8 はバナジウム（V）イオンを活物質[*5]として用いている例である．発電機から送られてきた電子は，右の負極セルでは還元反応（$V^{3+} \rightarrow V^{2+}$），左の正極セルでは酸化反応（$V^{4+} \rightarrow V^{5+}$）に利用される（図中の実線）．両極の間は多孔質の隔壁で仕切ってあり，H^+ は通過するがバナジウムイオンは混じり合わないようになっている．このようにして還元・酸化を受けたイオンをそれぞれのタンクに貯蔵しておき，電力が必要になるとポンプで逆循環させて放電させる（図中の点線）．

*5　活物質：電子の受け渡しに直接関与する物質．

バナジウム系の電極反応

負極：$V^{3+}(3\,価) + e^- \rightleftharpoons V^{2+}(2\,価)$　　$E° = -0.26\ V$

正極：$VO^{2+}(4\,価) + H_2O \rightleftharpoons VO_2^{\ +}(5\,価) + 2H^+ + e^-$　　$E° = 1.00\ V$

ここで，左から右への反応が蓄電の際の電池反応であり，右から左への反応が放電時の反応である．バナジウム系の標準酸化還元電位は 1.26V である．実際の使用では，このセルを直列に接続して高電圧とする．レドックスフロー電池には金属イオンの組み合わせにより様々な特徴を持つ型ができるので，開発研究が盛んな分野である．

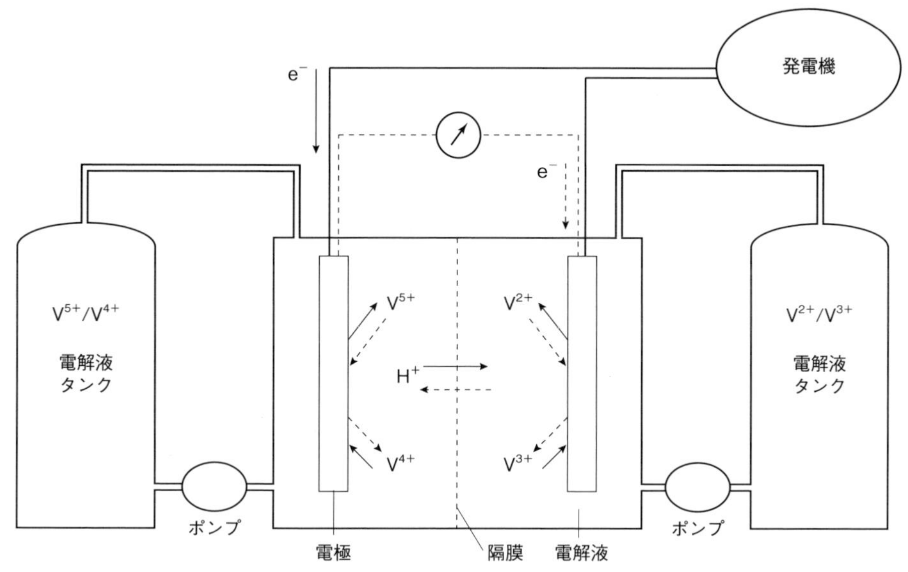

図8・8 レドックスフロー電池の原理・構成
実線：蓄電，点線：放電

8・3・4 燃料電池は酸化還元反応により発電を行う

⑤ 水素燃料電池の半反応，および全反応を書くことができる．

燃料電池は，酸化還元反応を利用して発電を行うもので，電池の名前がついているが，実体は発電装置である．化学エネルギーを電気エネルギーに直接変換するので，エネルギー効率が高い特徴をもつ．

分散型の発電装置*10 としての特徴をもち，水素を酸素により酸化することによりエネルギーを取り出すが，水素を直接燃料とする型以外に，都市ガスやメタノールなどを水素の供給源として用いる型もある．反応を効率よく進めるために白金系の触媒を必要とするものと，必要としない型があり，表8・4のように分類される．業務用や家庭用の燃料電池，また燃料電池自動車用の電源が開発されている．比較的低い温度で作動するシステムでは，電極間を移動するイオンはH^+であり，触媒として貴金属であるPt触媒を必要とする．

*10 電力供給の一形態であり，比較的小規模な発電装置を消費地近くに分散配置して電力の供給を行なう装置である．送電設備が不要で，送電過程における電力損失が抑えられる．

表8・4 燃料電池の型と特徴

	固体高分子型	リン酸型	溶融炭酸塩型	固体酸化物型
電解質材料	イオン交換膜	リン酸	炭酸リチウム 炭酸ナトリウム	ジルコニアなど
移動イオン	H^+	H^+	CO_3^{2-}	O_2^-
触　媒	Pt	Pt	不要	不要
運転温度／℃	常温～90	～200	600～700	700～1000

水素燃料電池の放電時のアノード（負極），カソード（正極）での反応，および全体の反応は次式で表される．

アノード	$H_2 \longrightarrow 2H^+ + 2e^-$	$E^\circ = 0$ V
カソード	$(1/2)O_2 + 2H^+ + 2e^- \longrightarrow H_2O$	$E^\circ = +1.23$ V
全体	$H_2 + (1/2)O_2 \longrightarrow H_2O$	$E = +1.23$ V

図8・9に固体高分子型水素燃料電池の原理を示した．電極にはPt触媒を使用して，H-H結合，およびO-O結合の開裂反応を効率よく行う．

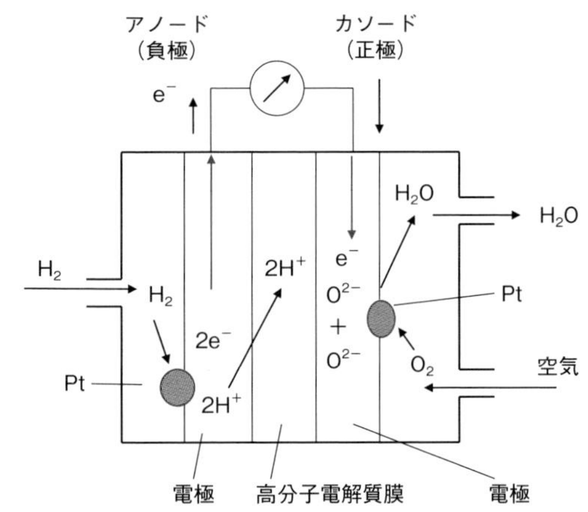

図8・9　固体高分子型水素燃料電池の原理図
（電極には炭素材料に担持したPtが触媒として使用される）

演習問題

問1　電荷2.0 Cが，−0.76 Vから+0.34 Vへの電位間を移動するときのエネルギー差は何ジュールか？この移動は自発的に進行するか？

問2　電子1 mol相当が，+1.00 Vから−0.26 Vの電位間を移動する際のエネルギー差は何ジュールか？この移動は自発的に進行するか？

問3　Daniell電池において，反応が進む方向をイオン化列を用いて説明せよ．

問4　次の物質について，構成原子の酸化数を求めよ．
(1)　MgO, (2)　Cu_2O, (3)　CuO, (4)　$FeSO_4$, (5)　$FeCl_3$,

問5　Daniell電池における正極と負極の反応が，なぜ自発的に起きるかを，図8・4を用いて説明せよ．

問6　酸性の硫酸銅水溶液に，亜鉛板を浸したとき何が起きるか，図8・4を用いて推測せよ．

問7　酸化銀電池はボタン型の一次電池で，腕時計やカメラなどに使われている．正極は酸化銀（Ag_2O），負極は亜鉛（Zn）であり，電解液にアルカリ（KOHやNaOH）水溶液が使われている．その電池反応は次式で表され，起電力は 1.55 V である．

$$Ag_2O(s) + Zn(s) \longrightarrow 2Ag(s) + ZnO(s)$$

起電力から，酸化銀電池の反応 Gibbs エネルギーを求めよ．

問8　1 電子が関わる酸化還元系において，酸化体と還元体の濃度の比が 10 倍変わると，平衡電極電位は 25℃ で何 mV 変化するか．

問9　次の反応について，問いに答えよ．

$$Sn^{2+}(aq) + Pb(s) \rightleftarrows Sn(s) + Pb^{2+}(aq)$$

(1) それぞれのイオンの還元反応を書き，表 8・1 から標準電極電位 ($E°$) を求めよ．

(2) 全反応の標準電位はいくらか．

(3) Nernst の式を用いて平衡定数を求めよ．

問10　酸性の水中で鉄が腐食する反応の主要な初期反応は，次式で示される．

$$Fe(s) + 2H^+(aq) + (1/2)O_2(g) \longrightarrow Fe^{2+}(aq) + H_2O(l)$$

(1) 全反応を 2 つの還元反応に分けて書き，表 8・1 から標準電極電位（$E°$）を求めよ．

(2) 全反応の $E°$ を求めよ．

(3) 全反応の $E°$ から，反応はどちらに片寄るか示し，その理由を述べよ．

問11　水素燃料電池には，比較的低い温度で作動する固体高分子型と高温で働く型がある．この電池の全反応は次式で表される．

$$H_2(g) + (1/2)O_2(g) \longrightarrow H_2O(l)$$

反応 Gibbs エネルギーは温度に依存するので，起電力も温度で変わる．水について，次の熱力学定数を用いて 25℃ と 200℃ における ΔG 値と最大起電力を計算せよ．

$\Delta_f H° = -285.83\ kJ\ mol^{-1}$,

$\Delta_f S°(l) = -163.34\ J\ mol^{-1}\ K^{-1}$, $\Delta_f S°(g) = -44.42\ J\ mol^{-1}\ K^{-1}$.

第9章 反応速度

鉄が酸素と結合する反応には，燃焼のように瞬間的に反応する場合や，さびのようにゆっくりと反応する場合がある．これらの反応の速さの違いはどのように表したらよいか．反応速度を定量的に表現する方法や様々な反応の種類についてまとめる．また，反応の速さは温度の上昇とともに速くなることを経験的に知っているが，それはどのような依存性があるかについて学ぶ．さらに，反応の速さを変化させる要因として重要な触媒反応・酵素反応などの例について紹介する．反応速度を理解することは，反応機構を理解し物質変換や創成するための基礎知見として重要であるのみならずエネルギーの有効利用という観点でも重要であることを理解したい．数学的な扱いについては各自演習を積み重ねることが重要である．

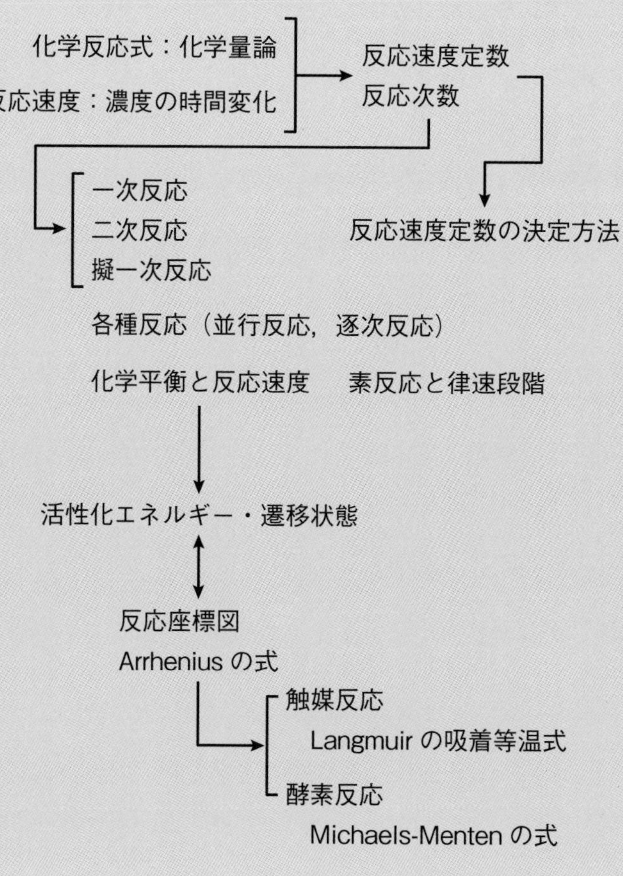

9・1　反応速度とは化学反応に伴う濃度の時間変化を示したものである

化学反応式と反応速度の表現方法について理解することができる.

化学反応式には，時間に関する要素が含まれない．しかしながら，化学反応は時間の経過とともに進行するものであり，その速さは濃度や温度に依存する．本節では，化学反応式と反応速度の表現方法について理解する．なお，化学反応式から直接反応速度式が決定できるわけではないことに注意しなければならないことを，あらかじめ触れておく．

9・1・1　化学反応式から化学量論の変化を知ることができる

① 化学反応式の表記方法を説明することができる.
② 化学量論係数を説明できる.

化学反応式は，反応に関わる物質の化学式と記号によって化学反応を表した式である．

一例として，水素分子と酸素分子の結合によって水の生成する反応は次式のように書くことができる．

$$2H_2 + O_2 \longrightarrow 2H_2O \qquad (9\text{–}1)$$

ここで，水素分子の化学量論係数を1とすれば

$$H_2 + \frac{1}{2}O_2 \longrightarrow H_2O \qquad (9\text{–}2)$$

のように記述することもできる．ここで，左辺を反応系（reactant），右辺を生成系（product）という．また，係数は化学量論係数であり，反応系と生成系とで原子の数が等しくなるような量的関係である．水の生成反応では，水素 1 mol と酸素 1/2 mol から水 1 mol が生成することがわかる．一般に反応系を A と B，生成系を P と Q，A, B, P, Q の化学量論係数を a, b, p, q とすると

$$a\mathrm{A} + b\mathrm{B} \longrightarrow p\mathrm{P} + q\mathrm{Q} \qquad (9\text{–}3)$$

と表すことができる．しかしながら，化学反応式そのものには反応の速度に関する要素は含まれていない．

9・1・2　反応速度は濃度の時間変化として表される

③ 図9・1を用いて，反応速度の定義を説明できる.
④ 式（9–4）を説明できる.
⑤ 式（9–5）の関係を説明できる.
⑥ 濃度を用いた反応速度の表記方法，式（9–6）を説明できる.

一般的に速度は物理学，特に力学において用いられており，時間あたりの変位を表す量である．化学反応においても瞬間的に起こる速い反応もあればゆっくりと時間をかけて進行する反応も存在するように速度が重要である．化学反応の速度は，時間あたりの濃度の変化として定義す

る．時間 Δt の間に物質 A の濃度が $\Delta[\mathrm{A}]$ だけ変化したとすると反応の速度 v は式（9–4）で表される（図 9・1）．

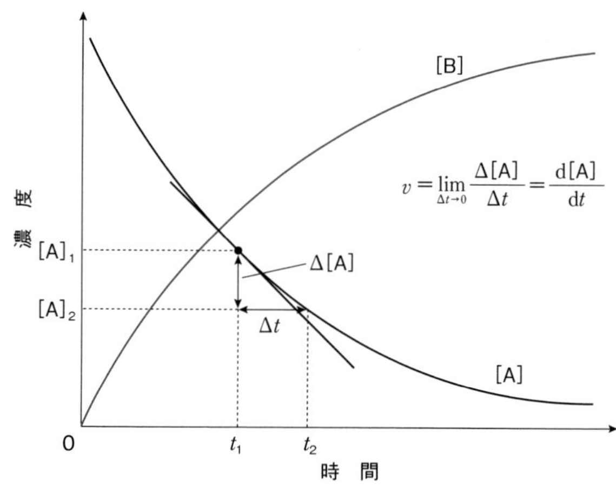

図 9・1　反応速度の定義

反応速度は微小時間経過したときの濃度変化に対応し，濃度の時間微分として表現できる．（接線の傾き）

$$v=\lim_{\Delta t\to 0}\frac{\Delta[\mathrm{A}]}{\Delta t}=\frac{\mathrm{d}[\mathrm{A}]}{\mathrm{d}t} \tag{9–4}$$

これは，Δt 時間内の平均の反応速度となる．Δt を限りなく小さくすれば（極限）$\mathrm{d}[\mathrm{A}]/\mathrm{d}t$ となり，ある時間 t における真の反応速度となる．これは濃度の時間変化の接線，すなわち濃度の時間変化の微分に対応する．式（9–3）の化学反応の場合は以下の通りとなる．

$$v=-\frac{1}{a}\frac{\mathrm{d}[\mathrm{A}]}{\mathrm{d}t}=-\frac{1}{b}\frac{\mathrm{d}[\mathrm{B}]}{\mathrm{d}t}=\frac{1}{p}\frac{\mathrm{d}[\mathrm{P}]}{\mathrm{d}t}=\frac{1}{q}\frac{\mathrm{d}[\mathrm{Q}]}{\mathrm{d}t} \tag{9–5}$$

式（9–5）は各物質の時間あたりの濃度の変化量を化学量論係数で割ったものとして定義する．これは，量論係数が異なる場合に濃度の絶対値が異なるためである．（1 モルの酸素から 2 モルの水が生成するので）また，減少するもの（反応物）をマイナスに，増加するもの（生成物）をプラスとする．これは第 7 章で取り上げた，反応進行度と同じである．

反応速度は反応物の濃度で変化することが多いので，反応物の濃度の時間変化で表すことを考える．一般に，反応速度は反応物の濃度のべき乗の積に比例することが多いことから，次式（9–6）のように定義できる．

$$v = k[\mathrm{A}]^m[\mathrm{B}]^n \tag{9–6}$$

ここで，k を反応速度定数（rate constant），m は A についての反応次数（reaction order），n はBについての反応次数，$m+n$ を全反応次数（overall order）という．

反応次数は一般的に整数であるが，化学量論係数と一致しないケースもある．このことは，生成系と反応系の間で何段階かの化学反応があることなど種々の要因に基づいている．このような系は本書では扱わない．

9・2　反応速度定数を用いて物質の濃度の関数として反応速度を表す

化学反応式に基づいて反応速度式を立てることができ，それを解くことができる．

反応速度は，反応物の濃度によって変化する．また，対象とする反応の単位時間あたりでの傾きは反応物の濃度が大きいほど大きくなる．このことから，反応は反応物が衝突して起こると考えることができ，反応速度は式（9–6）のように濃度に比例する形で表される．ここで式（9–5）と式（9–6）とを結びつけ，反応速度を反応系内の物質の濃度という形で表した式を反応速度式という．

9・2・1　一次反応では反応物の濃度は指数関数的に減少する

① 一次反応について，式（9–7）を導出することができる．
② 式（9–8）の微分方程式を解く必要性を説明することができる．
③ 式（9–8）の微分方程式を解くことができる．
④ 式（9–13）を導出することができる．
⑤ 半減期の定義を説明することができる．
⑥ 半減期と一次反応速度定数との関係について式（9–15）を導出することができる．

ここで，A→Pが生成する反応を考えよう．このとき，単位時間内の濃度の減少量（反応速度）がAの濃度（[A]）に比例するような反応を一次反応とよぶ．したがって，式（9–5）と（9–6）より，v は以下のように記述できる．

$$v=-\frac{\mathrm{d}[\mathrm{A}]}{\mathrm{d}t}=k[\mathrm{A}] \tag{9–7}$$

式（9–7）は，任意の時間における濃度の微小変化（傾き）を表したものである．実験観測の点では濃度の変化を時間の関数として表現し，測定可能な量としてとらえた方が便利である．このためには，積分する（微分方程式を解く）必要がある．初期濃度（$t=0$ における濃度）を $[\mathrm{A}]_0$ として微分方程式を解く．

$$\begin{aligned}\frac{\mathrm{d}[\mathrm{A}]}{\mathrm{d}t}&=-k[\mathrm{A}]\\ \frac{\mathrm{d}[\mathrm{A}]}{[\mathrm{A}]}&=-k\mathrm{d}t\end{aligned} \tag{9–8}$$

$$\int\frac{\mathrm{d}[\mathrm{A}]}{[\mathrm{A}]}=-k\int\mathrm{d}t \tag{9–9}$$

$$\ln[\mathrm{A}]=-kt+c\ (c\text{ は積分定数}) \tag{9–10}$$

$t=0$ のとき［A］=［A］$_0$ より $\ln[\mathrm{A}]_0=c$

よって

$$\ln[\mathrm{A}]=-kt+\ln[\mathrm{A}]_0 \qquad (9\text{–}11)$$

$$\ln\frac{[\mathrm{A}]}{[\mathrm{A}]_0}=-kt$$

$$\text{または}\ \frac{[\mathrm{A}]}{[\mathrm{A}]_0}=e^{-kt} \qquad (9\text{–}12)$$

［A］の時間変化は

$$[\mathrm{A}]=[\mathrm{A}]_0 e^{-kt} \qquad (9\text{–}13)$$

となり，反応物の濃度は時間の経過とともに指数関数的に減少する（図9・2）．ここで，k の単位は，s^{-1}（(次元は［時間］$^{-1}$)）である．また，k の逆数（$1/k$）を時定数（time constant, τ）とよぶこともある．

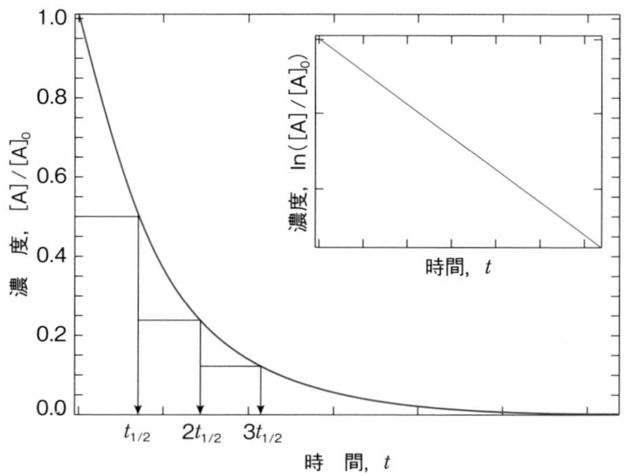

図9・2　一次反応と半減期

挿入図は縦軸を対数表記したものである．

また $\ln[\mathrm{A}]=\ln[\mathrm{A}]_0-kt$ と変形できるので，一次反応における反応物の濃度の時間変化は傾き $-k$，切片 $\ln[\mathrm{A}]_0$ の一次関数となる．したがって，実験より k を決定することができ，また一次反応であるかどうかを判断することも可能である．

一次反応の速さを示すときに役立つ指標として，速度定数 k に加えて反応物の半減期（half-life, $t_{1/2}$）がある．これは，反応物の化学種の濃度が，初濃度の半分まで減少するのに要する時間と定義される（図9・2）．式（9–11）に $[\mathrm{A}]=\frac{1}{2}[\mathrm{A}]_0$ および $t=t_{1/2}$ を代入すると

$$kt_{1/2}=-\ln\frac{\frac{1}{2}[A]_0}{[A]_0}=-\ln\frac{1}{2}=\ln 2 \qquad (9\text{–}14)$$

となり，これから

$$t_{1/2} = \frac{\ln 2}{k} \tag{9–15}$$

となる．

9・2・2　二次反応では反応物の濃度は反比例的な減少を示す

⑦ 式（9–16）や式（9–17）の意味することを言葉で説明できる．
⑧ 式（9–18）の微分方程式を解くことができる．
⑨ 一次反応と二次反応の特徴を言葉で説明できる．
⑩ 二次反応の半減期を求めることができる．

二次反応とはA＋B→PやA＋A→Pといった２分子が関与する反応で多くみられるものである，反応速度は２種の反応物の濃度の積（AおよびBについてそれぞれ一次，全反応次数は二次），あるいは濃度の２乗で表される．したがって，これらの反応速度 v はそれぞれ以下のように記述できる．

$$\text{(a)}\ \mathrm{A+B \rightarrow P}:\ v = -\frac{\mathrm{d[A]}}{\mathrm{d}t} = -\frac{\mathrm{d[B]}}{\mathrm{d}t} = k\mathrm{[A][B]} \tag{9–16}$$

$$\text{(b)}\ \mathrm{A+A \rightarrow P}:\ v = -\frac{1}{2}\frac{\mathrm{d[A]}}{\mathrm{d}t} = k\mathrm{[A]}^2 \tag{9–17}$$

本節では式（9–17）で表される反応速度式を導く．

初期濃度（$t=0$ における濃度）を $[\mathrm{A}]_0$ として微分方程式を解く．

$$\frac{\mathrm{d[A]}}{\mathrm{d}t} = -2k\mathrm{[A]}^2,\qquad \frac{\mathrm{d[A]}}{\mathrm{[A]}^2} = -k'\mathrm{d}t \tag{9–18}$$

$$\int \frac{\mathrm{d[A]}}{\mathrm{[A]}^2} = -k'\int \mathrm{d}t \tag{9–19}$$

ここで $2k=k'$ とした．
両辺を積分すると

$$-\frac{1}{\mathrm{[A]}} = -k't + c\ (c\ \text{は積分定数}) \tag{9–20}$$

$t=0$ のとき $[\mathrm{A}]=[\mathrm{A}]_0$ より $c = -\frac{1}{[\mathrm{A}]_0}$
よって

$$\frac{1}{\mathrm{[A]}} = \frac{1}{\mathrm{[A]}_0} + k't \tag{9–21}$$

式（9–21）は，[A] の逆数を時間の関数としてプロットすると直線を示すことを表している．ここで，単位は $\mathrm{L\,mol^{-1}\,s^{-1}}$（次元は $[\text{濃度}]^{-1}[\text{時間}]^{-1}$）となる．またこの式は

$$[\mathrm{A}]=\frac{[\mathrm{A}]_0}{1+[\mathrm{A}]_0 k' t} \qquad (9\text{–}22)$$

例 二次反応の半減期

一次反応と同様に，二次反応の半減期を求める．

半減期 $t_{1/2}$ は，[A]＝(1/2) $[\mathrm{A}]_0$ になる時間であるので，それぞれを式 (9–21) に代入すると

$$\frac{1}{(1/2)[\mathrm{A}]_0}=\frac{1}{[\mathrm{A}]_0}+k' t_{1/2}$$

$$t_{1/2}=\frac{1}{k'[\mathrm{A}]_0}$$

となる．

と変形できることから，[A] は時間の経過とともに反比例的な減少を示すことがわかる．一次反応と二次反応では曲線の形状が異なることに着目する（図 9・3）．一次反応は自身の濃度のみに影響する反応であるのに対し，二次反応では他の分子との衝突が必要となることから，反応初期ではその速度は速いが，そのうち一定の値に収束してくる．これは，反応分子数が減少するにつれてそれらの衝突する頻度が減少するためである．

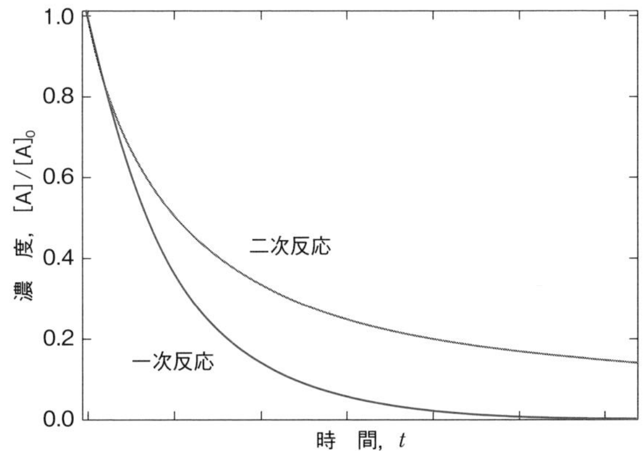

図 9・3　一次反応および二次反応の濃度の時間変化

二次反応は一次反応と比べて時間経過後の減少量が少なくなることがわかる．

⑪ 擬一次反応の考え方について説明することができる．
⑫ 図 9・4 を言葉で説明できる．
⑬ 擬一次反応速度定数から実際の二次反応の速度定数を導出する過程を説明できる．

9・2・3　二次反応は擬一次反応として扱うことができる

ここでは，A＋B→P の反応において B の濃度が大過剰である場合を考える．まず，反応速度は，式 (9–16) のように表すことができる．ここで，A の濃度に比べて B の濃度が 1000 倍以上であると仮定すれば，A と反応したとしても，B の濃度の変化は無視することができる．すなわち [B] は変化しないという扱いが可能である．そこで [B] を速度定数の中に含めて，$k_{\mathrm{B}}=k$ [B] とすると

$$-\frac{\mathrm{d}[\mathrm{A}]}{\mathrm{d}t}=k[\mathrm{A}][\mathrm{B}]=k_{\mathrm{B}}[\mathrm{A}] \qquad (9\text{–}23)$$

と表すことができる．この式 (9–23) は一次反応と形が同一である．したがって，[A] の時間変化は

$$[\mathrm{A}]=[\mathrm{A}]_0 e^{-k_{\mathrm{B}} t} \qquad (9\text{–}24)$$

となる．したがって，実験結果を式（$k_B = k[B]$）に基づいて解析することによって，k_B が得られる．実際の k は，図 9・4 に示すように，k_B の濃度依存性（[B] の関数としてプロット）の実験を行うことによって，その傾きから求めることができる．このように，二次反応を一次反応と見なすことができるので，このような反応を擬一次反応（pseudo first-order）という．

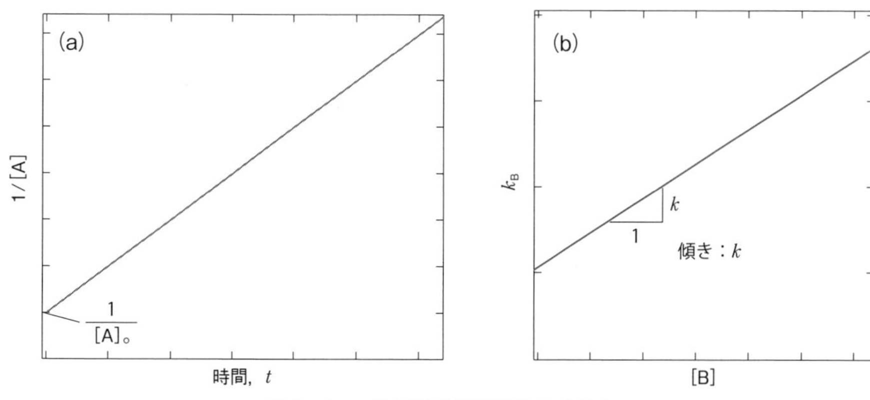

図 9・4　二次反応の速度定数の求め方

(a) 濃度の逆数を時間の関数としてプロットしたときの傾きが速度定数になる．(b) 擬一次反応として扱う場合，（過剰）濃度の関数として一次反応速度定数をプロットし，その傾きを速度定数とする．

9・2・4　化学反応における各種反応の速度式を示す

⑭ 表 9・1 の反応について，参考書等を用いながら導出することができる．

化学反応には，A から B と C が生成する反応や，A→B→C といった反応が存在する．これらの反応速度式とその積分した式（積分形速度式）について表 9・1 にまとめてある．実際の導出については，専門書等を参考して読者自身で試みるとよい．

9・2・5　速度式と化学平衡は関連づけられる

⑮ 反応速度式と化学平衡との関係を言葉で説明できる．
⑯ 式（9-27）を導出することができる．
⑰ 式（9-28）の示す意味を言葉で説明できる．

化学平衡については第 7 章で扱った．ここでは，化学平衡定数とその反応速度定数との関係について考える．ここでは $A \underset{k_{-1}}{\overset{k_{+1}}{\rightleftharpoons}} B$ という反応を扱う．この反応の平衡定数を K とする．反応開始直後では，反応物 A がほとんどであり，A から生成物 B への正反応が起る．しかし，生成物の濃度が増加するにつれて，B から A への逆方向の反応が起りはじめる．平衡では，正反応の速度 k_{+1} と逆反応の速度 k_{-1} が等しくなり，このときの A と B の量の比は，その反応の平衡定数の値で決まる．そして，実際の反応はすべて平衡状態に向かって進み，逆反応がしだいに重要になってくる。そこで本章では，反応速度と平衡の関係について説明する．反応の初期で生成物がほとんどないときには，逆反応の速度は無視できる。しかし，生成物の濃度が増加するにつれて，それが分解して反応物に戻る速度がしだいに大きくなる。平衡では，逆反応の速度

表9・1　代表的な速度式および積分形速度式

反応次数	反応式	速度式	積分形速度式	単位
1	$A\rightarrow$	$k[A]$	$\ln([A]/[A]_0)=-kt,\ [A]=[A]_0\exp(-kt)$	s^{-1}
2	$A+A\rightarrow$	$k[A]^2$	$([A]_0-[A])/[A]_0[A]=2kt,$ $[A]=[A]_0/(1+2[A]_0kt)$	$L\ mol^{-1}s^{-1}$
2	$A+B\rightarrow$	$k[A][B]$	$[1/([A]_0-[B]_0)]\ln([B]_0[A]/[A]_0[B])=kt$	$L\ mol^{-1}s^{-1}$
1	$A\xrightarrow{k_1}B,\ A\xrightarrow{k_2}C$	$(k_1+k_2)[A]$	$[A]=[A]_0\exp[-(k_1+k_2)t]$ $[B]=[A]_0[1-\exp(-k_1t)]$ $[C]=[A]_0[1-\exp(-k_2t)]$	s^{-1}
1	$A\xrightarrow{k_1}B\xrightarrow{k_2}C$	$k_1[A]$	$[A]=[A]_0\exp(-k_1t)$ $[B]=[A]_0[k_1/(k_1-k_2)][\exp(-k_2t)-\exp(-k_1t)]$ $[C]=[A]_0\{1+[k_1/(k_1-k_2)]\exp(-k_1t)-[k_1/(k_1-k_2)]\exp(-k_2t)\}$	s^{-1}
1	$A\underset{k_{-1}}{\overset{k_1}{\rightleftarrows}}B$	$k_1[A]-k_{-1}([A]_0-[A])$	$\ln\dfrac{[A]_0-[A]_{eq}}{[A]-[A]_{eq}}=(k_1+k_{-1})t^{*1}$	s^{-1}
1,2	$A\underset{k_{-1}}{\overset{k_1}{\rightleftarrows}}B+C$	$k_1[A]-k_{-1}([A]_0-[A])^2$	$\dfrac{[A]_0-[A]_{eq}}{[A]+[A]_{eq}}\ln\dfrac{[A]_0^2-[A]_{eq}[A]}{([A]-[A]_{eq})[A]_0}=k_1t^{*2}$	s^{-1}, $L\ mol^{-1}s^{-1}$
2,1	$A+B\underset{k_{-1}}{\overset{k_1}{\rightleftarrows}}C$	$k_1[A]^2-k_{-1}([A]_0-[A])$	$\dfrac{[A]_0-[A]_{eq}}{[A]_{eq}(2[A]_0-[A]_{eq})}\ln\dfrac{[A]_0[A]_{eq}([A]_0-[A]_{eq})+([A]_0-[A]_{eq})^2[A]}{([A]-[A]_{eq})[A]_0^2}$ $=k_2t^{*3}$	$L\ mol^{-1}s^{-1}$, s^{-1}

＊1：$t=0$ における生成物 B の濃度は 0 とする．緩和時間 $r=1/(k_1+k_{-1})$

＊2：$t=0$ における生成物 B，C の濃度は 0 とする．緩和時間 $r=1/\{k_1+k_{-1}([B]_{eq}+[C]_{eq})\}$

＊3：$t=0$ における生成物 C の濃度は 0 とする．緩和時間 $r=1/\{k_1([A]_{eq}+[B]_{eq})+k_{-1}\}$

が正反応の速度と等しくなり，このときの反応物と生成物の量の比は，その反応の平衡定数の値で決まる。正反応と逆反応は［B］に着目するとそれぞれ式（9–25）と式（9–26）で表すことができる．

$$\text{正反応（A→B）}：v_{A\rightarrow B}=k_{+1}[A] \qquad (9\text{–}25)$$

$$\text{逆反応（B→A）}：v_{B\rightarrow A}=k_{-1}[B] \qquad (9\text{–}26)$$

B の正味の生成速度は，B の生成速度と消失速度の差（$v_{A\rightarrow B}-v_{B\rightarrow A}$）なので

$$\frac{d[B]}{dt}=k_{+1}[A]-k_{-1}[B] \qquad (9\text{–}27)$$

と表せる．平衡状態では，$d[B]/dt=0$（生成速度と消失速度が等しい）であるので，平衡状態における A と B の濃度をそれぞれ $[A]_{eq}$ と $[B]_{eq}$ とすると，平衡定数は生成物と反応物の濃度の比であるので

$$k_{+1}[A]_{eq}=k_{-1}[B]_{eq}\ \text{より}\ \frac{[B]_{eq}}{[A]_{eq}}=\frac{k_{+1}}{k_{-1}}=K \qquad (9\text{–}28)$$

と表すことができる．すなわち，正反応と逆反応の速度定数の比と等しいことがわかる＊．

＊　9・4 で扱う多段階反応の場合，素反応全ての速度定数を考慮しておく必要があることに注意する．

9・3 反応速度定数は実験的に決定することができる

① 化学反応の速度定数を実験的に決定するためには濃度の時間変化を測定すればよいことがわかる.
② 酢酸エチルの加水分解の化学反応式を説明できる.
③ 酢酸エチルの加水分解の反応速度定数を決定する実験の手順を説明できる.

化学反応の速度定数は，実験によって決定する必要がある．すなわち反応物あるいは生成物の濃度の時間変化を各種の分析方法（観測量が濃度に比例する手法；滴定，クロマトグラフィー，分光測定など）によって求める．例として，酢酸エチルの加水分解反応を取り上げる．酢酸エチルは，水溶液中において次式のように反応する．

$$CH_3COOC_2H_5 + H_2O \longrightarrow CH_3COOH + C_2H_5OH \qquad (9\text{–}29)$$

この反応は純粋な水の中ではほとんど進まないが，酸性溶液中では水素イオンの触媒作用によってかなりはやく進行する．この反応では，逆反応であるエステル化も起こり，最終的には平衡になるが，その平衡は水が多量であれば極端に右にかたよっている．

多くの研究結果から，現在では複合反応として進行すると考えられている．また，反応の初期段階では逆反応は無視でき，反応速度は酢酸エチル，水，水素イオンの濃度に比例するので次式のような三次反応で表される．

$$v = k'[CH_3COOC_2H_5][H_2O][H^+] \qquad (9\text{–}30)$$

しかし，水および水素イオンが酢酸エチルより大過剰に存在するように実験を設定することで $[H_2O][H^+]$ はほぼ一定とみなせる．すると式（9–30）は

$$v = k[CH_3COOC_2H_5] \quad ただし \quad k = k'[H_2O][H^+] \qquad (9\text{–}31)$$

となり，擬一次反応として取り扱えることがわかる．$t=0$ のときの初濃度がわかれば，エステルの加水分解の一次反応速度定数を決定することができる．具体的には，加水分解によって生成した酢酸の濃度を中和滴定により求めればよい．反応開始時間から一定時間経過することに，反応液から一定量をサンプリングし，その時刻 t における濃度を決定する．式（9–12）にしたがってその濃度の対数を時間の関数としてプロットする．最後に最小二乗法などを用いて，グラフの傾きを求めることで速度定数を決定することができる．

① 五酸化二窒素の分解反応の素反応を説明できる.
② 律速段階と反応全体の速度との関係を説明できる.

9・4 化学反応は素反応から構成され律速段階が全体の反応速度を決定する

本章のはじめに，化学反応式から直接反応速度式が決定できるわけではないことに注意しなければならないことに触れた．ここでは実際の例として五酸化二窒素の分解反応をあげる（式（9–32））．

$$2N_2O_5 \longrightarrow 4NO_2 + O_2 \tag{9–32}$$

この反応式は，2分子の N_2O_5 が分解して，NO_2 4分子と O_2 1分子が得られることを示している．しかしながら実際には次のように多段階反応で進行している．

$$N_2O_5 \longrightarrow N_2O_3 + O_2 \tag{9–33}$$

$$N_2O_3 \longrightarrow NO + NO_2 \tag{9–34}$$

$$N_2O_5 + NO \longrightarrow 3NO_2 \tag{9–35}$$

これら式（9–33）から式（9–35）で示した各段階の反応を素反応（elementary reaction）という．これらは段階的に進行する反応であるので，多段階反応（multistep reaction）とよばれる．

次にこの反応の反応速度を考える．実験的に N_2O_5 の分解反応の反応速度式は

$$v = k[N_2O_5] \tag{9–36}$$

であることがわかっている．また，これらの反応速度は全て等しいわけではなく，この反応全体の速度は，最も遅い素反応（式（9–33））によって決まっている．このような素反応を律速段階（rate-determing step）という．

コラム　連鎖反応

本書では比較的制御しやすい反応を扱っている．しかしながら実際には，爆発的に起こる反応や制御が困難な反応も多く存在する．特にラジカルが関わるような反応では，その不安定性から反応が連鎖的に起こる．これを連鎖反応という．ここでは一例として，メタンの塩素化とそれに関連する大気圏でのフロンの光解離によるオゾン（O_3）分解（オゾンホール生成）を取り上げる．

メタンの塩素化：塩素分子は黄緑色をしていて，480 nm より短い波長の光を吸収すると結合が切れて式（1）のように塩素ラジカルとなる．存在するメタン分子と塩素ラジカルの反応によって式（2），（3）のような連鎖反応が起きる．

$$Cl_2 + h\nu \longrightarrow 2Cl\cdot \quad \text{（連鎖の開始）} \tag{1}$$

$$CH_4 + Cl\cdot \longrightarrow \cdot CH_3 + HCl \quad \text{（連鎖の成長）} \tag{2}$$

$$\cdot CH_3 + Cl_2 \longrightarrow CH_3Cl + Cl\cdot \quad \text{（連鎖の成長）} \tag{3}$$

$\cdot CH_3 + Cl\cdot \longrightarrow CH_3Cl$　（連鎖の停止）　(4)

$Cl\cdot + Cl\cdot \longrightarrow Cl_2$　（連鎖の停止）　(5)

$\cdot CH_3 + \cdot CH_3 \longrightarrow C_2H_6$　（連鎖の停止）　(6)

このような反応は，不対電子をもつラジカルが不安定であることに由来する．この反応は，実はフロンによるオゾン層の破壊に関係している．フロンというと，フッ素が入った化合物を連想し，「フッ素が諸悪の根元である」という印象をもつかもしれない．しかし，実際にオゾン層を破壊しているのは，塩素化合物から生成する塩素ラジカルである．オゾン（O_3）は生命体に有害な短波長の紫外線を吸収し，式 (7)，(8) のように酸素分子との間で平衡状態にある．

$$O_2 + UV \longrightarrow 2O \qquad (7)$$

$$O + O_2 \rightleftharpoons O_3 \qquad (8)$$

クロロフルオロカーボン（塩素とフッ素が置換した低分子炭化水素，CFC とよばれる．R_fCl）は，電子機器部品の洗浄，冷蔵庫やエアーコンディショナーの冷媒，スプレーの希釈・圧縮ガスとして多用された．しかし，安定性が高いため大気中で分解せず，成層圏に至って初めて紫外線によって式 (9) のように分解する．そして，式 (10)，(11) の連鎖反応によってオゾン分子を分解する．その結果，オゾン層が破壊され（オゾンホールを形成），有害な短波長の紫外線が地上に届くことになり，DNA の光損傷等生体に悪影響を及ぼすといわれている．

$$R_fCl + UV \longrightarrow R_f\cdot + Cl\cdot \qquad (9)$$

$$Cl\cdot + O_3 \longrightarrow \cdot ClO + O_2 \qquad (10)$$

$$\cdot ClO + O \longrightarrow \cdot Cl + O_2 \qquad (11)$$

9・5　化学反応はエネルギーの高い状態を経由して進行する

反応座標図に基づいて遷移状態と活性化エネルギーを説明することができ，定量的に扱うことができる．

化学反応が起こるためには，反応に関わる分子や原子が衝突する必要がある．また，反応物が生成物に変化するためには途中でエネルギーの高い状態を経由しなければならないことが多い．本節ではこれらについて扱う．

9・5・1　遷移状態や活性化エネルギーは反応座標図で示される

① 反応座標図を図示することができる．
② 反応座標図の示す意味を言葉で説明することができる．
③ 活性化エネルギーの正体について言葉で説明できる．

化学反応の前後においてどのような変化が起こるのかを模式的に表すことがある．特に，反応する経路にしたがってエネルギーがどのように変化するかを記述したものを反応座標図という．横軸は反応の進行（反応座標（reaction coordinate）），縦軸はポテンシャルエネルギーや Gibbs エネルギーを用いることが一般的である．図9・5はA＋B−C→A−B＋Cという反応について反応座標図を模式的に示したものである．図に示したように反応経路の途中でエネルギーの大きな状態を経由しなければならない．この反応経路途中になるエネルギーの高い状態を遷移状態（transition state）といい，ここで形成される中間体を活性

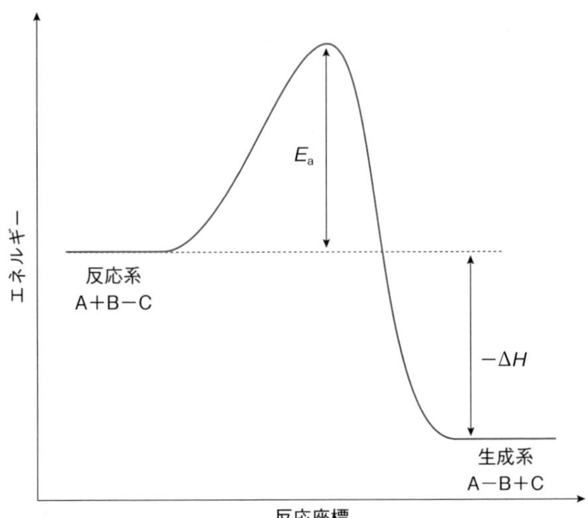

図 9・5　反応座標図

反応途中で活性化エネルギーを越える必要がある.

錯合体（activated complex）という. 活性錯合体の単離や検出は, その構造が不安定でかつ短寿命であるので一般的には困難である. 遷移状態のエネルギーは, 元の結合を切断しなければならないためのものであると考えることができ, そのエネルギーは活性化エネルギー（Activation energy, E_a）と呼ばれる. 遷移状態を通過したあと, この例では反応物（始状態）より生成物（終状態）のエネルギーが低くなっている. すなわち発熱反応であり, 発熱量 q はエンタルピー変化に対応する. このように, 反応座標図を用いると反応過程を理解しやすくなる.

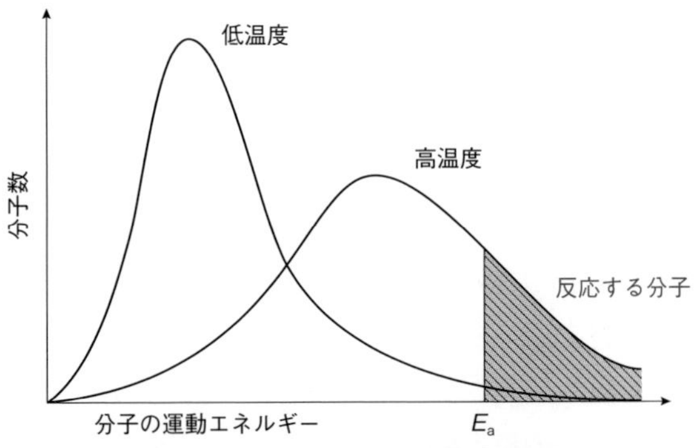

図 9・6　Boltzmann 分布の温度依存性

温度によって分布の仕方が変わる. 分子の運動エネルギーが活性化エネルギー以上である分子のみ反応する.

では, 活性化エネルギーの正体について考えてみる. 第 3 章で扱ったように, 分子集団の運動エネルギーは Maxwell-Boltzmann（マクスウェル-ボルツマン）分布（図 9・6）にしたがう. つまり, 同じ温度であっても速い（エネルギーの大きな）分子や遅い（エネルギーの小さな）分子が存在する. 運動エネルギーの大きな分子は, 他の分子との衝突が,それの小さな分子に比べて起こりやすいことは容易に想像できる．ここで E_a 以上のエネルギーをもっている粒子は，遷移状態の障壁を越えて生成物へと変化する．反応後の反応物には，E_a 以上のエネルギーをもつ粒子が消失した分については，再度 Boltzmann 分布に従い再配分される．すなわち全体の分子数が減少するのみで，分布の割合は変化しない．

9・5・2 Arrhenius の式は反応速度定数の温度依存性を示している

④ 図9・6の示すことを言葉で説明できる．
⑤ 式（9-37）の積分ができる．
⑥ Arrhenius の式を説明することができる．
⑦ 活性化エネルギーと頻度因子の見積もり方を説明することができる．

前節で反応は活性化エネルギーの障壁を越える必要があることをみてきた．前節では，これは温度上昇にともなう運動エネルギーの分布の変化によるものであると説明した，一般に反応速度は系の温度が上昇すると速くなる．1つの目安として，温度が 10 K 上昇すると速度は約 2 から 3 倍増大するといわれている．温度が上昇すると，Maxwell-Boltzmann 分布に従い，粒子集団の運動エネルギー分布は図9・6に示したように変化する．すなわち，E_a 以上のエネルギーをもつ粒子が増加し，反応が促進されるためである．

これらを定量的に扱うものとして，1889 年にスウェーデンの Arrhenius（アレニウス）は，反応速度と活性化エネルギーとの間に，式（9-37）の関係があることを示した（Arrhenius の式）．

$$\frac{\mathrm{d}\ln k}{\mathrm{d}t}=\frac{E_a}{RT^2} \qquad (9\text{-}37)$$

ここで R は気体定数である．この関係は，平衡定数の温度依存性に関する van't Hoff の式（7-30）と式（9-28）で表される反応速度の比を参考に導き出されたものである．E_a が温度に依存しないとして式（9-37）を積分すると，次式が得られる．

$$\ln k=-\frac{E_a}{RT}+\ln A \qquad (9\text{-}38)$$

$\ln A$ は定数であるので

$$k=Ae^{-E_a/RT} \qquad (9\text{-}39)$$

と書き直すことができる．A は頻度因子（frequency factor）あるいは前指数因子（pre-exponential factor）とよばれる．式（9-38）より，種々の温度での速度定数を測定し，その対数を温度の逆数 $1/T$ に対してプロットすると直線関係が得られることがわかる（図9・7）．またその直線の傾きから E_a，切片の値（$\ln A$）から A を見積もることができ

例 9・4でとりあげた，N_2O_5の分解反応における反応速度の温度依存性は表9・2の通りである．この反応の活性化エネルギーと頻度因子を求めよ．
方法：Arrhenius プロットから，傾きと切片を求める．
切片は 31.3 より　$3.9\times10^{13}\ s^{-1}$
傾きは，1.24×10^4 より　103 kJ mol^{-1}

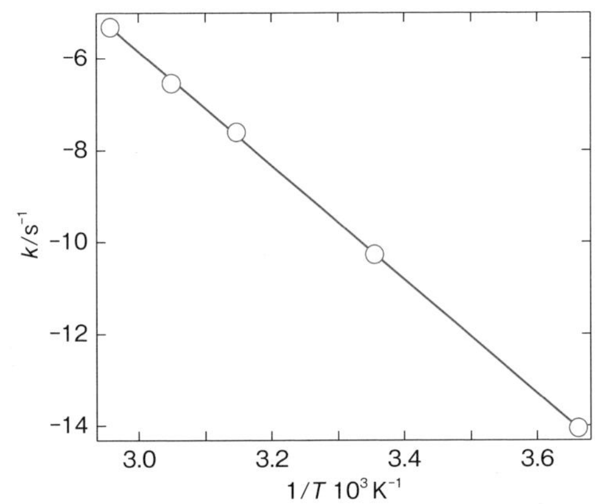

図 9・7　Arrhenius プロット
速度定数を温度の逆数に対してプロットする．切片から頻度因子，傾きから活性化エネルギーを算出することができる．

表 9・2　N_2O_5 の分解反応の温度依存性

T/K	273	298	318	328	338
k/s^{-1}	7.78×10^{-7}	3.45×10^{-5}	4.98×10^{-4}	1.50×10^{-3}	4.87×10^{-3}

る．式（9–39）は，化学反応の速度は，衝突に関する A とボルツマン分布に対応するエネルギー[*1]との積で表されており，それぞれの確率によって決定されることを意味している．

*1　$e^{-E_a/RT}$ ここでは遷移状態を越えるために必要な運動エネルギーに相当

触媒・酵素反応は，活性化エネルギーを低下させることを説明できる．

9・6　触媒や酵素は反応速度に影響を与える

化学反応の速度は，温度を上昇させることによって大きくすることができる．これは，化学反応速度がその生成効率の向上に重要な因子であることを意味している．一方，別の方法として，活性化エネルギーを低くすることでも達成できる．この活性化エネルギーを低下させるために用いられるのが，触媒（catalysis）である．温度を上昇させることなく反応速度を大きくさせることは，環境負荷を低減する上でも重要である．ここでは触媒反応の基本について触れ，触媒表面での反応を考える上で重要な吸着等温式，また生体では酵素（enzyme）が触媒の役割としていることから，酵素反応についても扱う．

① 触媒の作用について反応座標図の観点から説明することができる．

9・6・1　触媒は化学反応を促進することができる

自らは変化せずその存在によって化学反応を促進させる物質を触媒という．触媒は平衡の位置，Gibbs エネルギー変化は触媒の有無によっては変わらない．触媒には，有機化学のエステル合成に用いられる酸触媒のような均一系触媒や過酸化水素水から酸素を発生させる場合に用いる酸化マンガン（IV）のような不均一系触媒がある．

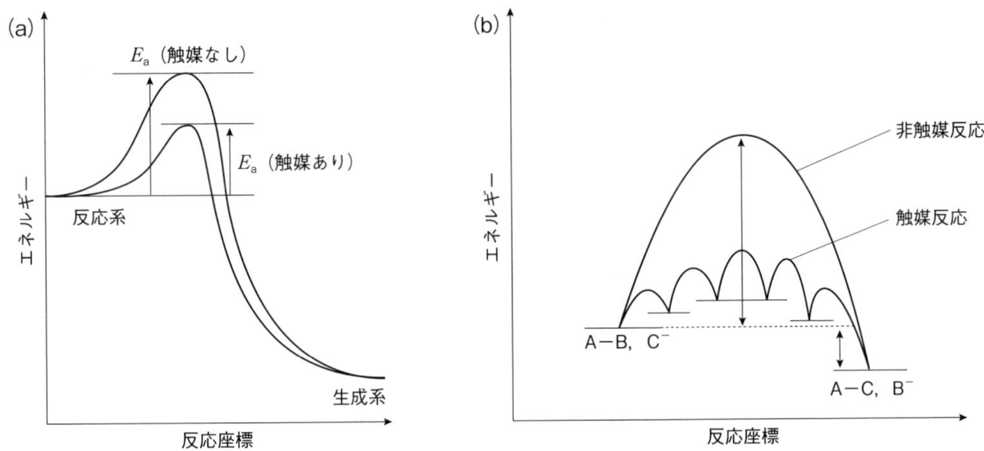

図9・8　触媒反応の反応座標図

(a) のように図示されるが，実際には触媒の表面などの作用によって (b) のような遷移状態をとることも提唱されている

従来，触媒は図9・8 (a) に示したように，化学反応に対してその活性化エネルギーを低下させる作用があると考えられてきた．しかしながら，最近では，触媒の存在によって複数の素反応が組み合わさり，新しい反応経路が提供されることによって見かけ上の活性化エネルギーが低下したと考える方が現実的であるといわれている．触媒が存在することによって反応物と触媒との間のなんらかの反応中間体（素反応や触媒表面に吸着した化学種）が存在するので，それを含んだ反応座標図を考えなければならないということである．図9・8 (b) では，触媒存在下での模式的な活性化エネルギー変化を示している．

9・6・2　固体表面の関与する反応はLangmuirの吸着等温式によって説明できる

> ② 吸着反応について，式（9-40）を説明することができる．
> ③ 吸着速度について式（9-41）の式を立てることができる．
> ④ 脱着反応について式（9-42）の式を立てることができる．
> ⑤ 式（9-44）の関係を導出することができる．
> ⑥ 式（9-47）を導出することができる．

固体触媒の関与する反応では，その表面への吸着が重要な因子となる．本節では，気体分子の固相への吸着についてモデル化しているLangmuir（ラングミュア）の吸着等温式を化学反応速度の観点から導出する．

一定面積の固体表面に吸着する分子の量は，温度，圧力に依存する．一定温度での気体の圧力に対する表面被覆率（θ）のプロットを等温吸着線という．表面被覆率は占有されている吸着サイトの数／吸着サイトの総数（N）と定義される．また，吸着した吸着質の体積を用いて $\theta = V/V_\infty$ と表されることも多い．吸着速度ならびに脱着速度から吸着—脱着反応の平衡定数，吸着に使われる表面サイトの濃度，吸着エンタルピーを求めることができる．

自由な気体 A とそのある表面 M への吸着気体は

$$\mathrm{A(g)+S(s)} \underset{k_\mathrm{d}}{\overset{k_\mathrm{a}}{\rightleftarrows}} \mathrm{AS(s)} \quad K_\mathrm{c}=\frac{k_\mathrm{a}}{k_\mathrm{d}}=\frac{[\mathrm{AS}]}{[\mathrm{A}][\mathrm{S}]} \tag{9–40}$$

の可逆的な素過程であると仮定する．ここで，k_a と k_d はそれぞれ吸着と脱着の速度定数，［A］は A（g）濃度，［S］は関与する基質の数密度，K_c は平衡定数である．また，吸着分子どうしは相互作用せず，分子を吸着できる表面サイトの数は有限であると仮定する．

吸着速度 v_a は，（9・40）より圧力 p と吸着していないサイトの数 $(1-\theta)N$ に比例するので

$$v_\mathrm{a}=k_\mathrm{a}N(1-\theta)p \tag{9–41}$$

と表される．また，脱着速度 v_d は，すでに吸着している分子数 $N\theta$ に比例するので

$$v_\mathrm{d}=k_\mathrm{d}N\theta \tag{9–42}$$

と表される．平衡ではこれらの速さは等しいので

$$k_\mathrm{a}N(1-\theta)p=k_\mathrm{d}N\theta \tag{9–43}$$

したがって

$$\theta=\frac{K_\mathrm{c}p}{1+K_\mathrm{c}p} \tag{9–44}$$

K_c は平衡定数であるので，温度依存性は van't Hoff の式（7–31）によって与えられる．

$$\ln K_\mathrm{c}=\ln K_\mathrm{c}'-\frac{\Delta H^\circ}{R}\left(\frac{1}{T}-\frac{1}{T'}\right) \tag{9–45}$$

すなわち，$\ln K_\mathrm{c}$ を $1/T$ に対してプロットすれば ΔH°（等温吸着エンタルピー）が求められる．ΔH° の値から，物理吸着か化学吸着であるかをおおよそ判別できる．$-25\ \mathrm{kJ\ mol^{-1}}$ よりも小さい場合は物理吸着，$-40\ \mathrm{kJ\ mol^{-1}}$ よりも大きい値の場合化学吸着と見なすことが可能である．

以上に基づいて，固体表面で化学反応が促進される不均一触媒反応の速度について考察する．吸着サイトの総数を $\mathrm{S_0}$，吸着分子の割合を θ とすると，式（9–40）と式（9–44）より

$$\theta=\frac{[\mathrm{AS}]}{[\mathrm{S_0}]},\quad \theta=\frac{K_\mathrm{c}[\mathrm{A}]}{1+K_\mathrm{c}[\mathrm{A}]} \tag{9-46}$$

となる．全体の反応速度は，［AS］に比例するので

$$-\frac{\mathrm{d}[\mathrm{A}]}{\mathrm{d}t}=k[\mathrm{AS}]=k\theta[\mathrm{S_0}] = k\frac{K_\mathrm{c}[\mathrm{A}][\mathrm{S_0}]}{1+K_\mathrm{c}[\mathrm{A}]} \tag{9-47}$$

となる．ここで［S］が十分に大きいときには

$$-\frac{\mathrm{d}[\mathrm{A}]}{\mathrm{d}t}=k[S_0] \tag{9-48}$$

となる．つまり，反応は吸着サイトの総数で決まっており，反応物質の濃度とは無関係である．

9・6・3　生体内反応の触媒は酵素とよばれる

⑦ 酵素反応での基質特異性を説明することができる．

生体内の反応を触媒する物質を酵素とよび，一般の触媒反応とは異なり複雑な有機物（タンパク質）であり，かつ反応の選択性が抜群に優れている．酵素のポケットにはまって酵素の作用を受ける分子やイオンを基質という．これまで酵素反応は鍵（基質）と鍵穴（酵素）の関係としてモデル化されていた．現在ではそのモデルを修正し，基質分子が近づくと酵素がわずかにゆがみ基質と適合する構造に変化するモデルが提唱され，酵素反応の誘導適合機構といわれる．また酵素反応条件の制限があり，反応に最適な pH，温度などがある．

9・6・4　Michaelis-Menten の式によって酵素反応をモデル化できる

⑧ 式（9-50）の酵素反応のモデル式を説明できる．
⑨ ES 複合体の生成速度と分解速度の式を立てることができる．
⑩ 定常状態近似を説明でき，式（9-53）を立てることができる．
⑪ 式（9-54）を導出することができる．
⑫ 式（9-55）を導出することができる．
⑬ Michaelis-Menten の式を導出でき，その関係を図示できる．

1913 年に L. Michaelis（ミカエリス）と M. L. Menten（メンテン）は酵素反応の速度論的扱いを提案した．酵素 E，酵素作用を受ける物質（基質）を S，生成物を P とすると，酵素反応のモデル式は以下のようになる．

$$\mathrm{E}+\mathrm{S}\underset{k_{-1}}{\overset{k_{+1}}{\rightleftarrows}}\mathrm{ES}\xrightarrow{k_{+2}}\mathrm{E}+\mathrm{P} \tag{9-49}$$

ここで ES は酵素と基質の複合体である．酵素 E はまず基質 S と速度定数 k_{+1} で結合して ES 複合体を形成する．生成した ES 複合体は速度定数 k_{-1} で解離するか，k_{+2} で E と生成物 P になる．酵素反応の速度 v は，ES 複合体の濃度と速度定数 k_{+2} の積として表すことができる．

$$v = \frac{\mathrm{d[P]}}{\mathrm{d}t} = k_{+2}[\mathrm{ES}] \tag{9–50}$$

この式から［ES］を求めなければならないことがわかる．ここでESの生成および分解速度は式（9–50）に基づいて，次式でそれぞれ表すことができる．

$$\text{ESの生成速度}：k_{+1}[\mathrm{E}][\mathrm{S}] \tag{9–51}$$

$$\text{ESの分解速度}：k_{-1}[\mathrm{ES}] + k_{+2}[\mathrm{ES}] = [\mathrm{ES}](k_{-1} + k_{+2}) \tag{9–52}$$

反応が開始してある程度時間が経過すると，生成速度と分解速度が等しくなり，見かけ上ESの濃度が変化しない状態に達する．すなわち

$$\frac{\mathrm{d[ES]}}{\mathrm{d}t} = k_{+1}[\mathrm{E}][\mathrm{S}] - (k_{-1}[\mathrm{ES}] + k_{+2}[\mathrm{ES}]) = 0 \tag{9–53}$$

となる（定常状態近似という）．この式を変形すると

$$[\mathrm{ES}] = \frac{[\mathrm{E}][\mathrm{S}]}{(k_{-1} + k_{+2})/k_{+1}} = \frac{[\mathrm{E}][\mathrm{S}]}{K_\mathrm{m}} \tag{9–54}$$

ここで，$K_\mathrm{m} = (k_{-1} + k_{+2})/k_{+1}$ はMichaelis定数と呼ばれる．式（9–54）には，反応に関与していない［E］の項が入っている．実験で求められるのは全酵素濃度［E］$_0$ なので，$[\mathrm{E}] = [\mathrm{E}]_0 + [\mathrm{ES}]$ の関係より，式（9–54）は

$$[\mathrm{ES}] = \frac{[\mathrm{E}]_0[\mathrm{S}]}{K_\mathrm{m} + [\mathrm{S}]} \tag{9–55}$$

となる．最終的に酵素反応速度 v は

$$v = \frac{\mathrm{d[P]}}{\mathrm{d}t} = k_{+2}[\mathrm{ES}] = \frac{k_{+2}[\mathrm{E}]_0[\mathrm{S}]}{K_\mathrm{m} + [\mathrm{S}]} \tag{9–56}$$

である．この式（9–56）をMichaelis-Mentenの式という．この式は，反応速度が全酵素濃度［E］$_0$ と基質濃度［S］に依存する（双方に対して一次反応である）ことを示している．

ここでは，［S］が大きいとき，（$[\mathrm{S}] \gg K_\mathrm{m}$）式（9–56）は

$$v = \frac{\mathrm{d[P]}}{\mathrm{d}t} = k_{+2}[\mathrm{E}]_0 \tag{9–57}$$

となる．このときの反応速度は，基質が大量にあるので最大（v_max）と

なる．つまり $v_{max}=k_{+2}[E]_0$ と表すことができる．この関係と式（9–56）より

$$v=\frac{[S]}{K_m+[S]}v_{max} \tag{9–58}$$

が得られる．図 9・9 には，v/v_{max}（v_{max} で規格化した）のときの Michaelis-Menten のプロットを示している．

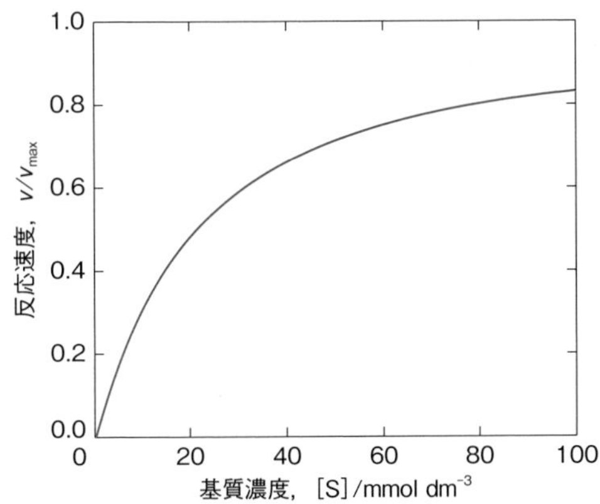

図 9・9　Michaels-Menten のプロット

基質濃度が低い領域では，反応速度は基質濃度に比例する．

演習問題

問 1　$2NO(g)+O_2(g)\rightarrow 2NO_2(g)$ の速度は，NO の濃度を 2 倍にしたら 4 倍になり，NO と O_2 の濃度を両方とも 2 倍にしたら 8 倍になった．このときの反応物ごとの反応次数，全反応次数，反応速度定数の単位を求めよ．速度の単位は mol L^{-1} s^{-1} とする．

問 2　シクロプロパンは $C_3H_6(g)\rightarrow CH_3-CH=CH_2(g)$ のようにプロピレンに異性化し，その速度は $k[C_3H_6]$ と表される．

（1）773 K で異性化が進むとき，200 s 後のシクロプロパンの濃度を求めよ．初濃度は 0.100 mol L^{-1}，k は 6.7×10^{-4} s^{-1} とする．

（2）この反応の実測データは以下の通りである．反応が C_3H_6 について一次となるのを確かめる方法を説明し，速度定数を求めよ．

t/min	0	5	10	15
$[C_3H_6]_t$/mol L^{-1}	1.5×10^{-3}	1.24×10^{-3}	1.00×10^{-3}	0.83×10^{-3}

問 3　ある物質が半減期 30 秒で一次反応により分解する．この物質の 3 分後における濃度の初濃度に対する比 c/c_0 を求めよ．

問 4　反応 $A+B\rightarrow C$ は二次反応であり，反応開始前の A と B の濃度がそれぞれ $[A]_0$，$[B]_0$ であるとする．ただし $[A]_0\neq[B]_0$ である．時刻 t

における生成物 C の濃度を x とおく.
(1) 時刻 t における反応物 A の濃度 [A] と反応物 B の濃度 [B] を $[A]_0$, $[B]_0$, x を用いて表せ.
(2) A＋B→C に基づいて，生成物 C が生じる速度式を示せ.
(3) (2) で求めた微分方程式を解き，反応物 A と B の濃度の時間変化を示す式を求めよ.

問 5 二次反応で分解するある物質が，初濃度 0.050 mol L^{-1} のとき，10 秒で 20% 分解した．次の問いに答えよ.
(1) 反応速度を求めよ.
(2) この条件での半減期はいくらか.
(3) 初濃度を上記の 1/10 としたとき，半減期はいくらか.

問 6 次の文の空欄に適当な語句をいれよ.
　分子同士の化学反応において，その最初の過程では，反応に関わる分子同士の出会い（衝突）が必要である．しかし，分子同士が接触しても分子自身が反応に必要なエネルギーをもっていなければ反応は進まない．よって，反応速度定数は分子の〔　　〕と〔　　〕を越えるエネルギーをもつ分子の割合の積の形で表現することができる．これを数式で表したものは，〔　　〕の式と呼ばれる.

問 7 活性化エネルギーが 140 kJ mol^{-1}，頻度因子が 2×10^{14} s^{-1} の一次反応がある．この反応で 60 分後の反応率が 60% となる温度を算出せよ.

問 8 ある反応において，20 ℃ から 30 ℃ に温度を上げたところ，反応速度が 2 倍になった．この反応の活性化エネルギーを求めよ.

問 9 Michaelis-Menten の式について，$[S]=K_m$ のときの反応速度を求め，Michaelis-Menten の式のプロットのどこに示されるかを図示せよ.

問 10 Michaelis-Menten の式を $1/v$ を $1/[S]$ に対してプロットするとどのようなグラフになるか示せ.

ルーブリック表

観点＼水準	S	A	B	C	D
知識・理解	章ごとの記述内容に関する知識を身につけ，理解できた段階に至っており，対応する学習目標以上の内容を自分なりに設定できる.	章ごとの記述内容に関する知識を身につけ，理解できた段階に至っており，対応する学習目標をほぼ達成している.	章ごとの記述内容に関する知識を理解できるまでには至らずとも，学習目標の意味を理解できる段階に到達している.	章ごとの記述内容に関する知識を暗記して理解する段階にとどまっている.	章ごとの記述内容に関する知識・理解の段階に至っていない.
技能・表現	式の誘導が完全にでき，内容を説明できる. 教科書以外の誘導方法などを身につけている. 式のもつ意味などを図やグラフを自分なりに作成し表現できる. 数値計算や単位換算を工夫しながら行うことができる.	教科書に記述のある式の誘導がほぼできた上で，内容を説明できる. 式のもつ意味などを図やグラフを使って表現できる. 数値計算や単位換算を問題無く行うことができる.	考え方の基本となる重要な式の誘導がある程度できた上で，内容を説明できる. 式のもつ意味などを教科書の図やグラフに基づいて表現できる. 数値計算や単位換算を行うことができる.	式の導出方法を言葉で説明できる段階にとどまっている. 図を与えられれば説明することができる. 数値計算や単位換算を解答例を参照しながら行うことができる.	式の導出，図の説明が全くできない. 数値計算や単位換算を行うことができない.
思考・判断	物理化学的な観点に基づいて，自然現象や化学現象を論理的に説明することができ，身近な例や応用分野へ進んで活用することができる.	物理化学的な観点に基づいて，自然現象や化学現象を論理的に説明することができ，進んで活用することができる.	物理化学的な観点に基づいて，化学現象を論理的に説明することができる.	物理化学的な観点に基づいて，化学現象を説明することができるが，論理性に欠ける.	物理化学的な思考・判断ができる状態に至っていない.

学習目標対照表

章／観点	第1章		第2章		第3章		第4章		第5章		第6章		第7章		第8章		第9章	
知識・理解	1	④, ⑧, ⑩	1	⑥, ⑦, ⑱	1	①, ②, ⑤, ⑨	1	①, ②, ③	1	③, ④, ⑤, ⑥	1	②, ④, ⑪, ⑯	1	①, ⑤, ⑦	1	③, ⑦	1	③, ④, ⑥
	2	①, ②, ③, ④	2	③	2	①, ②, ⑥	2	①, ②, ③	2	⑧	2	①, ③, ⑦, ⑩, ⑪, ⑭, ⑰	2	①, ⑤, ⑥, ⑨, ⑪	2		2	②, ⑤, ⑦, ⑪, ⑭
	3	③	3		3	②, ③, ④, ⑨	3		3	①, ②, ③, ④, ⑤, ⑥, ⑦	3	①, ②, ⑥, ⑬	3	①, ②	3	①, ②, ③, ④, ⑤, ⑥	3	②
	4	④, ⑤, ⑦	4		4	③, ⑤, ⑧	4	②, ⑤, ⑥, ⑦	4		4	①, ⑤, ⑦					4	①, ②
	5	③, ④, ⑥, ⑦					5	①, ②, ③	5	①, ③, ④							5	②, ③, ⑥
	6	③, ④, ⑤															6	①, ②, ⑦, ⑧
	問	16, 19	問	1, 2	問	2	問	1, 2, 3, 4, 5, 12, 15, 16	問	9, 10, 13	問	1, 3, 11	問	1, 3, 7, 8	問	1, 2, 3, 4	問	4, 6
技能・表現	1	②, ③, ④, ⑤, ⑥, ⑦, ⑧, ⑩	1	①, ②, ③, ④, ⑦, ⑨, ⑩, ⑪, ⑫, ⑬, ⑭, ⑮, ⑯, ⑰, ⑱	1	③, ④, ⑥, ⑧, ⑨	1		1	①, ②, ③, ⑤, ⑥, ⑦, ⑧, ⑨	1	①, ③, ⑤, ⑥, ⑦, ⑩, ⑫, ⑬, ⑭, ⑮	1	②, ④, ⑥, ⑨	1	①, ②, ③, ④, ⑤, ⑥, ⑦	1	①, ②
	2	③, ⑤, ⑥, ⑦, ⑧, ⑨, ⑩	2	①, ②	2	③, ④, ⑤	2	②, ④	2	①, ②, ③, ④, ⑤, ⑥, ⑦, ⑧	2	②, ④, ⑤, ⑧, ⑨, ⑮, ⑱, ⑲	2	②, ③, ④, ⑦, ⑧, ⑩	2	①, ②, ③, ④, ⑤, ⑥	2	③, ④, ⑧, ⑫, ⑬, [illegible]
	3	①, ④, ⑤	3	①, ②, ③, ④, ⑤, ⑥, ⑦, ⑧, ⑨, ⑪, ⑫	3	①, ⑤, ⑥, ⑦	3	③, ④, ⑤, ⑥, ⑦, ⑧, ⑨, ⑩, ⑪, ⑫, ⑬, ⑭, ⑮, ⑯	3	⑤, ⑥	3	③, ④, ⑦, ⑧, ⑨, ⑩, ⑪, ⑫, ⑭	3	③, ④, ⑥	3	②, ⑥	3	③
	4	②, ③, ⑩, ⑪, ⑫, ⑬, ⑭	4	①, ②, ③, ④, ⑤, ⑥	4	①, ②, ④, ⑥, ⑧, ⑩	4	①, ③, ④, ⑤, ⑥, ⑦, ⑧	4	①, ③, ④, ⑤							4	
	5	①, ②, ⑤, ⑦, ⑧, ⑨, ⑪					5	①, ②, ③	5	③, ④	4	②, ③, ⑥, ⑧					5	①, ⑤
	6	①, ②															6	⑤, ⑥, [illegible], ⑫
	問	3, 4, 6, 7, 8, 10, 11, 12, 13, 14, 15, 17, 18, 21	問	3, 4, 5, 6, 8, 9, 10, 11, 12, 13, 14, 15, 16, 17, 18, 19	問	1, 3, 4, 6, 8	問	7, 8, 9, 10, 11, 12, 13, 14, 15, 16, 17	問	2, 3, 4, 5, 6, 7, 8, 11, 12, 13, 14, 15	問	4, 7, 8, 9, 10, 12, 13, 14, 15, 16	問	2, 4	問	1, 2, 4, 7, 8, 9, 11	問	1, 2, 3, 5, 7
思考・判断	1	①, ②, ③, ④, ⑥, ⑧, ⑨	1	⑧, ⑮, ⑯	1	⑦, ⑫	1	①, ②, ③, ④, ⑤	1	④, ⑨	1	⑧, ⑨	1	③, ⑧, ⑩	1	①, ④, ⑥	1	⑤, ⑥
	2	③, ⑥, ⑧, ⑨	2	①	2	⑥	2	①, ③	2	⑧	2	⑥, ⑫, ⑬, ⑯	2	⑤, ⑥, ⑫	2	①, ②, ④, ⑤, ⑥	2	①, ⑥, [illegible], ⑩, ⑮, [illegible]
	3	①, ②, ③	3	②, ③, ④, ⑤, ⑧, ⑩	3	⑥, ⑧	3	①, ②, ③	3	①, ②, ③, ④	3	⑤, ⑧	3	⑤, ⑦	3	②, ③, ④, ⑤, ⑦, ⑧	3	①
	4	①, ②, ③, ⑥, ⑨, ⑩, ⑪, ⑭	4	①, ②, ③, ④, ⑤	4	①, ⑦, ⑨	4	②	4	①, ②, ③, ④, ⑤, ⑥							4	
	5	①, ⑤, ⑦, ⑪					5		5	①, ②, ③, ④	4	④, ⑥, ⑧					5	④, ⑦
	6																6	③, ④, [illegible], ⑩, ⑬
	問	1, 5, 10, 18, 19, 20, 21	問	7, 8, 9, 10, 11, 12, 14, 17, 18	問	5, 7, 9	問	1, 2, 3, 4, 5, 6, 7, 12	問	1, 2, 9, 10, 12, 13	問	2, 5, 6	問	5, 6	問	1, 2, 3, 5, 6, 10, 11	問	8, 9, 10

Appendix 1 偏微分

偏微分は，注目している変数以外は定数とみなして微分する方法である．自然科学で起こる変化では複数の変数があることは普通であるため，偏微分は非常によく使われる．ここで x と y を変数とする関数 $f(x, y)$ の微分について考えてみよう．変数 x が $x \to x+\Delta x$ と変化させたとき，関数 $f(x, y)$ が $f \to f+\Delta f$ に変化したとしよう．このとき，関数 $f(x, y)$ を x で微分したときの導関数は次式で表される．

$$\lim_{\Delta x \to 0} \frac{\Delta f}{\Delta x} = \left(\frac{\partial f}{\partial x}\right)_y \qquad \text{(A1-1)}$$

ここで ∂ はラウンド（rounded）d と呼び，偏微分を意味する．すなわち“注目している変数 x 以外の変数 y は定数とみなして微分する”という意味である．添え字の y は，その変数 y を固定した（定数とみなした）という意味である（自明のときは省略することもある）．式（A1-1）は，$f(x, y)$ の x 軸方向における微小変化を x の微小変化で割ったものであるので，x 軸方向における $f(x, y)$ の勾配である．

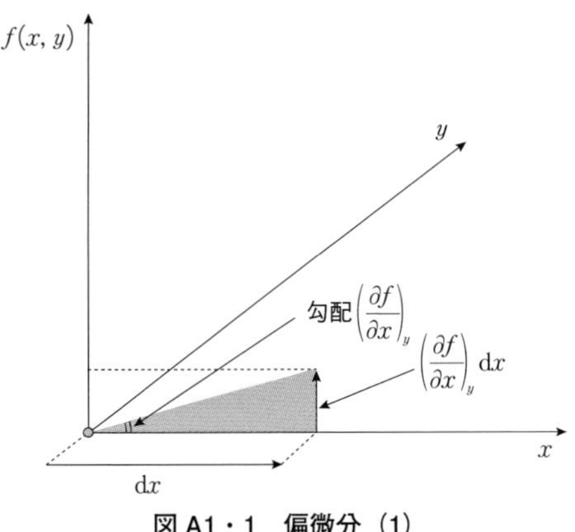

図 A1・1 偏微分（1）

したがって，関数 $f(x, y)$ が x から $\mathrm{d}x$ だけ変化したときの増加 $\mathrm{d}f$ は，$\left(\frac{\partial f}{\partial x}\right)_y \mathrm{d}x$ で表される．

同様に，変数 y についても同様に考えると，関数 $f(x, y)$ を y で微分したときの導関数は次式で表される．

$$\lim_{\Delta y \to 0} \frac{\Delta f}{\Delta y} = \left(\frac{\partial f}{\partial y}\right)_x \qquad \text{(A1-2)}$$

図 A1・2 に示すように，関数 $f(x, y)$ の y 軸方向の勾配が式（A1-2）に相当し，関数 $f(x, y)$ が y から $\mathrm{d}y$ だけ変化したときの増加 $\mathrm{d}f$ は，

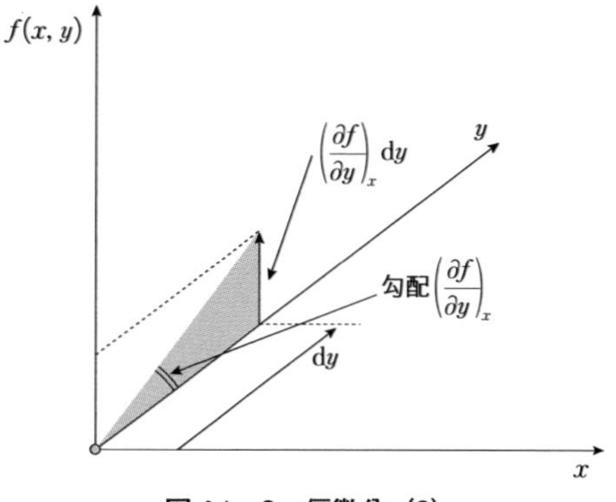

図 A1・2　偏微分（2）

$\left(\dfrac{\partial f}{\partial y}\right)_x \mathrm{d}y$ で表される．

変数 x，y が $\mathrm{d}x$，$\mathrm{d}y$ だけ変化したときの関数 f（x, y）の微小変化 $\mathrm{d}f$ は以下のように表される．

$$\mathrm{d}f = \left(\frac{\partial f}{\partial x}\right)_y \mathrm{d}x + \left(\frac{\partial f}{\partial y}\right)_x \mathrm{d}y \qquad \text{(A1–3)}$$

式（A1–3）を関数 f（x, y）の全微分という．右辺の第 1 項は，y を固定して x だけを微小変化させたときの f の変化量を表し，右辺の第 2 項は，x を固定して y だけを微小変化させたときの f の変化量を表す．

式（A1–3）は，第 1 項と第 2 項を入れ替えても不変であり，関数を 2 変数のどちらで先に偏微分をしようとも結果は同じである．全微分の関係を図でみてみよう（図 A1・3）．

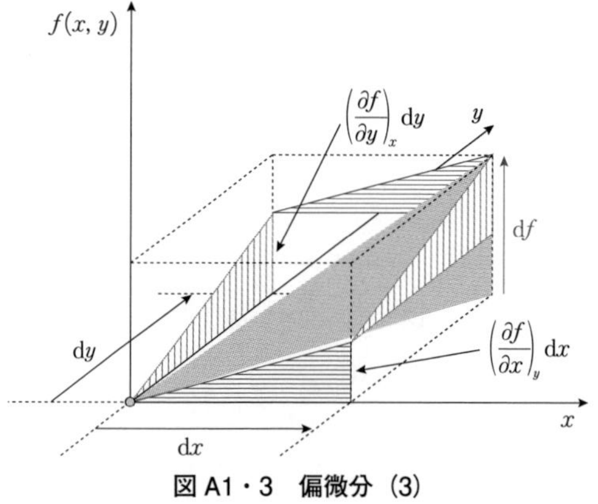

図 A1・3　偏微分（3）

図 A1・3 から明らかなように，式（A1–3）を積分するとき，変数 y を固定したまま x を移動させて積分してから，その後で y だけを移動させて目標の地点に達するルートと，手順を逆にして，始めに x を固定して y を移動させるルートがある．積分はこの微小変化を繰り返し行って，出発点から終点まで到達した際の $f(x, y)$ を求めることに相当する．したがって，全微分形式で表される関数 $f(x, y)$ は，どちらの道筋を通っても同じ結果が得られることが理解できるであろう.

熱力学において，変化の道筋によらず，ある状態なら決まった値をとるような量を“状態量”とよぶ[*1]．全微分形式で記述できることが，状態量を表していることになる.

*1 状態量については，4・2・1節「変化の経路に依存しない物理量は状態量である」を参照のこと.

また，熱力学でよく使われる関係式として，逆数の関係がある．“注目している変数以外の変数は定数とみなす”こと以外は常微分と同様の方法で微分するので，固定する変数が同じならば，逆数の関係が成り立つ.

$$\left(\frac{\partial f}{\partial x}\right)_y = \frac{1}{\left(\frac{\partial x}{\partial f}\right)_y} \tag{A1–4}$$

例として，気体の状態について考えてみよう．気体の状態は，物質量 n が一定なら，圧力 p，体積 V，および温度 T の3つを変数とする関数として記述される．理想気体の状態方程式によって3つの変数は結ばれ，圧力 p は以下のように表される.

$$p = \frac{nRT}{V} \tag{A1–5}$$

このとき，例えば，V は一定とみなして温度 T を $T \rightarrow T + \mathrm{d}T$ 変化させたときの圧力 p の変化は偏微分で表される．圧力 p を T で微分すると

$$\left(\frac{\partial p}{\partial T}\right)_V = \frac{nR}{V} \tag{A1–6}$$

となる．このとき V は定数とみなして微分する．また，T を一定にして V についても同様に偏微分すると，以下のようになる.

$$\left(\frac{\partial p}{\partial V}\right)_T = -\frac{nRT}{V^2} \tag{A1–7}$$

圧力 p の微小変化 $\mathrm{d}p$ はこれらの項の和として，次のように表すことができる.

$$\begin{aligned} \mathrm{d}p &= \left(\frac{\partial p}{\partial T}\right)_V \mathrm{d}T + \left(\frac{\partial p}{\partial V}\right)_T \mathrm{d}V \\ &= \frac{nR}{V}\mathrm{d}T + \left(-\frac{nRT}{V^2}\right)\mathrm{d}V \end{aligned} \tag{A1–8}$$

なお，n も変数として考える場合には，p の全微分は次のように記述される.

$$\begin{aligned} \mathrm{d}p &= \left(\frac{\partial p}{\partial T}\right)_{n,V} \mathrm{d}T + \left(\frac{\partial p}{\partial V}\right)_{n,T} \mathrm{d}V + \left(\frac{\partial p}{\partial n}\right)_{T,V} \mathrm{d}n \\ &= \frac{nR}{V}\mathrm{d}T + \left(-\frac{nRT}{V^2}\right)\mathrm{d}V + \frac{RT}{V}\mathrm{d}n \end{aligned} \tag{A1–9}$$

逆数の関係が成り立つことも確認してみよう．温度 T は以下のように表される．

$$T = \frac{pV}{nR} \tag{A1–10}$$

V を一定とみなして温度 T を圧力 p で微分すると

$$\left(\frac{\partial T}{\partial p}\right)_V = \frac{V}{nR} \tag{A1–11}$$

となる．式（A1–6）と比較すると以下の逆数の関係

$$\left(\frac{\partial p}{\partial T}\right)_V = \frac{1}{\left(\frac{\partial T}{\partial p}\right)_V} \tag{A1–12}$$

が成り立つことがわかる．固定する変数が同じであることに注意してほしい．

Appendix 2 数学公式

よく使われる数学公式を以下に示す．自然科学でよく現れる関係は，比例関係（一次関数），反比例関係，指数関数がある．このため，これらの関係式を含む積分，微分の公式を理解してほしい．ここで $\ln V$ は自然対数（natural logarithm）$\log_e V$ のことであり，理工学分野でよく用いられる表記である．

［オイラーの公式］

$$e^{i\theta}=\cos\theta+i\sin\theta$$

［対数関数］

$$\log A+\log B=\log(AB)$$

$$\log A-\log B=\log\left(\frac{A}{B}\right)$$

［微分公式］

$$(af(x)+bg(x))'=af'(x)+bg'(x)$$

$$(f(x)g(x))'=f'(x)g(x)+f(x)g'(x)$$

$$\left(\frac{f(x)}{g(x)}\right)'=f'(x)\frac{1}{g(x)}+f(x)\left(\frac{1}{g(x)}\right)'$$

$$\frac{df(x)}{dx}=\frac{df(w)}{dw}\frac{du(x)}{dx}$$，ただし，$w=u(x)$ とする．

$$(x^n)'=nx^{n-1} \qquad (e^{ax})'=ae^{ax} \qquad (a^x)'=a^x\ln a$$

$$(\sin x)'=\cos x \qquad (\cos x)'=-\sin x$$

$$(\ln x)'=\frac{1}{x}$$

［積分公式］

$$\int(a\,f(x)+b\,g(x))\mathrm{d}x=a\int f(x)\mathrm{d}x+b\int g(x)\mathrm{d}x$$

部分積分

$$\int f(x)g'(x)\mathrm{d}x=f(x)g(x)-\int f'(x)g(x)\mathrm{d}x$$

置換積分

$w=u(x)$，$w'=\dfrac{du(x)}{dx}$ とする．

$$\int f(u(x))\,dx = \int f(w)\frac{1}{w'}\,dw$$

不定積分（積分定数は省略）

$$\int x^n \mathrm{d}x = \frac{1}{n+1}x^{n+1} \quad (n \neq -1) \qquad \int \frac{1}{x}\mathrm{d}x = \log_e x = \ln x \qquad \int e^{ax}\mathrm{d}x = \frac{1}{a}e^{ax}$$

$$\int \sin x\,\mathrm{d}x = -\cos x \qquad \int \cos x\,\mathrm{d}x = \sin x$$

定積分（a は正の定数）

$$\int_0^\infty e^{-ax}\mathrm{d}x = \frac{1}{a} \qquad \int_{-\infty}^\infty e^{-ax^2}\mathrm{d}x = \sqrt{\frac{\pi}{a}} \qquad \int_{-\infty}^\infty x^2 e^{-ax^2}\mathrm{d}x = \frac{1}{2}\sqrt{\frac{\pi}{a^3}}$$

Appendix 3 Carnot は熱機関の本質を初めてとらえた[*2]

産業革命以来，効率の良い熱機関の開発は永遠の課題といえるが，そこでの基本的な指標が熱効率である．地球温暖化対策が必要とされている現代では，ますます効率の良い熱利用が望まれている．熱効率について初めて理論的考察を行ったのは N. L. S. Carnot（カルノー）である．

熱の形でエネルギーを取り入れ，この一部を外部への仕事に変換する循環過程を熱サイクルとよぶ．Carnot は等温過程と断熱過程を組み合

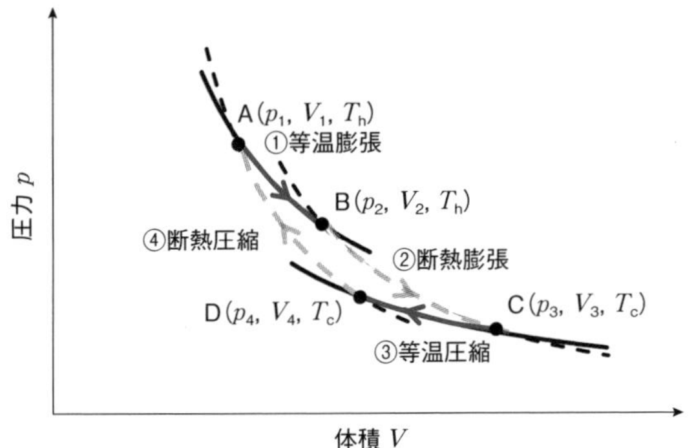

図 A3・1 (a) Carnot サイクルの p-V 図

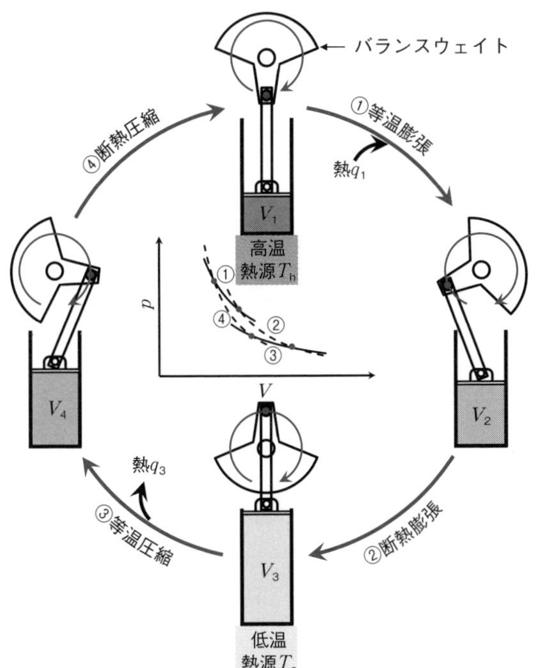

図 A3・1 (b) Carnot サイクルによるシリンダーの概略図．シリンダーのバランスウェイトが①等温膨張，②断熱膨張，③等温圧縮，④断熱圧縮を経て，1 回転する．これらの過程において，高温熱源から流入した熱 q によってバランスウェイトが回転し，残りの熱 q' を低温熱源へ流出している．熱 q が力学的エネルギーである仕事 w に変換されることがわかる．

＊2 Carnot の提唱した重要な点
・動力を生じる熱機関の熱効率には限界，すなわち最大効率がある．
・熱機関の最大効率は，高熱源（熱を取り出す側）と低熱源（放出する側）の温度差によってのみ決まり，熱機関の構造や作業物質に依存しない．

Carnot サイクルの特徴
・Carnot サイクルは，原理的に最大の（理想的な）効率を与える可逆サイクルである．
・そのような理想的な熱機関を考える上で，無限小の熱移動による準静的（可逆）変化という概念が導入された．
・Carnot サイクルでは，「等温」と「断熱」の2種類の過程を組み合わせている．

わせて，無限小の熱エネルギーを移動させる条件を考えることで，可逆的な熱サイクルを提案した．図 A3・1（a）に Carnot によって提案された Carnot サイクルの p-V 図，（b）に Carnot サイクルによるシリンダーの概略図を示す．この熱サイクルから熱機関の効率を高温熱源 T_{h} の温度と低温熱源 T_{c} の温度を使って表した．

Carnot サイクルは図 A3・1 に示したように，A→B→C→D→A の順でまわる．① A→B 過程は等温膨張，② B→C 過程は断熱膨張，③ C→D 過程は等温圧縮，④ D→A 過程は断熱圧縮過程である[*3]．このサイクルの間に，シリンダーのバランスウェイトが 1 回転する．すなわち，これらの過程において熱 q が力学的エネルギーである仕事 w に変換される．このサイクルを 1 周したときの系の仕事 w と熱 q を求めてみよう．

＊3　いずれの過程も準静的に行う．そうしないと不可逆過程が含まれてしまう．

① A→B 過程，等温膨張．このときの仕事を w_1 とすると

$$w_1 = -\int_{V_1}^{V_2} p\mathrm{d}V = -\int_{V_1}^{V_2} \frac{nRT_{\mathrm{h}}}{V}\mathrm{d}V = -nRT_{\mathrm{h}}[\ln V]_{V_1}^{V_2} = -nRT_{\mathrm{h}}\ln\frac{V_2}{V_1} \tag{A3-1}$$

となる．等温過程より，内部エネルギー変化 $\Delta U=0$ となり，この過程での熱 q_1 は

$$q_1 = -w_1 = nRT_{\mathrm{h}}\ln\frac{V_2}{V_1} \tag{A3-2}$$

となる．ここで $V_1 < V_2$ より $q_1 > 0$ である．すなわち系は外界から q_1 の熱をもらうことになる．

② B→C 過程，断熱膨張．このときの仕事を w_2 とすると，断熱過程より，熱 $q_2=0$ となるから，内部エネルギー変化 ΔU は

$$\Delta U = w_2 \tag{A3-3}$$

となる．理想気体の内部エネルギーは温度 T のみの関数より，温度 T が T_1 から T_2 へ変化したときの内部エネルギー変化 ΔU は，定容熱容量 C_V を使うと，

$$\Delta U = \int_{T_1}^{T_2} C_V\mathrm{d}T = w_2 \tag{A3-4}$$

となる[*4]．

＊4　4・3・1 節　自由（真空）膨張および 4・5・2 節　定容熱容量の節を参照のこと．理想気体の内部エネルギーは温度一定の条件では，体積と圧力に依存しない．定容熱容量 $C_V = \left(\frac{\partial U}{\partial T}\right)_V$ より，内部エネルギー変化 ΔU は，定容熱容量 C_V を積分することで得られる．

③ C→D 過程，等温圧縮．このときの仕事を w_3 とすると

$$w_3 = -\int_{V_3}^{V_4} p\,\mathrm{d}V = -\int_{V_3}^{V_4} \frac{nRT_\mathrm{c}}{V}\,\mathrm{d}V = -nRT_\mathrm{c}[\ln V]_{V_3}^{V_4} = -nRT_\mathrm{c}\ln\frac{V_4}{V_3} \tag{A3-5}$$

となる．等温過程より，内部エネルギー変化 $\Delta U=0$ となり，この過程での熱 q_3 は

$$q_3 = -w_3 = nRT_\mathrm{c}\ln\frac{V_4}{V_3} \tag{A3-6}$$

となる．ここで $V_3 > V_4$ より $q_3 < 0$ である．すなわち系から外界へ q_3 の熱を放出することになる．

④　D→A 過程，断熱圧縮．このときの仕事を w_4 とすると，断熱過程より，熱 $q_4=0$ となるから，内部エネルギー変化 ΔU は

$$\Delta U = w_4 \tag{A3-7}$$

となる．

理想気体の内部エネルギーは温度 T のみの関数より，温度 T が T_c から T_h へ変化したときの内部エネルギー変化 ΔU は，定容熱容量 C_V を使うと

$$\Delta U = \int_{T_\mathrm{c}}^{T_\mathrm{h}} C_V\,\mathrm{d}T = w_4 \tag{A3-8}$$

となる．以上の Carnot サイクルにおいて，② B→C 過程の断熱膨張したときの仕事 w_2 と断熱圧縮④ D→A 過程における仕事 w_4 は，逆の積分範囲であるため，

$$w_4 = -w_2 \tag{A3-9}$$

となる．したがって，Carnot サイクルを 1 周したときの仕事 w は

$$\begin{aligned} w &= w_1 + w_2 + w_3 + w_4 = -nRT_\mathrm{h}\ln\frac{V_2}{V_1} + \int_{\mathrm{T_h}}^{\mathrm{T_c}} C_V\,\mathrm{d}T - nRT_\mathrm{c}\ln\frac{V_4}{V_3} + \int_{\mathrm{T_c}}^{\mathrm{T_h}} C_V\,\mathrm{d}T \\ &= -nRT_\mathrm{h}\ln\frac{V_2}{V_1} - nRT_\mathrm{c}\ln\frac{V_4}{V_3} = -q_1 - q_3 \end{aligned} \tag{A3-10}$$

となる．一方，熱 q は，① A→B，等温膨張の過程で

$$q_1 = -w_1 = nRT_\mathrm{h}\ln\frac{V_2}{V_1} \tag{A3-2}$$

を外界から受け取り，③ C→D，等温圧縮の過程で

$$q_3 = -w_3 = nRT_c \ln \frac{V_4}{V_3} \tag{A3–6}$$

を外界に放出する．すなわち，Carnot サイクル 1 周で熱 q_1 (>0) を高温熱源（温度 T_h）からもらい，仕事 $|w|$ $(=-w)$ を外界にして，残りのエネルギーを熱 q_3 (<0) として低温熱源（温度 T_c）に放出することになる．このとき，Carnot サイクルの熱効率 η は以下のように表される．

$$\eta = \frac{|w|}{q_1} = \frac{-w}{q_1} = \frac{q_1 + q_3}{q_1} = \frac{nRT_h \ln \frac{V_2}{V_1} + nRT_c \ln \frac{V_4}{V_3}}{nRT_h \ln \frac{V_2}{V_1}} = \frac{T_h \ln \frac{V_2}{V_1} + T_c \ln \frac{V_4}{V_3}}{T_h \ln \frac{V_2}{V_1}} \tag{A3–11}$$

ここで，断熱過程の式

$$pV^{\gamma} = p_0 V_0^{\gamma} \tag{A3–12}$$

に

$$p = \frac{nRT}{V} \tag{A1–5}$$

を代入すると

$$TV^{\gamma-1} = T_0 V_0^{\gamma-1} \tag{A3–13}$$

となる．この関係式を Carnot サイクルに当てはめると

$$T_h V_2^{\gamma-1} = T_c V_3^{\gamma-1} \tag{A3–14}$$

$$T_h V_1^{\gamma-1} = T_c V_4^{\gamma-1} \tag{A3–15}$$

となる．式（A3–14）の左辺および右辺を式（A3–15）の左辺および右辺で割り算すると

$$\frac{V_2}{V_1} = \frac{V_3}{V_4} \tag{A3–16}$$

となる．熱効率 η の式（A3–11）に代入すると

$$\eta = \frac{T_h - T_c}{T_h} \tag{A3–17}$$

となり，高温熱源の温度 T_h と低温熱源の温度 T_c のみで熱効率 η が決

まることがわかる．これをCarnotの定理（Carnot's theorem）という．

Carnotは熱の流れを考える際，水の流れをイメージしていた．図A3・2は，そのイメージに基づいたCarnotサイクルの概念図である．水車が回り続けるためには，水が流れ出す高所と受ける低所の両方が必要である．高いところにある水が持つポテンシャルエネルギーのすべてを，水車を回す仕事に使えるわけではないことが容易に理解できる．

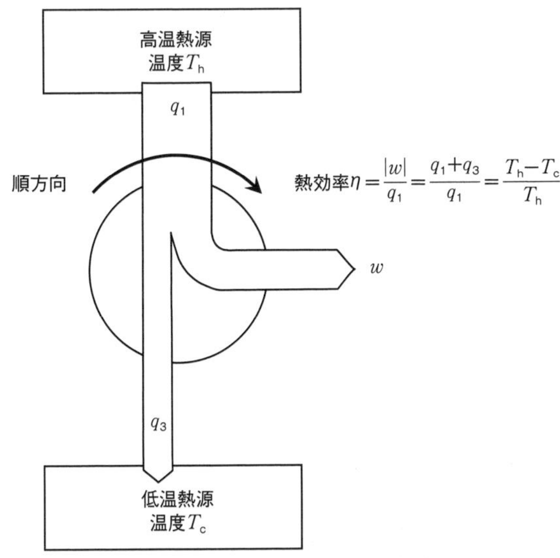

図A3・2　Carnotサイクルの概念図
高温熱源から熱q_1をもらって，準静的循環過程で仕事w を行い，低温熱源に熱q_3を排出する．

式（A3–17）は熱効率ηが圧縮や膨張の作業物質として使われる蒸気で決まるものではなく，作業物質に依存せず熱源の温度差のみで決まることを示している．ここでの議論に用いたように，理想気体でもよい．Carnotが式（A3–17）を導いた頃は蒸気機関全盛の時代であったが，現在に至るまで，蒸気機関，ガソリンエンジンなど，作業物質の種類にかかわらず，全ての熱機関の効率を考える基本となるのは，このことによる．

産業革命時代の蒸気機関の高熱源温度は，120℃程度であっただろうと推測される*5．現代の火力発電所や原子力発電所では，高温・高圧水蒸気がタービンを動かしている．技術革新により超臨界状態*6の水蒸気に耐える材料が開発されて，熱効率向上が進んでいる．最先端のものでは，620℃，25 MPaの超臨界状態の水蒸気が使用されている火力発電所がある．これらの熱効率の理論的限界は，冷却水温度を20℃（293 K）として比較すると，

*5　高圧に耐えるボイラーの製作技術が未熟であった．

*6　6・1節参照．

$T_h = 120$ ℃（393 K）のとき

$$\eta = \frac{393 - 293}{393} = \frac{100}{393} = 0.254$$

$T_h = 620$ ℃（893 K）のとき

$$\eta = \frac{893 - 293}{893} = \frac{600}{893} = 0.672$$

となる．すなわち，産業革命時代の蒸気機関の熱効率の限界は 25% ほどであり，実際の稼働では 10% 程度であっただろうといわれる．一方，現代の最先端の火力発電所では熱効率 67% が限界であり，実際の運転では 50% 程度であろう．残りは．地球を暖めるために使われている．熱効率向上の努力は絶え間なく行われているが，基本指針は高温－低温熱源間の温度差を広げることであり，そのためには高温に耐えられる材料開発が課題である．

Carnot サイクルの本質である無限小変化（可逆変化）は現実には実現できない理想的熱機関であるにもかかわらず，熱の流れから得ることのできる仕事は 100% の効率にはなり得ないことを示した．式（A3-17）がその限界を与える．

さらに，この熱効率 η は，低温熱源の温度 T_c が 0 K のとき最大値 1 をとる．すなわち，絶対零度を予測した式にもなっている．

Appendix 4　Clausiusは熱力学的エントロピーを発見した

「Appendix 3 Carnotは熱機関の本質を初めてとらえた」で，熱機関の効率が温度差のみによることが示された．一方，Jouleは仕事と熱の等価性を実験から示した．両者を統合することでClausiusは，エントロピーという重要な概念を導き出した．この章では，不可逆過程を含む循環過程についてClausiusの不等式を紹介する．最初に可逆過程のみの循環過程について，次に不可逆過程を含めた循環過程についてClausiusの不等式を導く．

(a) 可逆過程での熱と仕事の流れ

Carnotサイクルの概念図を図A4・1 (a) に示す．Carnotサイクルは，温度 T_{h} の高温熱源から熱 q_1 を受け取り，一部を仕事 w として使い，残りを熱 q_3 として温度 T_{c} の低温熱源に渡すものである．円は，水車の回転のような循環過程の仕事を表したものである[*7]．この循環過程は可逆過程なので，逆方向にも可逆的に循環過程を起こすことができる[*8]．

*7　Appendix 3「Carnotは熱機関の本質を初めてとらえた」図A3・2本文説明を参照.

*8　暖房機や冷凍機などは，仕事 w を加えて熱 q の出入りを行う熱機関で逆Carnotサイクルの実例である.

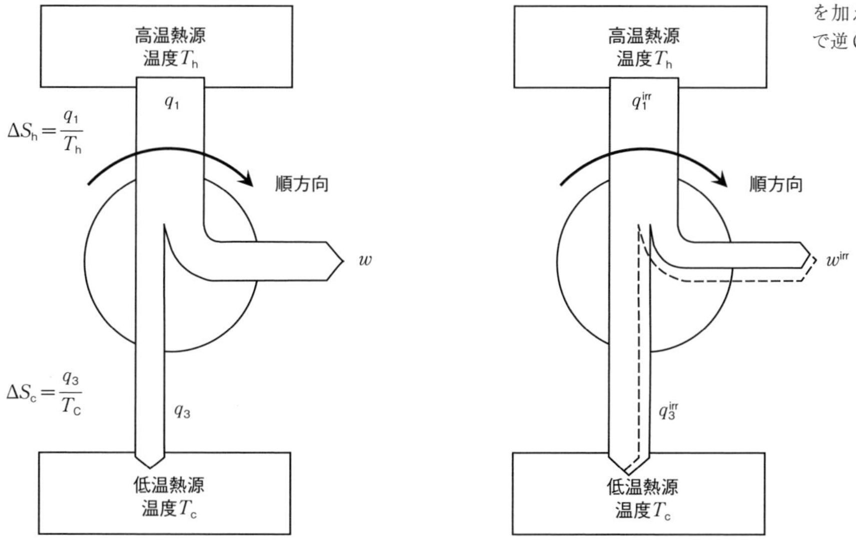

図A4・1　熱サイクルの概念図

(a) 可逆過程サイクル（Carnotサイクル）
高温熱源から熱 q_1 をもらい，準静的循環過程で仕事 w を行い，低温熱源に熱 q_3 を排出する.

(b) 不可逆過程サイクル
可逆サイクルと同様に，高温熱源から熱 $q^{\mathrm{irr}}{}_1$ をもらい，循環過程で仕事 w^{irr} を行い，低温熱源に熱 $q^{\mathrm{irr}}{}_3$ を排出する.

Appendix 3において，式（A3-11）と（A3-17）で定義された熱効率 η は，高温熱源からの熱 q_1 の一部が仕事 w として使われ，低温熱源へ捨てられた熱 q_3 を考慮して定義され，図A4・1 (a) と対応している．

可逆過程であるCarnotサイクルの熱効率ηの式は

$$\eta=\frac{|w|}{q_1}=\frac{q_1+q_3}{q_1}=\frac{T_h-T_c}{T_h}<1 \qquad (A4\text{–}1)$$

となり，熱qを仕事wにするには高温熱源と低温熱源の温度差が必要で，一部の熱q_3を仕事wにすることができず，1にならないことを示している．熱効率ηを1に近づけるには，低温熱源の温度T_cを絶対零度に近づけるか，高温熱源の温度T_hを無限大に近づけるしかない．熱の特殊性を表しているといえよう[*9]．

＊9　この式は作業物質には依存しない．Thomson（Kelvin卿）は，熱効率η，熱q，温度Tの関係式から，物質に依存しない絶対温度を導入した．

式（A4–1）より

$$\frac{q_1+q_3}{q_1}=\frac{T_h-T_c}{T_h}$$

$$1+\frac{q_3}{q_1}=1-\frac{T_c}{T_h}$$

となり，整理すると，

$$\frac{q_1}{T_h}+\frac{q_3}{T_c}=0 \qquad (A4\text{–}2)$$

が導かれる．

式（A4–2）は，高温熱源から流入する$\frac{q_1}{T_h}$と，低温熱源に放出される$\frac{q_3}{T_c}$の絶対値が等しいことを示している．これは，この過程が可逆過程であることによる．Clausiusは，この熱量を絶対温度で割ったものを新たな物理量として，“エントロピー”を提案した．一般的には，可逆過程において移動する熱量であるので，q_{rev}と記し，熱力学的エントロピーとして，5・1節で示した次式で定義される．

$$\Delta S=\frac{q_{rev}}{T} \qquad (5\text{–}1)$$

式（A4–2）は，高温熱源から移動したエントロピー（$\Delta S_h=\frac{q_1}{T_h}$）と，低温熱源に移動したエントロピー（$\Delta S_c=\frac{q_3}{T_c}$）の和は，ゼロであることを示している．

$$\frac{q_1}{T_h}+\frac{q_3}{T_c}=\Delta S_h+\Delta S_c=0 \qquad (A4\text{–}2)'$$

この可逆変化過程では，エントロピー変化がゼロ，すなわちエントロピーが保存されていることを示している．

(b) 不可逆過程での熱と仕事

Carnotサイクルは，基本的には可逆過程から形成されるサイクルであるが，不可逆過程が含まれる場合にも拡張する（図A4・1 (b)）[*10]．高温熱源から可逆過程の場合と同じ大きさの熱q_1^{irr}（$=q_1$）が流入する

＊10　可逆過程のみからなる循環過程をCarnotサイクルとよぶ．

が[*11]，この場合，一部は，仕事以外の無駄なエネルギーとして放出されることになる[*12]．すなわち，

$$|w^{\mathrm{irr}}|=-w^{\mathrm{irr}}=q_1^{\mathrm{irr}}+q_3^{\mathrm{irr}}<q_1+q_3 \qquad \text{(A4–3)}$$

の関係になる．

ここで，仕事に使われなかった無駄な熱は，q_3^{irr} に含まれている．このため，$|w^{\mathrm{irr}}|<|w|$ となり，熱効率は $\eta^{\mathrm{irr}}<\eta$ となる．式（A3–11）から，

$$\eta^{\mathrm{irr}}=\frac{|w^{\mathrm{irr}}|}{q_1^{\mathrm{irr}}}=\frac{-w^{\mathrm{irr}}}{q_1^{\mathrm{irr}}}=\frac{q_1^{\mathrm{irr}}+q_3^{\mathrm{irr}}}{q_1^{\mathrm{irr}}}<\eta=\frac{|w|}{q_1}=\frac{q_1+q_3}{q_1}=\frac{T_{\mathrm{h}}-T_{\mathrm{c}}}{T_{\mathrm{h}}} \qquad \text{(A4–4)}$$

が得られる．可逆過程のみからなるCarnotサイクルのとき，熱効率 η は最大値をとる．このとき外界にする仕事 $|w|$（$=-w$）は「最大の仕事」となり，図A3・1（a）の4つの過程で囲まれた部分の面積が最大となる．不可逆過程が含まれる場合，式（A4–4）より，

$$\frac{q_1^{\mathrm{irr}}+q_3^{\mathrm{irr}}}{q_1^{\mathrm{irr}}}<\frac{T_{\mathrm{h}}-T_{\mathrm{c}}}{T_{\mathrm{h}}}$$

となる．したがって，

$$\frac{q_1^{\mathrm{irr}}}{T_{\mathrm{h}}}+\frac{q_3^{\mathrm{irr}}}{T_{\mathrm{c}}}<0 \qquad \text{(A4–5)}$$

となる．式（A4–2）とは異なり，高温熱源から流入する $\frac{q_1^{\mathrm{irr}}}{T_{\mathrm{h}}}$ と，低温熱源に放出される $\frac{q_3^{\mathrm{irr}}}{T_{\mathrm{c}}}$ の和は負となり，不可逆過程の関与が現れている．

*11　irrは不可逆過程（irreversible process）の略である．

*12　仕事以外のエネルギーとして，例えば，摩擦熱が挙げられる．式（A4–14）の説明文（web版「Clausiusは熱力学的エントロピーを発見した」）を参照のこと．

(c) Clausiusの不等式－可逆過程と不可逆過程を含むサイクル[*13]

式（A4–2）と式（A4–5）は，合わせると次式で表現できる．

$$\frac{q_1}{T_{\mathrm{h}}}+\frac{q_3}{T_{\mathrm{c}}}\leq 0 \qquad \text{(A4–6)}$$

等号は可逆過程であり，不等号は不可逆過程を表す．

ここで，可逆過程と不可逆過程を含む最も単純な系（図A4・2）について考える（5・1・2節の図5・1と同様な過程である．不可逆過程は自由膨張過程を考えている）．等温状態（温度 T）で，状態Aと状態Bの間を循環するサイクルである．ただし，状態Aから状態Bへの過程は不可逆過程で熱 $q_{\mathrm{AB}}^{\mathrm{irr}}$ が出入りし，状態Bから状態Aへの過程は可逆過程で熱 $q_{\mathrm{BA}}^{\mathrm{rev}}$ が出入りするとする[*14, *15]．式（A4–6）より

$$\frac{q_{\mathrm{AB}}^{\mathrm{irr}}}{T}+\frac{q_{\mathrm{BA}}^{\mathrm{rev}}}{T}<0 \qquad \text{(A4–7)}$$

の関係式が得られる．状態Bから状態Aへの過程は可逆過程であるか

*13　詳細はweb版「Clausiusは熱力学的エントロピーを発見した」を参照のこと．

*14　revは可逆過程（reversible process）の略である．

*15　例えば，状態Aから状態Bへ自由膨張過程で膨張し，状態Bから状態Aへ等温可逆過程（準静的過程）で収縮する循環過程を考えるとわかりやすい（図5・1参照のこと）．

ら，逆過程で出入りする熱 $q_{\mathrm{AB}}^{\mathrm{rev}}$ は

$$q_{\mathrm{BA}}^{\mathrm{rev}} = -q_{\mathrm{AB}}^{\mathrm{rev}} \tag{A4-8}$$

である．式（A4–7）を移項し，式（A4–8）を代入すると，

$$\begin{aligned} \frac{q_{\mathrm{AB}}^{\mathrm{irr}}}{T} &< -\frac{q_{\mathrm{BA}}^{\mathrm{rev}}}{T} = \frac{q_{\mathrm{AB}}^{\mathrm{rev}}}{T} \\ q_{\mathrm{AB}}^{\mathrm{rev}} &> q_{\mathrm{AB}}^{\mathrm{irr}} \\ q_{\mathrm{AB}}^{\mathrm{rev}} - q_{\mathrm{AB}}^{\mathrm{irr}} &> 0 \end{aligned} \tag{A4-9}$$

となり，5・1 節と 5・4 節で扱っている表現の Clausius の不等式が得られる．

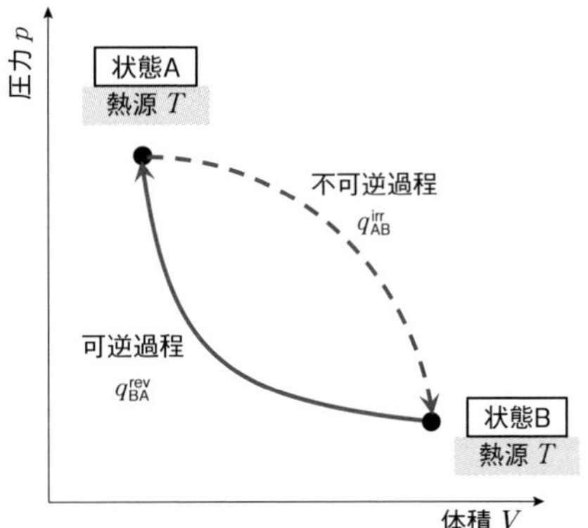

図 A4・2　最も単純な可逆過程と不可逆過程を含む熱サイクル

Appendix 5 各熱力学的基本量の間の関係式

熱力学第一法則より，内部エネルギー変化ΔUは仕事w，系に出入りした熱qと以下の関係式が成り立つ[*16]．

*16 4・2節 熱力学第一法則を参照．

$$\Delta U = q + w \tag{4-1}$$

ここで，微分形式で表すために，内部エネルギーの微小変化$\mathrm{d}U$を考える．すなわち

$$\mathrm{d}U = \delta q + \delta w \tag{A5-1}$$

となる[*17]．微小体積変化$\mathrm{d}V$による仕事δwを考えると

*17 熱qと仕事wは状態量ではなく，経路に依存するため，微小量もδq，δwとして表し，状態量である微小量の表し方と区別して書く．

$$\delta w = -p\,\mathrm{d}V \tag{A5-2}$$

となる．式（A5-1）に代入すると

$$\mathrm{d}U = \delta q - p\,\mathrm{d}V \tag{A5-3}$$

となる．

また，エントロピーの微小量$\mathrm{d}S$は式（5-16）で表される．

$$\mathrm{d}S = \frac{\delta q}{T} \tag{5-16}$$

この式から，$\delta q = T\mathrm{d}S$が得られ，式（A5-3）に代入すると，次式が得られる．

$$\mathrm{d}U = T\mathrm{d}S - p\,\mathrm{d}V \tag{A5-4}$$ [*18]

*18 Gibbsが初めて提案した熱力学の基本式である．

ここで，偏微分の公式（**Appendix 1**を参照）より，微小量の$\mathrm{d}U$はエントロピーSと体積Vを変数として

$$\mathrm{d}U = \left(\frac{\partial U}{\partial S}\right)_V \mathrm{d}S + \left(\frac{\partial U}{\partial V}\right)_S \mathrm{d}V \tag{A5-5}$$

と表すことができる．この式と前述の式（A5-4）を比較すると，

$$\left(\frac{\partial U}{\partial S}\right)_V = T \tag{A5-6}$$

$$\left(\frac{\partial U}{\partial V}\right)_S = -p \tag{A5-7}$$

の関係式が得られる．

また，エンタルピー H の定義式は第4章より，以下の式で表される*19.

*19 4・4節「新しい状態量であるエンタルピーを導入する」を参照.

$$H = U + pV \tag{4-20}$$

これから，エンタルピー H の微小量 $\mathrm{d}H$ は次のようになる.

$$\begin{aligned} \mathrm{d}H &= \mathrm{d}U + \mathrm{d}(pV) \\ &= \mathrm{d}U + V\mathrm{d}p + p\,\mathrm{d}V \end{aligned} \tag{A5-8}$$

この式の $\mathrm{d}U$ に式（A5-4）を代入すると

$$\begin{aligned} \mathrm{d}H &= \mathrm{d}U + V\mathrm{d}p + p\,\mathrm{d}V \\ &= T\mathrm{d}S - p\,\mathrm{d}V + V\mathrm{d}p + p\,\mathrm{d}V \\ &= T\mathrm{d}S + V\mathrm{d}p \end{aligned} \tag{A5-9}$$

が得られることがわかる．偏微分の公式（**Appendix 1** を参照）より，微小量の $\mathrm{d}H$ はエントロピー S と圧力 p を変数として

$$\mathrm{d}H = \left(\frac{\partial H}{\partial S}\right)_p \mathrm{d}S + \left(\frac{\partial H}{\partial p}\right)_S \mathrm{d}p \tag{A5-10}$$

と表される．この式と式（A5-9）を比較すると

$$\left(\frac{\partial H}{\partial S}\right)_p = T \tag{A5-11}$$

$$\left(\frac{\partial H}{\partial p}\right)_S = V \tag{A5-12}$$

の関係式が得られることがわかる.

Gibbs エネルギー G の定義式は，以下の式で表される.

$$G = H - TS \tag{5-49}$$

これから，Gibbs エネルギー G の微小量 $\mathrm{d}G$ は

$$\begin{aligned} \mathrm{d}G &= \mathrm{d}H - \mathrm{d}(TS) \\ &= \mathrm{d}H - S\,\mathrm{d}T - T\mathrm{d}S \end{aligned} \tag{A5-13}$$

となる．この式の $\mathrm{d}H$ に式（A5-9）を代入すると

$$\begin{aligned} \mathrm{d}G &= \mathrm{d}H - S\,\mathrm{d}T - T\mathrm{d}S \\ &= T\mathrm{d}S + V\mathrm{d}p - S\,\mathrm{d}T - T\mathrm{d}S \\ &= -S\mathrm{d}T + V\mathrm{d}p \end{aligned} \tag{A5-14}$$

となる．偏微分の公式（**Appendix 1** を参照）より微小量の $\mathrm{d}G$ は温度

Tと圧力pを変数として

$$dG=\left(\frac{\partial G}{\partial T}\right)_p dT+\left(\frac{\partial G}{\partial p}\right)_T dp \tag{A5-15}$$

と表される．この式と式（A5–14）を比較すると

$$\left(\frac{\partial G}{\partial T}\right)_p=-S \tag{A5-16}$$

$$\left(\frac{\partial G}{\partial p}\right)_T=V \tag{A5-17}$$

の関係式が得られることがわかる．これらの各熱力学的基本量の間の関係式から，6章以降で用いられるGibbsエネルギーGの圧力依存性，温度依存性の式が求められる．これまでの関係式を自然な変数とともに表A5・1にまとめた．

表A5・1　各熱力学的基本量の自然な変数および関係式

	内部エネルギー，U	Helmholtzエネルギー，F*	Gibbsエネルギー，G	エンタルピー，H
自然な変数	S, V	T, V	T, p	S, p
関係式	$\left(\frac{\partial U}{\partial S}\right)_V=T$	$\left(\frac{\partial F}{\partial T}\right)_V=-S$	$\left(\frac{\partial G}{\partial T}\right)_p=-S$	$\left(\frac{\partial H}{\partial S}\right)_p=T$
	$\left(\frac{\partial U}{\partial V}\right)_S=-p$	$\left(\frac{\partial F}{\partial V}\right)_T=-p$	$\left(\frac{\partial G}{\partial p}\right)_T=V$	$\left(\frac{\partial H}{\partial p}\right)_S=V$

*Helmholtzエネルギーについては，Appendix 6を参照のこと

ここで各熱力学的基本量の変数に注意してほしい．第4章では，定容熱容量と定圧熱容量の式（4–26）と式（4–30）を導いた．

$$C_V=\left(\frac{\partial U}{\partial T}\right)_V \tag{4-26}$$

$$C_p=\left(\frac{\partial H}{\partial T}\right)_p \tag{4-30}$$

ここでは内部エネルギーUとエンタルピーHをU（T, V），H（T, p）として考えている．

Gibbsは，熱力学の基本式

$$dU = TdS-p\,dV \tag{A5-4}$$

から内部エネルギーUがエントロピーSと体積Vを変数とする熱力学量であり，それをもとにHelmholtzエネルギーF*20，GibbsエネルギーG，エンタルピーHが定義されて，そして変数も決まることを示した．

*20　HelmholtzエネルギーFについては，Appendix 6で説明する．

熱力学的変化を考える際，変数として何を選ぶのが自然なのか，を考

える必要がある．自然な変数の選択は状況によって変わる．第一法則，第二法則，および内部エネルギー U，Helmholtz エネルギー F，Gibbs エネルギー G，およびエンタルピー H の定義式を組み合わせたときにあらわれる変数は，表 A5・1 に示されている変数が自然な変数になる．これに対し，熱容量の式（4-26），（4-30）について考える場合，熱容量の定義から内部エネルギー U とエンタルピー H の変数をそれぞれ T と V，T と p として考えた方が自然であるということである．

Appendix 6 Helmholtz エネルギー

本文では触れていないが，重要な熱力学的基本量として Helmholtz エネルギー F がある[*21]．Gibbs エネルギー G は，以下の式

$$G = H - TS \tag{5-49}$$

で定義されるのに対し，Helmholtz エネルギー F は，以下の式で定議される．

$$F = U - TS \tag{A6-1}$$

これから，Helmholtz エネルギー F の微小量 dF は

$$\begin{aligned} dF &= dU - d(TS) \\ &= dU - S\,dT - TdS \end{aligned} \tag{A6-2}$$

となる．この式の dF に **Appendix 5** で導いた式（A5-4）

$$dU = TdS - p\,dV \tag{A5-4}$$

を代入すると

$$\begin{aligned} dF &= dU - S\,dT - TdS \\ &= TdS - p\,dV - S\,dT - TdS \\ &= -SdT - pdV \end{aligned} \tag{A6-3}$$

となる．偏微分の公式（**Appendix 1** を参照）より微小量の dF は温度 T と体積 V を変数として，

$$dF = \left(\frac{\partial F}{\partial T}\right)_V dT + \left(\frac{\partial F}{\partial V}\right)_T dV \tag{A6-4}$$

と表される．この式と式（A6-3）を比較すると，

$$\left(\frac{\partial F}{\partial T}\right)_V = -S \tag{A6-5}$$

$$\left(\frac{\partial F}{\partial V}\right)_T = -p \tag{A6-6}$$

の関係式が得られることがわかる．

Helmholtz エネルギーについて，

$$F = U - TS \tag{A6-1}$$

より，式（A6-5）を式（A6-1）に代入すると

＊21 Helmholtz エネルギーの記号は，F または A が用いられることが多い．ここでは，F を用いる．

$$U = F + TS$$
$$= F - T\left(\frac{\partial F}{\partial T}\right)_V \tag{A6-7}$$

となる．式（A6–7）の右辺を一つにまとめると，

$$U = -T^2\left(\frac{\partial\left(\frac{F}{T}\right)}{\partial T}\right)_V$$
$$\left(\frac{\partial\left(\frac{F}{T}\right)}{\partial T}\right)_V = -\frac{U}{T^2} \tag{A6-8}$$

の関係式が得られる．また Gibbs エネルギーについても

$$G = H - TS \tag{5-49}$$

$$\left(\frac{\partial G}{\partial T}\right)_p = -S \tag{A5-16}$$

より，式（A5–16）を式（5–49）に代入すると

$$H = G + TS$$
$$= G - T\left(\frac{\partial G}{\partial T}\right)_p \tag{A6-9}$$

となる．式（A6–9）の右辺を一つにまとめると，

$$H = -T^2\left(\frac{\partial\left(\frac{G}{T}\right)}{\partial T}\right)_p$$
$$\left(\frac{\partial\left(\frac{G}{T}\right)}{\partial T}\right)_p = -\frac{H}{T^2} \tag{A6-10}$$

式（A6–8）と（A6–10）の式を Gibbs－Helmholtz の式とよぶ．

Appendix 7 部分モル量

複数の物質が含まれている混合物（多成分系）では，成分分子を囲む分子の状況が1成分系とは異なり，組成によって変化する．したがって，熱力学状態量（V, U, H, S, G）が組成に依存する．組成に応じた熱力学を扱うために，部分モル量（partial molar quantity）という概念を導入する．ここでは最初に，部分モル量の例として部分モル体積（partial molar volume）について説明し，続いて，Gibbs エネルギー G の部分モル量である化学ポテンシャル μ（chemical potential）について述べる．部分モル Gibbs エネルギーが非常に重要なので，化学ポテンシャルという特別な名称がつけられている．

例えば，エタノールと水の混合物についてみてみよう．エタノール 50 cm^3 と水 50 cm^3 とを合わせても 100 cm^3 にならない．また，25℃ で，大量の水に1モルの水を加えた場合，全体積は 18 cm^3 増加するが，大量のエタノールに，同じように1モルの水を加えた場合の体積の増加量は，混合物となるので，およそ 14 cm^3 である．エタノールと水の大量の等モル混合物に1モルの水を加えた場合には，その増加量はいずれとも異なる．これは，異分子間では分子間相互作用が同分子間の場合と異なるためである．非理想溶液[*22]では，純物質の体積[*23]をそのまま適用できないため，部分モル体積を導入する必要がある．

*22 6章では，分子間相互作用が似たものどうしの混合物は Raoult の法則に従い，そのような溶液を理想溶液とよんだ．理想溶液は，混合の際に発熱・吸熱がなく，体積変化を示さない特徴をもつ．

*23 純物質 1 mol の体積をモル体積とよび，単位は $m^3\,mol^{-1}$ である．

物質 A（物質量 n_A）と物質 B（物質量 n_B）の2成分からなる混合物の体積 V について考えよう．混合物の体積 V は，温度 T，圧力 p，および物質量 n_A，n_B を変数とする関数として V（T, p, n_A, n_B）と表すことができる．温度，圧力一定の条件で，これらの混合物が十分大量にあるところへ物質 A を微小量添加したときの全体積の増加量 dV を A の部分モル体積と定義し，V_A と表記する（式（A7–1））．

$$V_A = \left(\frac{\partial V}{\partial n_A}\right)_{T,p,n_B} \qquad \text{(A7–1)}$$

すなわち，部分モル体積は，温度，圧力，および注目している成分以外の成分の物質量が一定の条件下で，注目している成分の物質量を微小量変化させたときの体積変化を意味する．図 A7・1 は，混合溶液の体積 V の物質 A の物質量 n_A 依存性である．この曲線のある組成での傾きが，その組成における物質 A の部分モル体積 V_A に相当し，単位は $m^3\,mol^{-1}$ である．混合によって体積が減少する場合，部分モル体積は負の値をとる．

体積は状態量であるので，温度，圧力が一定の条件下で，物質 A および物質 B を微小量加えたときの溶液の全体積変化 dVは，次式で表すことができる（Appendix 1 偏微分参照）．

$$\mathrm{d}V = \left(\frac{\partial V}{\partial n_\mathrm{A}}\right)_{T,p,n_\mathrm{B}} \mathrm{d}n_\mathrm{A} + \left(\frac{\partial V}{\partial n_\mathrm{B}}\right)_{T,p,n_\mathrm{A}} \mathrm{d}n_\mathrm{B} = V_\mathrm{A}\mathrm{d}n_\mathrm{A} + V_\mathrm{B}\mathrm{d}n_\mathrm{B} \quad \text{(A7–2)}$$

ここで，V_A と V_B はそれぞれ物質 A と物質 B の部分モル体積である．

組成比が変わらないように，式（A7–2）を積分すると，混合物の全体積 Vが得られる*24．

*24 式（A7–3）は，理想気体の混合と似たような式であるが，部分モル体積は，モル体積とは異なり組成によって値が変わる．

$$V = V_\mathrm{A} n_\mathrm{A} + V_\mathrm{B} n_\mathrm{B} \quad \text{(A7–3)}$$

ここでは，混合物の組成比が n_A: n_B のときの部分モル体積を用いて全体積 Vが求められる．

純物質や理想溶液では，異分子間の分子間相互作用は考えなくてもよいため，モル体積と部分モル体積は一致する．一方，非理想的な混合系での部分モル体積は混合物の組成によって異なるため，モル体積と同等に扱うことはできない．しかしながら，式（A7–1）から V_A は，この混合物における物質 A の 1 モルあたりの体積であるとみなし，式（A7–3）を使って混合物の全体積を求めることができる．

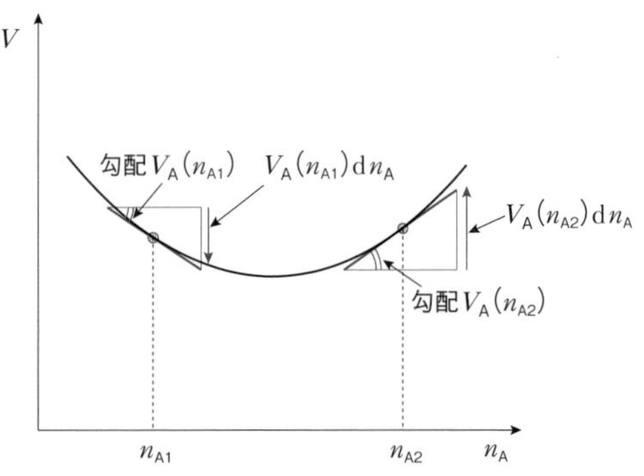

図 A5・1　部分モル体積
部分モル体積は組成によって変わり，負の値をとることもある．

一般に，多成分からなる混合物中の成分 i の部分モル体積 V_i は，次式で表される．

$$V_\mathrm{i} = \left(\frac{\partial V}{\partial n_\mathrm{i}}\right)_{T,p,n_\mathrm{j}(\neq n_\mathrm{i})} \quad \text{(A7–4)}$$

また，多成分混合物の全体積は，それぞれの成分の部分モル体積を用いて

$$V=\sum_{\mathrm{i}} n_{\mathrm{i}} V_{\mathrm{i}} \tag{A7-5}$$

と表される．

同様の方法で，状態量である Gibbs エネルギーについても，部分モル Gibbs エネルギー，すなわち化学ポテンシャルを考えることによって，混合物の Gibbs エネルギーを記述することができる．ここで，混合物の Gibbs エネルギーを温度 T，圧力 p，各成分の物質量 n_1，n_2，…を変数とすると，Gibbs エネルギー変化 dG は，全微分で次式のように表される．

$$\begin{aligned}\mathrm{d}G&=\left(\frac{\partial G}{\partial T}\right)_{p,n_{\mathrm{j}}}\mathrm{d}T+\left(\frac{\partial G}{\partial p}\right)_{T,n_{\mathrm{j}}}\mathrm{d}p+\left(\frac{\partial G}{\partial n_1}\right)_{T,p,n_{\mathrm{j}}(\neq n_1)}\mathrm{d}n_1+\left(\frac{\partial G}{\partial n_2}\right)_{T,p,n_{\mathrm{j}}(\neq n_2)}\mathrm{d}n_2+\cdots\\&=-S\,\mathrm{d}T+V\mathrm{d}p+\sum_{\mathrm{i}}\left(\frac{\partial G}{\partial n_{\mathrm{i}}}\right)_{T,p,n_{\mathrm{j}}(\neq n_{\mathrm{i}})}\mathrm{d}n_{\mathrm{i}}\\&=-S\,\mathrm{d}T+V\mathrm{d}p+\sum_{\mathrm{i}}\mu_{\mathrm{i}}\mathrm{d}n_{\mathrm{i}}\end{aligned} \tag{6-27}$$

ここで，以下の関係式を用いた（**Appendix 5** を参照）．

$$\left(\frac{\partial G}{\partial T}\right)_p=-S \tag{A5-16}$$

$$\left(\frac{\partial G}{\partial p}\right)_T=V \tag{A5-17}$$

この全微分の式が 6・2・4 節で述べられている混合物の Gibbs エネルギー変化の式（6-27）である．ここで，μ_{i} は

$$\mu_{\mathrm{i}}=\left(\frac{\partial G}{\partial n_{\mathrm{i}}}\right)_{T,p,n_{\mathrm{j}}(\neq n_{\mathrm{i}})} \tag{6-28}$$

と表される物質 i の部分モル Gibbs エネルギーであり，化学ポテンシャルとよばれる．

また，多成分系の全 Gibbs エネルギーは，それぞれの成分の化学ポテンシャルを用いて

$$\begin{aligned}G(T,p,n_1,n_2,\cdots)&=\sum_{\mathrm{i}}\left(\frac{\partial G}{\partial n_{\mathrm{i}}}\right)_{T,p,n_{\mathrm{j}}(\neq n_{\mathrm{i}})}n_{\mathrm{i}}\\&=\sum_{\mathrm{i}}\mu_{\mathrm{i}}n_{\mathrm{i}}\end{aligned} \tag{6-29}$$

と記述される．

さらに理解を深めるために

1. 基本的参考書

池上雄作，岩泉正基，手老省三，『物理化学 I—物質の構造』，丸善（2000）.

池上雄作，岩泉正基，手老省三，『物理化学 II—熱力学・速度論』，丸善（1996）.

荻野一善，『化学熱力学講義』，東京化学同人（1984）.

原田義也，『化学熱力学（修訂版）』，裳華房（1984）.

蒲池幹治，『基本化学熱力学［基礎編］，［展開編］』，三共出版（2016）.

和達三樹，『物理のための数学』，岩波書店（1983）.

渡辺　正，金村聖志，益田秀樹，渡辺正義，『電気化学』，丸善（2014）.

P. W. Atkins, L. Jones, L. Laverman（渡辺　正訳），『一般化学』，東京化学同人（2014）.

中田宗隆，『化学熱力学　基本の考え方 15 章』，東京化学同人（2012）.

田中勝久，齋藤勝裕，『基礎物理化学演習』，東京化学同人（2009）.

P. W. Atkins, J. Paula（千原秀昭，稲場　章訳），『アトキンス物理化学要論　第 6 版』，東京化学同人（2016）.

吉田隆弘，『単位が取れる物理化学ノート』，講談社サイエンティフィック（2014）.

石田寿昌編，『ベーシック薬学教科書シリーズ　物理化学』，化学同人（2007）.

2. 発展的参考書

山本義隆，『熱学思想の史的展開』，ちくま学芸文庫（2009）

P. W. Atkins（千原秀昭，中村亘男訳），『アトキンス物理化学　第 8 版』，東京化学同人（2009）.

寺嶋正秀，馬場正昭，松本吉泰，『現代物理化学』，化学同人（2015）.

D. A. McQuarrie, J. D. Simon（千原秀昭，江口太郎，齋藤一弥訳），『マッカーリ・サイモン物理化学』，東京化学同人（1999）.

R. M. Hanson, S. Green（千原秀昭，稲葉　章訳），『熱力学要論　分子論的アプローチ』，東京化学同人（2009）.

T. Engel, P. Reid（稲葉　章訳），『エンゲル・リード物理化学』，東京化学同人（2015）.

G. M. Barrow（藤代亮一訳），『バーロー物理化学　第 6 版』，東京化学同人（1999）.

山崎勝義，『物理化学 Monograph シリーズ（下）』，広島大学出版会（2013）.

付　　表

付表 1　SI 基本単位系

物理量	通常使われる記号	単位
長さ	l, d, r	m
質量	M, m	kg
時間	t	s，秒
電流	I	A
温度	T	K
物質量	n	mol, mole
光度	I_v	cd（カンデラ）

付表 2　SI 組立単位

物理量	名称	記号	定義
力	ニュートン	N	$\mathrm{m\,kg\,s^{-2}}$
圧力，応力	パスカル	Pa	$\mathrm{m^{-1}\,kg\,s^{-2}(=N\,m^{-2})}$
エネルギー	ジュール	J	$\mathrm{m^2\,kg\,s^{-2}(=N\,m=Pa\,m^3)}$
仕事率	ワット	W	$\mathrm{m^2\,kg\,s^{-3}(=J\,s^{-1})}$
電荷	クーロン	C	$\mathrm{s\,A}$
電位差	ボルト	V	$\mathrm{m^2\,kg\,s^{-3}\,A^{-1}(=J\,A^{-1}\,s^{-1})}$
電気抵抗	オーム	Ω	$\mathrm{m^2\,kg\,s^{-3}\,A^{-2}(=V\,A^{-1})}$
コンダクタンス	ジーメンス	S	$\mathrm{m^{-2}\,kg^{-1}\,s^3\,A^2(=A\,V^{-1}=\Omega^{-1})}$
電気容量	ファラッド	F	$\mathrm{m^{-2}\,kg^{-1}\,s^4\,A^2(=A\,s\,V^{-1})}$
磁束	ウェーバー	Wb	$\mathrm{m^2\,kg\,s^{-2}\,A^{-1}(=V\,s)}$
インダクタンス	ヘンリー	H	$\mathrm{m^2\,kg\,s^{-2}\,A^{-2}(=V\,A^{-1}\,s)}$
磁束密度	テスラ	T	$\mathrm{kg\,s^{-2}\,A^{-1}(=V\,s\,m^{-2})}$
振動数	ヘルツ	Hz	$\mathrm{s^{-1}}$

付表 3　10 の整数乗倍の接頭語

大きさ	名称		記号	大きさ	名称		記号
10^1	デカ	deca	da	10^{-1}	デシ	deci	d
10^2	ヘクト	hecto	h	10^{-2}	センチ	centi	c
10^3	キロ	kilo	k	10^{-3}	ミリ	milli	m
10^6	メガ	mega	M	10^{-6}	マイクロ	micro	μ
10^9	ギガ	giga	G	10^{-9}	ナノ	nano	n
10^{12}	テラ	tera	T	10^{-12}	ピコ	pico	p
10^{15}	ペタ	peta	P	10^{-15}	フェムト	femto	f
10^{18}	エクサ	exa	E	10^{-18}	アト	atto	a

付表 4　基本物理定数（有効数字 6 桁）

物理量	記号	定義
真空中の光速度	c, c_0	2.99792×10^{8} m s^{-1}
真空の誘電率	ε_0	8.85419×10^{-12} C^2 N^{-1} m^{-2}
電気素量	e	1.60218×10^{-19} C
Planck 定数	h	6.62607×10^{-34} J s
Avogadro 定数	N_A	6.02214×10^{23} mol^{-1}
電子の静止質量	m_e	9.10938×10^{-31} kg
陽子の静止質量	m_p	1.67262×10^{-27} kg
中性子の静止質量	m_n	1.67493×10^{-27} kg
Faraday 定数	F	9.64853×10^{4} C mol^{-1}
気体定数	R	8.31446 J mol^{-1} K^{-1}
Boltzmann 定数	k, k_B	1.38065×10^{-23} JK^{-1}
自由落下の標準加速度	g_n	9.80665 m s^{-2}
絶対零度		−273.15 ℃
水の三重点		273.16 K

付表 5　エネルギー換算表（有効数字 6 桁）

	kJ mol^{-1}	kcal mol^{-1}	eV	cm^{-1}	Hz	K
kJ mol^{-1}	1	2.39006×10^{-1}	1.03643×10^{-2}	8.35935×10^{1}	2.50607×10^{12}	1.20272×10^{2}
kcal mol^{-1}	4.184	1	4.33641×10^{-2}	3.49755×10^{2}	1.04854×10^{13}	5.03220×10^{2}
eV	9.64853×10^{1}	2.30605×10^{1}	1	8.06554×10^{3}	2.41799×10^{14}	1.16045×10^{4}
cm^{-1}	1.19627×10^{-2}	2.85914×10^{-3}	1.23984×10^{-4}	1	2.99792×10^{10}	1.43878
Hz	3.99031×10^{-13}	9.53708×10^{-14}	4.13567×10^{-15}	3.33564×10^{-11}	1	4.79924×10^{-11}
K	8.31446×10^{-3}	1.98720×10^{-3}	8.61733×10^{-5}	6.95035×10^{-1}	2.08366×10^{10}	1

付表 6　ギリシア文字

Α	α	alpha	アルファ	Ν	ν	nu	ニュー
Β	β	beta	ベータ	Ξ	ξ	xi	グザイ
Γ	γ	gamma	ガンマ	Ο	o	omicron	オミクロン
Δ	δ	delta	デルタ	Π	π	pi	パイ
Ε	ε	epsilon	イプシロン	Ρ	ρ	rho	ロー
Ζ	ζ	zeta	ゼータ	Σ	σ	sigma	シグマ
Η	η	eta	イータ	Τ	τ	tau	タウ
Θ	θ	theta	シータ	Υ	υ	upsilon	ウプシロン
Ι	ι	iota	イオタ	Φ	ϕ, φ	phi	ファイ
Κ	κ	kappa	カッパ	Χ	χ	chi	カイ
Λ	λ	lambda	ラムダ	Ψ	ψ	psi	プサイ
Μ	μ	mu	ミュー	Ω	ω	omega	オメガ

索　　引

あ 行

か 行

さ 行

た 行

な　行

は　行

ま　行

や　行

ら　行

欧　文

著者略歴

勝木明夫（かつき あきお）

（4，5章，付録，付表　担当）

1994年　東北大学大学院理学研究科　博士後期課程修了

現　在　信州大学学術研究院総合人間科学系（全学教育センター）教授
　　　　博士（理学）

専　門　物理化学，磁気科学

伊藤冬樹（いとう ふゆき）

（3，6，7，9章　担当）

2004年　東北大学大学院理学研究科　博士後期課程修了

現　在　信州大学学術研究院教育学系（教育学部）教授
　　　　博士（理学）

専　門　光化学，有機物理化学，機能物性化学

手老省三（てろう しょうぞう）

（1，2，8章　担当）

1974年　東北大学大学院理学研究科　博士課程修了

現　在　東北大学名誉教授　理学博士

専　門　物理化学，磁気化学

新版　基礎物理化学—能動的学修へのアプローチ

2017年 3月15日　初版第1刷発行
2023年 3月25日　初版第7刷発行
2024年 1月15日　新版第1刷発行
2024年10月15日　新版第2刷発行

共著者　勝木明夫　伊藤冬樹　手老省三

発行者　秀島　功
印刷者　江曽政英

発行所　三共出版株式会社
郵便番号 101-0051
東京都千代田区神田神保町3の2
振替 00110-9-1065
電話 03-3264-5711　FAX 03-3265-5149
https://www.sankyoshuppan.co.jp/

一般社団法人日本書籍出版協会・一般社団法人自然科学書協会・工学書協会　会員

Printed in Japan　　印刷・製本　理想社

ISBN 978-4-7827-0826-2

元素の周期表

周期＼族	1	2	3	4	5	6	7	8	9
1	1 H 水素 1.008								
2	3 Li リチウム 6.941	4 Be ベリリウム 9.012							
3	11 Na ナトリウム 22.99	12 Mg マグネシウム 24.31							
4	19 K カリウム 39.10	20 Ca カルシウム 40.08	21 Sc スカンジウム 44.96	22 Ti チタン 47.87	23 V バナジウム 50.94	24 Cr クロム 52.00	25 Mn マンガン 54.94	26 Fe 鉄 55.85	27 Co コバルト 58.93
5	37 Rb ルビジウム 85.47	38 Sr ストロンチウム 87.62	39 Y イットリウム 88.91	40 Zr ジルコニウム 91.22	41 Nb ニオブ 92.91	42 Mo モリブデン 95.95	43 Tc テクネチウム (99)*	44 Ru ルテニウム 101.1	45 Rh ロジウム 102.9
6	55 Cs セシウム 132.9	56 Ba バリウム 137.3	57～71 ランタノイド	72 Hf ハフニウム 178.5	73 Ta タンタル 180.9	74 W タングステン 183.8	75 Re レニウム 186.2	76 Os オスミウム 190.2	77 Ir イリジウム 192.2
7	87 Fr フランシウム (223)*	88 Ra ラジウム (226)*	89～103 アクチノイド	104 Rf ラザホージウム (267)*	105 Db ドブニウム (268)*	106 Sg シーボーギウム (271)*	107 Bh ボーリウム (272)*	108 Hs ハッシウム (277)*	109 Mt マイトネリウム (276)*

原子番号　元素記号 元素名 原子量[注]

- 典型非金属元素
- 典型金属元素
- 遷移元素

57～71 ランタノイド	57 La ランタン 138.9	58 Ce セリウム 140.1	59 Pr プラセオジム 140.9	60 Nd ネオジム 144.2	61 Pm プロメチウム (145)*	62 Sm サマリウム 150.4	63 Eu ユウロピウム 152.0
89～103 アクチノイド	89 Ac アクチニウム (227)*	90 Th トリウム 232.0*	91 Pa プロトアクチニウム 231.0*	92 U ウラン 238.0*	93 Np ネプツニウム (237)*	94 Pu プルトニウム (239)*	95 Am アメリシウム (243)*

注　本表の4桁の原子量の表記は、実用上の便宜を考えて、IUPACで承認された原子量に基づき、日本化学会原子量専門

＊安定同位体が存在しない元素。